Obst- und Gartenbauverlag München

Helmut und Margrit Hintermeier

Streuobstwiesen Lebensraum für Tiere

403 Farbfotos
30 Bildtafeln
13 Zeichnungen
214 Seiten

Bayerischer Landesverband für Gartenbau und Landespflege e. V.

Herausgeber:
Bayerischer Landesverband für Gartenbau und Landespflege e. V.
Herzog-Heinrich-Straße 21, D-80336 München.

E-Mail:
info@gartenbauvereine.org

Internet:
www.gartenratgeber.de

Auflage:
2. Auflage 2017,
ISBN 978-3-87596-122-5

Bearbeitung:
Text und Zeichnungen: Helmut Hintermeier
Layout: Margrit Hintermeier

Telefon: 0 89/5 44 30 50

Reproduktion
F&W Perfect Image GmbH, Rosenheim

Druck:
F&W Druck- und Mediencenter GmbH, Kienberg

Zu diesem Buch

In unserer mitteleuropäischen Kulturlandschaft spielen Wiesen und wiesenähnliche Pflanzengemeinschaften seit dem Mittelalter eine hervorragende Rolle. Ihr Anteil dürfte heute bei 30 % der Gesamtfläche liegen. Dazu zählen die Grünflächen der Siedlungen, die verschiedenen Futterwiesen, von den dreischürigen Fettwiesen bis zur einschürigen Magerwiese, Halbtrockenrasen, Stand- und Umtriebsweiden sowie die als Streuwiesen genutzten Feuchtbiotope. Ein Wiesentyp ganz besonderer Art sind die im 18. und 19. Jahrhundert entstandenen Streuobstwiesen. Wir verstehen darunter hochstämmige, robuste und wenig pflegebedürftige Obstbäume im Garten, am Ortsrand und in der freien Flur. Dort stehen sie „verstreut" als Einzelbäume, kleine Baumgruppen oder Baumzeilen entlang von Wegen und Straßen, auf Äckern und vor allem flächig auf Wiesen.

Der Begriff „Streuobstbau" wurde in den 1950er Jahren in Abgrenzung zu dem auch in Deutschland zunehmend verbreiteten Niederstamm-Obstbau verwendet. Die Niederstamm- und Spindelbäume in diesen Obstplantagen werden intensiv gepflegt, gedüngt und mehrmals im Jahr mit Pflanzenschutzmitteln behandelt. Entsprechend dürftig ist die dort anzutreffende Tierwelt. In den traditionellen, reich strukturierten und extensiv bewirtschafteten Streuobstwiesen findet sich dagegen ein abwechslungsreiches Angebot aus Gräsern, krautigen Pflanzen, Blüten, Früchten, alten Bäumen mit rissiger, rauer Rinde und natürlichen Höhlen - ein breites Spektrum mit zahllosen Nahrungsquellen, Brut- und Aufenthaltsplätzen für viele Tiere aus den unterschiedlichsten Familien. Die halboffene, savannenartige Struktur der Streuobstwiesen und ihre gut besonnte Bodenfläche schaffen weitere Lebensmöglichkeiten für Insekten, Vögel und Kleinsäuger. Bis zu 3000 Arten finden hier ihre ökologische Nische, darunter bereits stark gefährdete oder sogar vom Aussterben bedrohte Arten, wie Rotkopfwürger, Wiedehopf, Steinkauz, Wendehals, Mittelspecht, Gartenschläfer, Haselmaus und mehrere Fledermausarten.

Der Wohnort des Verfassers (Gallmersgarten in Mittelfranken) liegt am Rande eines großen landschaftsprägenden Streuobstgebietes mit gut 30 000 Obstbäumen, das von Fachleuten als „bayernweit bedeutsam" eingestuft wurde. Streuobstflächen finden sich hier von den feuchteren Talwiesen bis zu den höher gelegenen Hutungen und sonnenexponierten Magerrasen. Entsprechend reich und vielgestaltig ist die dort vorgefundene Pflanzen- und Tierwelt, wovon in diesem Buch nur eine kleine Auswahl vorgestellt werden kann.

Doch die Streuobstwiesen zählen heute zu den gefährdeten Lebensräumen. Zahlreiche regionale und lokale Erhebungen belegen bereits seit 1950 einen Rückgang der Streuobstwiesen um 70 %. Dies gilt sowohl für die Fläche als auch für die Anzahl der Obstbäume. Neben Gartenbauvereinen und Vertretern des Naturschutzes setzen sich auch Keltereien für den Erhalt von Streuobstwiesen ein, denn allein der Mostobstanbau sichert die Produktionsbasis für die Fruchtsaftindustrie. Auch die Landesregierungen messen mittlerweile dem Streuobstbau im Hinblick auf die Landeskultur, die Erholungsvorsorge sowie die ökologischen und landschaftsprägenden Funktionen eine sehr große Bedeutung bei. Landwirtschaftliche Haupt- und Nebenerwerbsbetriebe erhalten für den Mehraufwand der Unterwuchsregulierung und Mahd sowie den Mindererertrag einen Ausgleich.

Nicht zuletzt können und sollten auch Personen, die selbst keine Streuobstwiese besitzen, zu deren Erhalt beitragen:

- Überdenken Sie Ihre Einkaufsgewohnheiten bei Obst und Obstprodukten. Kaufen Sie nicht nur was billig oder äußerlich ansprechend ist.
- Bevorzugen Sie Obst und Obstprodukte vom Streuobstbau und kaufen Sie diese, falls möglich, direkt beim Landwirt.
- Besuchen Sie die in manchen Orten schon regelmäßig durchgeführten „Streuobsttage". Hier können Sie auch unbekannte, mitgebrachte Obstsorten bestimmen lassen.
- Pflanzen oder verschenken Sie bei besonderen Anlässen (Geburtstag, Hochzeitstag, Hauseinweihungsfeier) einen Hochstamm-Obstbaum.
- Übernehmen Sie eine Patenschaft für einen oder mehrere Bäume, die nicht mehr ausreichend gepflegt werden können.

Helmut Hintermeier

Inhalt

Die Streuobstwiese

Was sind Streuobstwiesen?

Die Streuobstwiese oder Obstwiese ist die traditionelle und ursprüngliche Form des Obstanbaues, bei der hochstämmige Obstbäume unterschiedlichen Alters, unterschiedlicher Arten und Sorten auf Wiesen, Weiden oder Mähwiesen stehen.
Die Bäume stehen im Gegensatz zu niederstämmigen Plantageobstanlagen „verstreut“, d. h. in Reihen, Gruppen oder in unregelmäßiger Anordnung in der Landschaft. Die umweltverträglich, nicht nach bestimmten Spritz- und Düngeplänen bewirtschafteten Streuobstwiesen erlauben eine landwirtschaftliche Mehrfachnutzung: Sie dienen der Obsterzeugung und werden zudem als Mähwiese zur Heugewinnung oder als Viehweide, teilweise auch zur Imkerei oder als Nutzgarten verwendet. Eine Sonderform stellen Streuobstäcker dar. Nach Schätzungen des NABU existieren heute bundesweit noch rund 40 000 Hektar Streuobstbestände, davon über 95 Prozent Streuobstwiesen.

Kulturbegleiter

Streuobstwiesen mit landschaftsprägenden, hochstämmigen Apfel-, Birnen-, Pflaumen- und Kirschbäumen gehörten früher als selbstverständliche Elemente zur bäuerlichen Kulturlandschaft und umgaben als breite Grüngürtel unsere Ortschaften. Der räumliche Zusammenhang mit Haus und Hof, mit dörflichen Siedlungen ließ die Streuobstwiesen im Übergangsbereich zur offenen Feldflur als landschaftsästhetisch positive und gliedernde, genutzte Bereiche wirken: eine harmonisch gewachsene Einheit mit vielfältigen Funktionen. Besonders in Süddeutschland bestimmt diese Verzahnung von Siedlung und offener Gemarkung noch immer ganze Landschaften. Abseits der Dörfer bilden warme, sonnige Hänge bevorzugte Streuobstlagen.

Vielfältige Funktionen

Der Streuobstanbau hatte in den vergangenen Jahrhunderten eine große kulturelle, soziale und landschaftsprägende Bedeutung. Heute gehören Streuobstwiesen zu den am stärksten gefährdeten Biotopen Mitteleuropas. Eine entscheidende Rolle spielte dabei der sich immer stärker abzeichnende Strukturwandel im Obstbau: Der horrende Preisverfall, die Konkurrenz aus südlichen Ländern und die Großabnehmer der Konservenindustrie zwangen viele Erzeuger, häufig auch gegen ihren Willen, die Streuobstbestände zu roden und dort Ackerbau zu betreiben oder Obstplantagen aufzubauen. Können doch nur so die von den Großabnehmern und Verbrauchern verlangten einheitlichen und völlig makellosen Früchte effektiv genug, allerdings mit entsprechend hohem Chemieaufwand, erzeugt werden. Auf der Strecke bleiben die vielen ökonomischen und ökologischen Vorteile herkömmlicher Streuobstbestände, die bei Fortsetzung des Strukturwandels zugunsten moderner Niederstammkulturen vollständig verlorengehen werden (vgl. Weller & Walz 2002):

- Streuobstbestände gliedern landwirtschaftlich genutzte Räume und tragen zu einem vielfältigen Landschaftsbild bei. Vor allem zur Blüte- und Erntezeit haben Streuobstwiesen einen hohen Erlebnis- und Erholungswert.
- Streuobstbestände wirken der Bodenerosion in Hanglagen entgegen. Weil nahezu kein Boden abgetragen wird, entfällt auch die oberflächliche Verlagerung von Nährstoffen und deren unerwünschter Eintrag in Gewässer.

Ein knappes Drittel der europäischen Kulturlandschaft ist mit Grünflächen bedeckt.

- Streuobstwiesen üben einen ausgleichenden Einfluss auf das örtliche Klima aus. Sie sind Schattenspender, Regen- und Windschutz. Die mittlere Windgeschwindigkeit ist in Streuobstanlagen um 25 % geringer als in Niederstammkulturen. Die Temperaturschwankungen zwischen Tag und Nacht sind um zwei Grad ausgeglichener, darüber hinaus werden auch die Nachtfröste gemildert.
- Die große Sortenvielfalt herkömmlicher Streuobstwiesen bildet ein Genreservoir mit vielseitigen Erbanlagen. Dazu zählen u. a. gute Resistenzeigenschaften sowohl gegen Schorf als auch Mehltau - Eigenschaften, die für die Obstzüchtung zunehmend an Bedeutung gewinnen.
- Streuobstbestände dienen nach wie vor zur Deckung des Eigenbedarfs an Obst für Most, Saft, Wein, Marmelade, Kompott, Dörrobst. Darüber hinaus stellt der Streuobstbau auch heute noch einen erheblichen Marktfaktor in der Obstproduktion dar: Ernten aus Streuobstbeständen bilden für die Verwertungsindustrie die mit Abstand wichtigste Basis für Rohware zur Saft-, Most- und Obstschnapsgewinnung.
- Streuobstwiesen beherbergen eine artenreiche Tier- und Pflanzenwelt. Eine kaum vermutete Zahl von Tieren findet hier Nahrung, Schutz vor Witterung und Feinden, vielfältige Nistmöglichkeiten und sichere Verstecke für ihren Nachwuchs - ein Aspekt, der in den folgenden Kapiteln eingehender behandelt wird und im Mittelpunkt dieses Buches steht.

Apfelbäume sind mit vielen Sorten am zahlreichsten in den Streuobstwiesen vertreten. Die beliebteste Frucht der Deutschen ist der Apfel - 38 % geben ihm vor allem anderen Obst den Vorzug. Pro Kopf der Bevölkerung werden jährlich 30-35 kg verzehrt.

Zu den für den Streuobstbau geeigneten und förderungswerten, alten Zwetschgensorten zählen: 'Hauszwetschge', 'Bühler Zwetschge', 'Erfinger Frühzwetschge'.

Refugium für Tiere

Streuobstwiesen sind von überragender ökologischer Bedeutung und zählen mit bis zu 3000 Tierarten zu den artenreichsten Lebensräumen Mitteleuropas. Für viele Tiere, deren ursprüngliche Lebensräume stark verändert oder zerstört wurden, stellen Streuobstwiesen wichtige Ersatzbiotope und letzte Rückzugsgebiete dar. Hier leben heute stark bis hochgradig gefährdete Arten wie Rotkopfwürger (in Bayern bereits ausgestorben) Wiedehopf, Steinkauz, Mittelspecht, Wendehals, Ortolan, Gartenschläfer, Haselmaus, mehrere Fledermausarten sowie zahlreiche Schmetterlings- und Hautflüglerarten.

Ein Mosaik von Kleinbiotopen

Wegen der geringen Pflegeintensität sowohl der Bäume wie des grasigen Bodenbewuchses sind Streuobstwiesen in ihrer Wirkung auf die Tierwelt entfernt mit Brachen, in Bezug auf die Pflanzenwelt mit extensivem Grünland (mäßig trockene bis mäßig feuchte blütenreiche Wiesen, in warmen Hanglagen, gelegentlich auch Mager- und Trockenrasen) zu vergleichen. Strukturell können Streuobstwiesen die Habitatfunktion sehr lichter Feldgehölze und Einzelbäume weitgehend übernehmen: Als Ansitzwarte für Greife, als Singwarte für Vögel, als Deckung vor Feinden und Witterung, als Überwinterungsorte für Feldbewohner oder überhaupt als Element zur „Kammerung" der Landschaft. Der stockwerkartige Etagenaufbau ausgereifter Streuobstwiesen einschließlich vieler höhlenreicher Altbäume schafft ein vielfältiges, abwechslungsreiches Mosaik von Kleinbiotopen. Die dadurch für die Tierwelt gebotene Nischenvielfalt kann weder der geschlossene Wald, noch das freie Acker- und Grünland bieten. Durch die extensive Bewirtschaftungsweise (seltenes Durchfahren mit Geräten, nur ein- bis zweimalige Mahd) ist auch die Störanfälligkeit des Biotopes Streuobstwiese sehr gering.

Je größer, umso wertvoller

Der ökologische Wert eines Streuobstgebietes ist umso höher einzuschätzen, je größer und geschlossener die Fläche ist. Dies u.a. auch deshalb, weil etliche hier siedelnde Vogelarten relativ große Reviere haben. So beträgt die Nahrungsfläche für ein Grünspechtpaar auch unter guten Bedingungen 50 Hektar. Anzustreben sind daher Flächen von jeweils mehreren hundert Hektar. Bei kleinen Gebieten machen sich auch eher ungünstige Randeinflüsse der intensiven landwirtschaftlichen Nutzung bemerkbar, ferner ist das Habitat-Angebot zwangsläufig geringer.

Für den Streuobstbau geeignete und förderungswerte, alte Kirschsorten: 'Büttners Rote Knorpel', 'Hedelfinger Riesenkirsche', 'Ludwigs Frühe'.

Die sehr reichtragende 'Hedelfinger Riesenkirsche' ist schon seit 1850 bekannt.

Wichtige Vernetzungselemente

Außerordentlich wichtig ist die kleinparzellige Nutzung in Streuobstgebieten, die noch vielerorts anzutreffen ist. Die Tatsache, dass Dutzende von benachbarten Besitzern ihre Grundstücke unterschiedlich nutzen, schafft eine ökologische Vielfalt, die von keiner Naturschutzbehörde durch Pflegemaßnahmen imitiert werden kann. Die dadurch entstandenen ökologisch wertvollen Grenzflächen und Übergangsbereiche sollten bei Flurbereinigungsverfahren unbedingt berücksichtigt und erhalten werden. Bei einer räumlichen Gesamtschau können natürlich auch kleine, nicht selten isolierte Streuobstgebiete und sogar einzelne, übrig gebliebene Obstbaumreihen eine überaus wichtige Vernetzungsfunktion haben, die nicht zu gering eingeschätzt werden sollte (n. Breunig, Th., König, A., Stähr, E., 1985).

Nicht nur Obstbäume

Die Streuobstwiese mit einem festumschriebenen Tier- und Pflanzenbestand gibt es nicht. Jede Wiese hat ihr individuelles Gepräge, wobei neben anderen Faktoren vor allem Lage, Bodenbeschaffenheit, Feuchtigkeit und Umland eine ausschlaggebende Rolle spielen. In Streuobstbeständen kann man daher recht unterschiedlichen Pflanzengemeinschaften begegnen, mit z. T. sehr seltenen Arten, ja botanischen Kostbarkeiten wie Orchideen (Helm-Knabenkraut, Bocksriemenzunge) sowie verschiedenen Nelken- und Enzianarten. Besonders wertvoll sind ausgesprochene Halbtrocken- und Trockenrasen, die im Wohngebiet des Verfassers fast ausschließlich auf Streuobstwiesen in Hanglage angewiesen sind. Sie gehören zu den arten- und blumenreichsten Wiesentypen, obwohl Wasser dort Mangelware ist. Diese erstaunliche Vielfalt auf kargem Land findet im strukturreichen Mikrorelief des Bodens seine Erklärung: Fast von einer Handbreit zur nächsten ändern sich die jeweiligen Bodeneigenschaften. Steinige Partien wechseln mit humusreichen ab. Große Steine oder einzelne Büsche schaffen in ihrem Schatten ein besonderes Kleinklima. So entsteht auch hier ein Mosaik von Kleinlebensräumen, die zahlreichen Tieren und Pflanzen Lebensmöglichkeit bieten. Auf trockenwarmem Terrain fühlen sich vor allem wechselwarme Kleintiere richtig wohl und zu Hause: Hier sonnen sich Eidechsen, zirpen Grillen und Heuschrecken, gaukeln Schmetterlinge durch die Luft, summen und brummen unzählige Bienen und Fliegen. Auch Schnecken leben in den Trockenrasen. Sie erklettern am Morgen Halme und Stängel, um der Bodenwärme zu entfliehen.

Obstbäume als Lebensraum

Bäume sind nicht nur „Gütezeichen“ für die Gesundheit und Vielgestaltigkeit von Siedlungen und Landschaften, sondern nehmen durch ihre beherrschende Stellung in der Vegetation auch eine zentrale Stellung im ökologischen Gefüge von Wald und Flur ein. Nicht nur im Verband als Wald- oder Feldgehölze, sondern auch als Einzelwesen in der offenen Kulturlandschaft beherbergen Bäume eine überaus reichhaltige Biozönose. Auch bei Obstbäumen finden sich von der Wurzel bis zur Baumkrone zahlreiche stockwerkartig angeordnete Lebensstätten, die einem Großteil der Mitglieder der „Lebensgemeinschaft Obstwiese“ Nahrung und Unterschlupf bieten (z. T. nach Jansen).

Hochstämmige Birnbäume mit kräftig ausladenden Kronen können ein Alter von bis zu 300 Jahren erreichen.

Stockwerke eines Obstbaumes

Ein eigener, aber mit dem Ganzen lebensnotwendig verbundener Bereich stellt das Wurzelsystem eines Baumes dar. Hier hausen die Engerlingslarven verschiedener Blatthornkäferarten, wie etwa die des Maikäfers, die auch als Drahtwürmer bezeichneten Schnellkäferlarven, ferner an Wurzeln lebende Gallwespenlarven sowie die Larven verschiedener Rüsselkäfer. Die Laubstreu besiedeln in unvorstellbar hohen Individuendichten Asseln, Springschwänze, Milben, Insektenlarven, Faden- und Regenwürmer. Sie bewirken im Verbund mit Bakterien und Pilzen die Bildung von Humus und wiederverwertbaren Nahrstoffen für den jährlichen Lebenszyklus des Baumes. Die mit dem bloßen Auge unsichtbaren Bakterien und Pilze leisten als Mikroorganismen die Hauptarbeit. Ihr stilles Wirken hält den natürlichen Kreislauf in Gang. Es ist schwer, sich das vorzustellen, aber für ein Gramm Erde wurden von Wissenschaftlern bis über vierzig Millionen Mikroben errechnet.

Die Stammregion eines Baumes ist für viele Kleintiere Siedlungsraum, Jagdrevier, Zufluchtsort, Ruheplatz und Durchgangszone auf dem Weg zur Krone. Eine kaum vermutete Anzahl von Organismen lebt auf oder unter der Rinde, in der toten Borke oder im lebenden Bast, im lebenden Splintholz oder im toten Kernholz. Am Stamm wachsen Algenrasen, Flechten, Pilze und Moose als Nahrungsquelle für Rinden- und Schildläuse, Springschwänze und Hornmilben, Raupen und Schnecken. Sie werden wiederum von Spinnen und Weberknechten, Tausendfüßlern, Wanzen, Ohrwürmern und kleinen Laufkäfern erbeutet. Bereits geschwächte Stellen unter der Rinde, die nach und nach von Pilzfäden durchwachsen werden, bilden die Lebensstätte von Prachtkäferlarven, Borken-, Bock- und Pochkäfern, Holzwespen- und Schnakenlarven. Vom Splint- und Kernholz leben die Larven des Splintholzkäfers und Holzbohrkäfers. Sie beherbergen in ihrem Körper Mikroorganismen als Symbionten, die den Aufschluss der Zellulose ermöglichen. An blutenden Baumwunden kommen saftleckende Milben und Fliegenlarven zur Entwicklung. Auch Ameisen, Wespen, Käfer, Weberknechte, Asseln und Schmetterlinge stellen sich ein.

Von besonderer Bedeutung für viele Tiere sind Baumhöhlen. Sie können durch Ausbrechen morscher Äste, durch Frost und Blitz sowie durch die Meißelarbeit der Spechte entstehen, die bekanntlich mehr Höhlen anlegen als sie brauchen. Neben dem Großen Buntspecht gehen vor allem Kleinspechte und Mittelspechte in alte Obstanlagen, besonders da wo Obstwiesen an Wälder grenzen oder sie umsäumen. Beide Arten legen ihre Bruthöhlen gerne im weicheren Holz überalterter Obstbäume an. Die drei Hackspechtarten kommen sich dabei nicht ins Gehege: Statistische Untersuchungen haben gezeigt, dass der Große Buntspecht mehr die Stammnähe, der Kleinspecht den stammfernsten Bereich und der Mittelspecht den Bereich dazwischen nutzt, sowohl zum Nahrungserwerb als auch zum Höhlenbau. Freigewordene Spechthöhlen finden rasch ihre Nachmieter: Kohl- und Blaumeisen, Stare, Feldsperlinge, Gartenrotschwanz, Trauer- und Halsbandschnäpper, Kleiber, Wendehals, Bilche und Fledermäuse, Hornissen und verwilderte Honigbienenschwärme.

Das sich jährlich neu entfaltende Blattwerk bildet die Nahrungsbasis für eine Vielzahl von „Primärkonsumenten":
Blattwespenlarven, Falterraupen, Blattkäfer, Blattläuse, Wanzen, Zikaden und Blattminierer. Andere Arten leben bevorzugt an oder in Knospen und Trieben. An den Ästen oder Zweigen der Baumkrone halten sich weitere Spezialisten auf, wie bestimmte Rüsselkäfer als Zweigstecher, sowie Pracht- Poch- und Diebskäfer. Das reichliche Nektar- und Pollenangebot der Blüten lockt Honig- und Wildbienen, Schmetterlinge und Blütenstaub verzehrende Käfer an. Die im Spätsommer und Herbst reifenden Früchte werden für Wespen, Hornissen, Schmetterlinge, Ohrwürmer, Vögel, Igel und andere Fallobstliebhaber interessant. Untermieter ganz besonderer Art finden sich darüber hinaus in jeder Lebensstätte des Baumes: Schlupfwespen, sie parasitieren andere Kerbtiere und zählen zu den wichtigsten natürlichen Gegenspielern vieler Schadinsekten.

Zu den förderungswerten alten Birnensorten gehören: 'Bosc's Flaschenbirne', 'Clapps Liebling', 'Gellerts Butterbirne', 'Gute Graue', 'Gute Luise', 'Mollebusch', 'Pastorenbirne', 'Blutbirne'.

Die Wiese als Lebensraum

Die Stockwerke der Wiese

Wie beim naturnahen Laub- oder Mischwald kann man auch bei einer Wiese vor der Mahd mehrere Stockwerke unterscheiden (nach Geiser/Krebs 1992):

Der Wurzelraum ist das am dichtesten bevölkerte Stockwerk der Wiese. In jedem Quadratmeter Boden leben Milliarden von Bakterien, Einzellern, Älchen, Bodenrädertierchen, mikroskopisch kleinen Pilzen und Algen, Millionen von Fadenwürmern, Tausende von Springschwänzen sowie Hunderte von Käfern und Spinnen. Zu den größeren Bodenbewohnern, die hin und wieder ans Licht kommen, zählen auch die so nützlichen Regenwürmer: In gutem Boden finden sich etwa 300 je m². Während eines Sommers wandern etwa 3 kg Erde durch ein einziges Tier. Auf 1 ha Wiesenboden erzeugen die Regenwürmer in jeder Stunde etwa 5 Pfund wertvollen Humus.

In der dünnen Streuschicht der Bodenoberfläche halten sich Schnecken, Asseln, Bodenwanzen, Milben und Springschwänze auf, denen Laufkäfer, Spinnen und Ameisen nachstellen. Sie jagen ebenso in der von Moosen und kriechenden Blütenpflanzen gebildeten Unterschicht der Wiese.

Die Krautschicht bildet die mittlere Etage der Wiese. Im Dickicht aus Blättern, Halmen und Stängeln finden blattfressende Heuschrecken und Falterraupen, knospenbohrende Fliegenlarven und säftesaugende Blattläuse ihre Nahrung. Rund 30 Blattlausarten wurden als Wiesenbewohner festgestellt. Mit ihren Mundwerkzeugen stechen sie die saftführenden Röhren von Pflanzenstängeln an. Der größte Teil der aufgenommenen zuckerhaltigen Säfte wird am Hinterende des Blattlauskörpers wieder ausgeschieden. Das lockt Ameisen an, die diese süße Kost gierig aufnehmen. Durch Betrillern mit den Fühlern veranlassen die Ameisen ihre „Milchkühe“ noch weitere Zuckertropfen auszuscheiden. Marienkäfer und ihre Larven haben es dagegen auf die Blattläuse selbst abgesehen und können Blattlauskolonien gewaltig dezimieren. An den Stängeln oder Blättern saugen neben den Blattläusen auch viele Wanzen und Zikaden. Vor ihren Feinden schützen sie sich durch übelriechende, ätzende Substanzen. Schaumzikaden leben in einem Schaumnest, das sie vor Feinden und Austrocknen gleichermaßen schützt. In ungewöhnlicher Vielfalt kommen parasitische Hautflügler vor, namentlich Schmarotzer von Zweiflüglern. Zu den Spinnen der Krautschicht gehören netzbauende Arten (Radnetzspinnen, Kugelspinnen, Baldachinspinnen, Kräuselspinnen) und solche, die wie Krabbenspinnen als Lauerer oder wie die Springspinnen im Sprung ihre Beute ergreifen.

Der Wiesensalbei wächst auf Trockenwiesen, Magerrasen und Rainen.

Die ab Mai blühende Margerite schmückt viele Wiesen vor der ersten Mahd.

Schon in der Krautschicht mit den Blütenköpfen kleinerer Wiesenpflanzen überwiegen die Tiere mit Flugvermögen. Noch mehr dominieren jedoch die ausschließlich auf dem Luftweg eintreffenden Gäste des obersten Wiesen-Stockwerkes, der Blütenschicht. Auf dieser warmen, insektenfreundlichen „Sonnenterrasse“ findet sich so ziemlich alles ein, was fliegen kann und gerne Nektar oder Pollen verzehrt bzw. sammelt: Honigbienen, Wildbienen, Hummeln, Wespen, Schwebfliegen, Käfer und Schmetterlinge. Während Gräser ihre Pollen dem Wind anvertrauen, sind die meisten Wiesenblumen auf Pollentransporteure -in erster Linie sind es Insekten- angewiesen. Mit auffallenden Farben und Düf-

Der Wiesenstorchschnabel (hier mit weißer Blüte) liebt feuchte, kalkige und lehmige Böden.

Die Letzte des Jahres: Die auch als „Wiesensafran" bekannte, in allen Teilen giftige Herbstzeitlose.

ten versuchen die an ihren festen Standort gebunden Blütenpflanzen auf sich aufmerksam zu machen. Eine Reihe von Insektenblumen hat sich im Laufe der Evolution in ihrem Blütenbau so eng an bestimmte Bestäuber angepasst, dass man von ökologischen Blumentypen mit ganz besonderen Gestaltmerkmalen sprechen kann: Tagfalterblumen, Schwärmerblumen, Bienenblumen, Hummelblumen, Käfer- und Fliegenblumen.

Die Wiese wechselt ihr farbiges Kleid

Wohl nur wenige Lebensräume zeigen in ihrem Erscheinungsbild einen so auffälligen Jahresrhythmus wie eine Frisch- oder Mähwiese, vor allem wenn diese bereits Anklänge an eine Magerwiese zeigt:
Im Vorfrühling färbt das junge Gras die Wiesenflächen saftig grün, hier und da vom Weiß des Gänseblümchens unterbrochen.
Im Frühling ändert sich das Bild von Woche zu Woche: auf das zarte Lila des Wiesenschaumkrautes folgt unübersehbar das leuchtend-satte Gelb des Löwenzahns oder des Hahnenfußes und das Weiß des Wiesenkerbels.
Im Frühsommer erreicht die Farbenpracht ihren Höhepunkt: rote (Taglicht- und Kuckuckslichtnelke, Rotklee), violette (Wiesenstorchschnabel, Taubenskabiose), blaue (Kriechender Günsel, Gundermann, Wiesensalbei, Glockenblume), gelbe (Hornklee, Klappertopf, Echtes Labkraut, Wiesenpippau, Wiesenbocksbart) und weiße (Margerite oder Wucherblume) Blüten lassen die Wiese wie einen bunten Teppich erscheinen, über den die Grasblüten einen seidigen Glanz legen. Die erste Mahd bereitet diesem so üppigen Blütenangebot dann ein jähes Ende.
Der Hochsommer mit seinen günstigen Wachstumsbedingungen bringt die gemähten Pflanzen jedoch wieder schnell zum Austreiben, einzelne zeitigen sogar eine zweite Blüte. Neue spätblühende Arten mit blassen Farben gesellen sich hinzu: das Weiß der ausgebreiteten Blütenschirme von Wilder Möhre und Bärenklau, das Gelbgrün der Pastinake, das Grünweiß der Kohldistel. Nur die rotbraunen Blütenköpfe des Großen Wiesenknopfes heben sich ab. Genau genommen bereitet sich die Wiese schon jetzt wieder auf das Frühjahr vor: Die Sonne lässt die Samen reifen, die später auf die Erde fallen und dort -wenn sie nicht von Vögeln oder Käfern verspeist werden- einen Platz zum Keimen finden.
Im Herbst färbt die Herbstzeitlose mit ihren krokusähnlichen, langröhrigen Blüten die Wiese wieder lila. Sie ist eine ebenso giftige wie eigenartige Pflanze: Grüne Blätter fehlen zur Blütezeit. Die notwendigen Nährstoffe entnimmt die Pflanze einer unterirdischen Mutterknolle. Vergeblich sucht man in den Blüten den Fruchtknoten. Er sitzt ebenfalls wohlgeschützt und frostsicher in der Mutterknolle, bis 20 cm tief im Boden. Im Frühjahr wachsen tulpenartige Laubblätter mit dem Fruchtknoten an das Tageslicht. Dieser öffnet sich im Sommer und der Wind schüttelt die Samen heraus. Tiere verschleppen den vom Regen klebrig gewordenen Samen.
Im Winter verdorren oder verschwinden scheinbar die meisten Kräuter, Blumen und Gräser. Nur noch struppige, braune oder gelbe Büschel und dürre Stängel schauen aus den mit Schnee und Eis bedeckten Flächen hervor. Aber der erste Anblick täuscht: Die Wiese schläft nur und sammelt neue Kraft. Sobald im Februar und März die Sonne die Schneedecke zum Schmelzen bringt, die Temperatur langsam ansteigt und die Tage länger werden, erwacht die Wiese wieder - der Kreislauf schließt sich.

Heilkräuter in Streuobstwiesen

„Alle Wiesen und Matten, alle Berge und Hügel sind Apotheken Gottes“ (Paracelsus). Auch auf trockenen bis mäßig feuchten Streuobstwiesen wachsen, von Mineraldünger, Gülle und Pestizide verschont, verschiedene Heilkräuter, wovon hier nur eine Auswahl in Wort und Bild (siehe folgende Seiten) kurz vorgestellt werden kann.

Schlüsselblume (*Primula officinalis*)
Inhaltsstoffe: Saponine, ätherisches Öl (im Wurzelstock). Wirkung: schleimlösend, harn- und schweißtreibend, beruhigend. Sammelgut und -zeit: die Wurzel (März bis April), die Blüten (April bis Mai). Nur kultivierte Pflanzen verwenden, da geschützt.

Gundermann (*Glechoma hederacea*)
Inhaltsstoffe: Bitter- und Gerbstoff, Saponin, Kalisalze, ätherisches Öl, organische Säuren, Glechomin, Marrubiin. Wirkung: entzündungshemmend, schmerzlindernd, harntreibend. Sammelgut und -zeit: das blühende Kraut (April bis Juli).

Dost (*Origanum vulgare*)
Inhaltsstoffe: Bitter- und Gerbstoff, ätherisches Öl. Wirkung: harn- und schweißtreibend, krampf- und schleimlösend, desinfizierend. Sammelgut und -zeit: das blühende Kraut (Juli bis September).

Gänseblümchen (*Bellis perennis*)
Inhaltsstoffe: Saponine, Gerb- und Bitterstoff, Schleim. Wirkung: auswurffördernd, stoffwechselanregend, leicht abführend, krampflösend, blutreinigend. Sammelgut und -zeit: die Blütenkörbe (April bis September).

Löwenzahn (*Taraxacum officinalis*)
Inhaltsstoffe: Bitterstoff, Inulin (in der Wurzel), Vitamin B und C, Harz, Kautschuk.

Wiesenschlüsselblume - Blütezeit von April bis Mai.

Wirkung: appetitanregend, blutreinigend, blutdruckregulierend, stoffwechselanregend, harn- und schweißtreibend. Sammelgut und -zeit: Wurzel (März), Kraut (März bis April), Blüten (April bis Mai).

Schafgarbe (*Achillea millefolium*)
Inhaltsstoffe: Ätherisches Öl mit Cineol und Blauöl, Bitter- und Gerbstoff, Aspigenin, Achillein. Wirkung: stärkend, appetit- und stoffwechselanregend, blutreinigend, blutstillend, auswurffördernd, krampf- und hustenlösend, menstruationsfördernd. Sammelgut und -zeit: das Kraut (Mai bis Juni), die Blüten (Juni bis August).

Rainfarn (*Tanacetum vulgare*)
Inhaltsstoffe: Ätherisches Öl mit Thujon, Bitterstoff. Wirkung: wurmabtreibend, krampflösend. Sammelgut und -zeit: die Blüten (Juli), die Blätter (Mai bis Juni). Wegen des giftigen Thujons wird die Pflanze in der Volksmedizin nicht mehr verwendet.

Gänsefingerkraut (*Potentilla anserina*)
Inhaltsstoffe: Gerb- und Bitterstoff, Flavonoidverbindungen, Schleim, Mineralien. Wirkung: schmerz- und blutstillend, entzündungshemmend, Sammelgut und -zeit: das Kraut (Mai bis Juli), Wurzel (März bis Oktober).

Wiesenknopf (*Sanguisorba officinalis*)
Inhaltsstoffe: Gerbstoff, Saponine, Flavonoide, Vitamin C und ein Glykosid. Wirkung: zusammenziehend, schwach antiseptisch, blutstillend. Sammelgut und -zeit: der Wurzelstock (März bis April), das Kraut (Juni bis August).

Odermennig (*Agrimonia eupatoria*)
Inhaltsstoffe: Bitterstoff, Gerbstoff, ätherisches Öl, Triterpene, Nikotinsäureamid. Wirkung: stoffwechselanregend, zusammenziehend, auswurffördernd. Sammelgut und -zeit: das blühende Kraut (Juni bis August).

Echtes Labkraut (*Galium verum*)
Inhaltsstoffe: Saponine, Glykoside, ätherisches Öl, Enzyme. Wirkung: harn- und schweißtreibend, krampflösend. Sammelgut und -zeit: das blühende Kraut, oberer Teil (Juni bis August).

Augentrost (*Euphrasia rostkoviana*)
Inhaltsstoffe: Gerb- und Bitterstoff, Flavonoide, Glykosid Aucubin. Wirkung: augenstärkend, entzündungshemmend, zusammenziehend. Sammelgut und -zeit: das blühende Kraut (Juli bis Oktober).

Spitzwegerich (*Plantago lanceolata*)
Inhaltsstoffe: Schleim- und Gerbstoffe, Kieselsäure, Glykosid Aucubin, Katalpin, Enzyme. Wirkung: reizmildernd, schleimlösend, durchfallwidrig, blutgerinnungfördernd. Sammelgut und -zeit: die Blätter vor Samenreife der Blüten (Mai bis Juni).

Gundermann - Blütezeit von April bis Juli.

Dost - Blütezeit von Juli bis September.

Gänseblümchen - Blütezeit fast ganzjährig.

Löwenzahn - Blütezeit von Mai bis in den Herbst.

Schafgarbe - Blütezeit von Juli bis in den Herbst.

Rainfarn - Blütezeit von Juli bis September.

Gänsefingerkraut - Blütezeit von Mai bis September.

Großer Wiesenknopf - Blütezeit von Juni bis August.

Kleiner Odermennig - Blütezeit von Juni bis August.

Echtes Labkraut - Blütezeit von Juni bis August.

Augentrost - Blütezeit von Juli bis Oktober.

Spitzwegerich - Blütezeit von Mai bis September.

Pilze in Streuobstwiesen

Lichte, extensiv gepflegte Obstgärten und Streuobstwiesen mit alten Hochstamm-Beständen überraschen auch mit mancher Besonderheit aus der Welt der Pilze. Im eigenen Obstgarten wurden wiederholt zwei Morchelarten entdeckt: die Speisemorchel und die Hohe Morchel. Mögliche Ursache für das regelmäßige Auftreten ist vermutlich liegen gebliebenes Fallobst (für die Vögel). Sind doch Speisemorcheln auf mit Apfelrückständen angereichertem Boden schon erfolgreich gezüchtet worden. Eine andere Art wächst in Frankreich auf Abfällen von Apfelwein-Keltereien. Auch einige weitere hier kurz vorgestellte Speisepilze können gelegentlich auf Streuobstwiesen angetroffen werden. Die „Pilze", die wir verzehren, sind genau genommen die „Früchte" der Pilzpflanze. Vergleicht man die Pilzpflanze mit einem Apfelbaum, so findet der verzehrbare „Pilz" seine Entsprechung in einem Apfel, dem gesamten Apfelbaum als eigentliche Pflanze vergleichbar ist das Myzel, das Hyphengeflecht, des Pilzes. Dieses liegt in Form dünner Fäden im Boden verborgen.

*Oben: Die **Speisemorchel** (Morchella conica) gilt neben der Trüffel als der begehrteste Speisepilz der heimischen Natur. Sie ist ein Pilz des Frühlings und wird auch Frühlingsmorchel genannt. Die Morchel ist kein Waldpilz, sie wächst auf Berg- und Streuobstwiesen sowie in Heckensäumen und bevorzugt Kalk- oder Lehmboden. Die Speisemorchel ist recht selten und steht daher unter Naturschutz.*
*Unten links: Die **Hohe Morchel** (Morchella elata) besitzt einen schlankeren, spitz auslaufenden Hut, der bei der Speisemorchel mehr rund ist. Sie wächst an ähnlichen Plätzen wie diese und ist noch seltener. Im Geschmack ist sie der Speisemorchel unterlegen.*
*Unten rechts: Der **Parasolpilz** (Macrolepitota procera) wird auch Großer Schirmling genannt, denn kaum ein anderer Blätterpilz erreicht eine Hutbreite (bis 30 cm) wie er. Der Hut hat zuerst eine runde Form. Der Parasolpilz ist ein hochgepriesener Speisepilz. Er ist an keinen bestimmten Baum gebunden. Man findet ihn alljährlich standorttreu an den selben Plätzen.*

Der **Wiesenchampignon** *(Agaricus campester)* ist ein Blätterpilz mittlerer Größe, dessen Hutdurchmesser 10 cm kaum überschreitet. Die Lamellen sind zuerst rosarot, dann immer dunkler werdend und zuletzt nahezu schwarz. Der Wiesenchampignon ist die bekannteste von annähernd 50 in Mitteleuropa vorkommenden Champignonarten. Diese sind für Laien teilweise schwer unterscheidbar und nur mit Spezialliteratur sicher zu bestimmen. Keiner davon ist giftig, abgesehen von den wenigen Arten mit auffallend gelbem Fleisch in der Stielbasis.

Der auch als Schafchampignon bekannte **Weiße Anischampignon** *(Agaricus arvensis)* riecht nach Anis oder Mandel. Er besitzt einen Doppelring, der an der Unterseite häufig sternförmig aufbricht. Der weiße Hut ist trocken, nie schleimig. Die Blätter (Lamellen) sind, wenn sie nach dem Aufplatzen des Ringes an der Hutkante sichtbar werden, erst rotgrau, werden aber schließlich dunkel schokoldenbraun. Gefährlich ist die Verwechslung des Pilzes mit dem Weißen Knollenblätterpilz *(Amanita verna)* und dem Karbolegerling *(Agaricus xanthodermus)*.

Der **Mairitterling** *(Calocybe gambosa)*, Georgsritterling oder Maipilz ist ein Frühjahrspilz, der Ende April und hauptsächlich im Mai an wärmeren Plätzen im Gebüsch, an wärmeren Abhängen, in Streuobstwiesen und Parkanlagen erscheint. Der Maipilz ist ein vorzüglicher Speisepilz. In der Jugend sieht er dem giftigen Riesenröhrling *(Entoloma sinnatum)* sehr ähnlich. Schwerwiegende Folgen kann auch eine Verwechslung mit dem Ziegelroten Risspilz *(Inocybe patoullardii)* haben, der im Jugendzustand wie der Maipilz weißlich gefärbt ist.

Der vom Frühjahr bis in den Herbst auftretende **Schopftintling** *(Coprinus comatus)* zählt zu den häufigsten Pilzen. Er besiedelt Rasenflächen verschiedenster Art, auch Streuobstwiesen, kommt aber auch in Gärten, an Wegrändern, Müllplätzen vor. Der Name bezieht sich auf die schwarze Flüssigkeit, die von den Blättern älterer Pilze abgeschieden wird. Der bis zu 15 cm hohe Hut ist weiß und grobschuppig. Es handelt sich um einen ausgezeichneten Speisepilz. Doch können nur junge Exemplare verwendet werden, deren Lamellen noch völlig weiß sind.

Der Blick aufs Ganze

Intakte Nahrungsketten

Streuobstwiesen beherbergen als reich strukturierte Lebensräume (Biotope) artenreiche Lebensgemeinschaften (Biozönosen) mit vielseitiger biologischer Vernetzung. Innerhalb des Mosaiks verknüpfter Ökozellen der Kulturlandschaft sind sie unverzichtbarer Bestandteil bei regulatorischen Vorgängen, vor allem in den heute stark belasteten agrarischen Ökosystemen. Allein auf den robusten, hochstämmigen Apfelbäumen der alten Streuobstwiesen waren, und sind stellenweise heute noch, ca. 1000 Arten von Insekten, Milben und Spinnen festzustellen. Nur 300 Arten fressen direkt vom Baum, weitere 300 leben als Parasiten von diesen, 200 als Räuber und 200 von Honigtau und Moosen.

„Im Ökosystem Streuobstwiese sind neben einer artenreichen Flora mit großer Biomassenproduktion auch einige Tierarten mit enormer Biomasse vorhanden (z. B. Regenwürmer, Insekten, Feldmäuse, Feldsperlinge, Wacholderdrosseln). Solche ‚Massentiere' haben eine ökologische Schlüsselstellung inne: sie dienen einer Reihe von Endgliedern in Nahrungsketten als Ernährungsgrundlage, sie sind wichtige Bioindikatoren, sie sind wesentliche Nahrungsgrundlage, zum Beispiel für Mäusebussard, Turmfalke, Baumfalke, Wanderfalke, Habicht, Sperber, Waldkauz, Waldohreule und Steinkauz. Streuobstwiesen sind für diese Arten notwendiger Brut- bzw. Nahrungsraum" (Mader 1982).

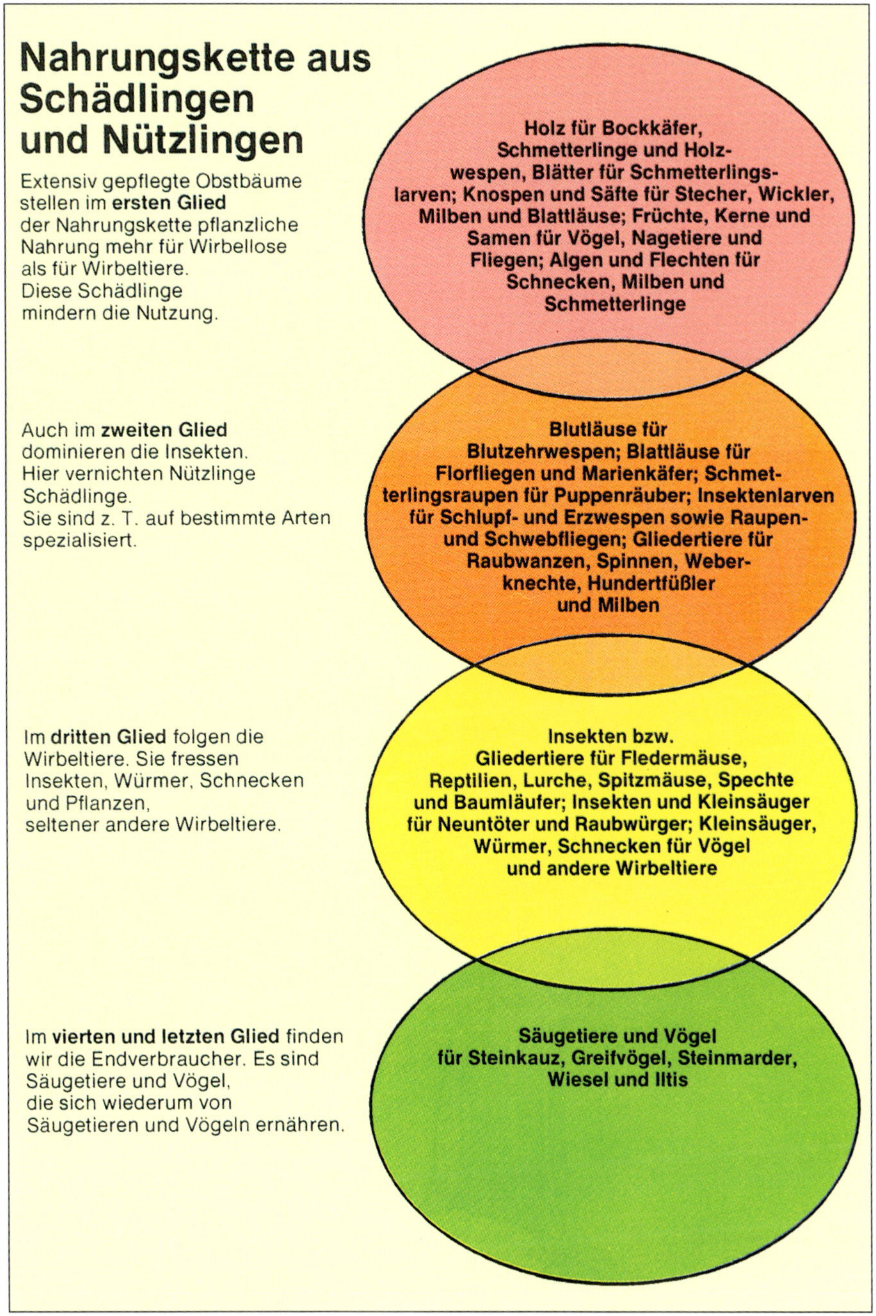

Extensiv gepflegte Streuobstwiesen mit ihrem reichen Tierleben enthalten viele Nahrungsketten aus Nützlingen und Schädlingen. Zwischen den Kettengliedern stehen die Alles- und Aasfresser unter den Tieren sowie die Pilze und Bakterien.
Grafik: G. Schulte, in: Schützt die Obstwiesen. LÖLF, Recklinghausen, 1986.

Zerstörte Nahrungsketten

In modernen Obstplantagen ist das ökologische Netz der Wechselbeziehungen, der Steuer- und Regelkreise durch massive Eingriffe gleich auf mehreren Ebenen gestört: „Beginnend mit dem Angebot der Raumstrukturen, das durch Planung und Anpflanzung sowie durch umfangreichen Baumschnitt auf ein Minimum gleichförmiger Muster zurückgestutzt wurde, über die systematische Unterbrechung der Nahrungsketten mit Spritzmitteln bis hin zur Zerstörung oder tiefgreifenden Umwandlung des Bodenlebens durch Mähen, Verdichten durch regelmäßiges Befahren mit Traktoren, streifenförmiges Abtöten der Pflanzendecke und abtropfende Insektizide wird hier ein Lebensraum immer lebensfeindlicher für Pflanzen und Tiere“ (Mader). Während in einer Streuobstwiese zwischen 10 und 100 Bäumen auf einem Hektar stehen, finden sich in der Plantage bis zu 3000 Zwergbäumchen auf der gleichen Fläche. Sie bringen vom zweiten und dritten Standjahr an nennenswerte Erträge, ab dem fünften Jahr Vollerträge von alljährlich 15 bis 20 kg pro Bäumchen. Nach 15 Jahren, die Stämme haben dann an der Basis einen Durchmesser von etwa 10 cm, werden sie gegen neue ausgewechselt. Etwa 20 mal pro Jahr erfolgt eine Behandlung mit Pflanzenschutzmitteln, davon 13 bis 15 mal mit Fungiziden gegen Schorf und Mehltau und je ein- bis viermal mit Insektiziden und Acariziden. Die krautige Vegetation unter den Baumreihen wird aus Konkurrenzgründen durch ein- bis zweimalige Herbizidspritzungen beseitigt, die Zwischenräume werden acht- bis zehnmal im Jahr gemulcht.

Streuobstwiesen	Niederstammkulturen
+ Hochstämme bereichern mit vielfältigen Formen und ihrer aufgelockerten Anordnung die Landschaft, + Hochstammobstgärten schützen Hof und Dörfer vor Wind, sie binden Bauten in die Landschaft ein, + wichtiger Lebensraum für Vögel und andere Tierarten dank unzähliger Lebensmöglichkeiten (Stamm, Borke, Äste, Blätter, Höhlen, Wiese) usw., + Schattenspender für Mensch und weidendes Vieh, + Hochstämme erlauben lange Produktionszeiten (50 Jahre und mehr), + Nutzung der Kultur unter den Bäumen, + oft nur geringe Pflege nötig, + unzählige Obstsorten auf Hochstämmen + Früchte können genügend ausreifen, sie werden knackig, saftig und aromatisch, + Hochstämme können Einflüsse auspuffern, + vielfältige Kultur verringert Schadensniveau.	– Niederstammkulturen stehen oft schematisch in der Landschaft, verschiedene Höhen fehlen, – wegen fehlender Höhe geringe Windschutzwirkung, – nur für wenige Vögel und andere Tierarten als Lebensraum geeignet, da der Stamm zu dünn ist und sich keine dicke Borke ausbilden kann, – geringe Funktion als Schattenspender für Mensch und Vieh, – Niederstämme müssen nach 15 bis 20 Jahren ersetzt werden, – keine zweite Nutzungsmöglichkeit, – Pflege oft sehr aufwändig, – Sortenauswahl eingeschränkt, wenig Sorten, – erfordert mehr Fachkenntnisse, um befriedigende Geschmacksqualitäten zu erzielen, – Niederstamm oft anfälliger für Krankheiten, daher sehr hoher Pestizideinsatz, – Monokultur mit erhöhtem Risiko für Kalamitäten.
– Die Ernte (von Tafelobst) ist zeitaufwändig, – Erträge erst ab dem 10. Standjahr, – der Ertrag ist jährlich stark schwankend, – großer Flächenbedarf, – Produktion von makellosem Obst nicht einfach, deshalb niedrige Preise.	+ Ernte vom Boden aus möglich, hohe Ernteleistung, + gute Erträge schon im 2. Jahr nach der Pflanzung, + gleichbleibend gute Erfolge, + intensive Flächennutzung, + Produktion äußerlich schöner Früchte.

Im ökologischen Vergleich (s. Tabelle): Vor- und Nachteile von Hoch- und Niederstämmen. Nach Müller, W./Schifferli, L./Zwygart, D. (1983): Obstgärten - vielfältige Lebensräume. Zürich.

Gefährdungsfaktoren

Zahlreiche regionale und lokale Erhebungen belegen bereits seit 1950 einen Rückgang der Streuobstwiesen in Deutschland um 70 %. Das gilt sowohl für die Fläche als auch für die Anzahl der Obstbäume. Streuobstwiesen gehören daher heute zu den gefährdeten Lebensräumen. Zu den bis weit in die 1970er Jahre hinein staatlich geförderten Rodeaktionen zur Verminderung des Marktobstangebotes mit geringerer Qualität und die Förderung von Niederstamm-Kulturen kommen noch weitere Rückgangsursachen hinzu:

- Nutzung von Streuobstflächen als Bauland für Siedlung und Industrie,
- Neuanlage von Obstgärten und -wiesen mit Koniferen und Englischem Rasen,
- Umwandlung dorfnaher Obstwiesen in Freizeitanlagen,
- Ausbau und Verbreiterung von Straßen,
- Maßnahmen der Flurbereinigung,
- Überalterung durch Mangel an Nachpflanzungen,
- Verbuschung durch Aufgabe der Bewirtschaftung,
- Umwandlung in landwirtschaftliche Flächen oder Aufforstung.

Das Verschwinden der Streuobstbestände aus der Landschaft bewirkt eine Struktur- und damit Artenverarmung. Wenn Streuobstbestände gedankenlos beseitigt werden und schließlich Siedlungen direkt an intensiv bewirtschaftete Ackerflächen grenzen, fehlen die für eine Vielzahl von Arten lebenswichtigen, extensiv genutzten Übergangsbereiche und Schonräume.

Schutz und Erhaltung

Seit den 1980er Jahren bemühen sich Naturschützer, Landwirte, Gartenbauvereine, öffentliche Hand und Keltereien vermehrt um den Schutz und die Förderung von Streuobstbeständen. Motivation hierfür sind die Bedeutung des Streuobstbaues für Landschaftspflege und Naturschutz sowie als Kulturgut und als Erwerbszweig.
Der Freistaat Bayern unterstützt mit zwei Förderungsprogrammen den Schutz und die Erhaltung von Streuobstbeständen:
Das Bayerische Kulturlandschaftsprogramm (KULAP) und das Bayerische Vertragsnaturschutzprogramm (VNP). Während über das KULAP nur Landwirte gefördert werden, können über das VNP neben Landwirten auch anerkannte Natur- und Landschaftspflegeverbände eine Förderung erhalten. Förderanträge für beide Programme können bei dem jeweils zuständigen Landwirtschaftsamt nach der jeweils gültigen Fassung gestellt werden.
Vorrangig gilt es, die traditionelle Nutzung verbliebener Streuobstbestände weiterzuführen oder wieder aufzunehmen, denn eine Ertragsnutzung zumindest für den Eigenverbrauch im Haushalt oder als Marktobst ist weiterhin gegeben. Dabei ist es wichtig, den Verbraucher über die Bedeutung des Streuobstes aufzuklären. Im Rahmen der Aktion „Streuobst 2000 Plus“ werden lokale Streuobstinitiativen von zentraler Stelle für ihre Veranstaltungen vor Ort unterstützt. Eine Internetpräsentation informiert über alle Veranstaltungen, die im Rahmen der Aktion durchgeführt werden. Viele Vereine, Verbände und Institutionen wirken inzwischen mit. Die tragenden Säulen sind die Kreisfachberater und die Obst- und Gartenbauvereine.
Eine Direktvermarktung wie im österreichischen Mostviertel oder die Kleinbrennerei sind bis heute jedoch eher Ausnahmen als rentable Bewirtschaftungsmodelle. Zwar werden in Deutschland mittlerweile 8 Mio. Liter „echte“ Streuobstgetränke mit einem Marktwert von ca. 12 Mio. Euro produziert, aber noch ist der entschieden größere Anteil der Streuobstwiesen aufgrund mangelnder Rentabilität und einseitiger Förderpolitik (insbesondere für den sogenannten „Integrierten Obstbau“) gefährdet. Eine Marktnische für Streuobstwiesen liegt bei tradtionellen Gaststätten mit Apfelweinausschank. Man greift dort normalerweise nicht auf die modernen Apfelsorten zurück, sondern auf die säurehaltigen älteren Streuobstsorten.

Bei ausreichender Pflege erbringen Streuobstwiesen noch immer beträchtliche Ernten an Lager- und Mostobst.

Neupflanzungen

Auch bereits bestehende Streuobstwiesen bedürfen der dauernden Erneuerung und Verjüngung. Damit der Bestand langfristig gesichert ist, sollten in jeder Obstwiese etwa 12 % Jungbäume stehen. Beim Kauf des Pflanzgutes sollten lokal bewährte und robuste, d. h. starkwüchsige und möglichst wenig krankheitsanfällige Hochstammsorten gewählt werden. Der Mindestabstand sollte zwischen acht und zehn Metern betragen. Die Baumkronen können sich so nicht gegenseitig behindern und in den Obstwiesen bleiben offene, nicht beschattete Stellen für lichtliebende Pflanzen übrig, womit eine ökologisch wertvolle Kleinstruktur entsteht.

Zeitpunkt der Pflanzung

Die Bäume sollten erst kurz vor der Pflanzung aus der Baumschule bezogen werden. Bis zur Pflanzung müssen die Wurzeln vor Licht und Wärme geschützt werden, indem man den Wurzelballen in Tücher einschlägt (s. Grafik, 5). Obstbäume mit nackten Wurzeln können von November bis April gepflanzt werden, falls es das Wetter erlaubt. Vorteile der Herbstpflanzung: Die Auswahl an Pflanzenmaterial und Sorten in den Baumschulen ist breiter. Auch können die gepflanzten Bäume bereits während der Spätherbst- und Wintermonate Wurzeln bilden und ausgiebig Winterfeuchtigkeit speichern, was ihnen einen sicheren Vorteil beim Austrieb im Frühjahr bringt (eine Ausnahme bilden die Walnüsse).

Pflanzgrube, Pflanzschnitt

Die Pflanzgrube wird so ausgehoben, dass Grasnarbe, Ober- und Unterboden getrennt sind (1), für Hochstämme etwa 50 cm tief. Schon vor der Pflanzung wird ein Haltepfahl in die Grube eingeschlagen. Die Wurzeln und Zweige des Baumes werden vor der Pflanzung ins gesunde Gewebe zurückgeschnitten (2, 3). Der Baum wird auf der Nordseite des Pfahls in die Pflanzgrube gestellt. Danach wird gute Erde (4) zu den Wurzeln gebracht. Bei Frühjahrspflanzung kann die Erde mit Wasser eingeschwemmt werden. Wichtig: Bäume nicht zu tief pflanzen, die Veredlungsstelle sollte mindestens 10 cm über dem Boden liegen. Es folgen das Anbinden des Baumes (6) an den Pfahl (genügend Spielraum für das Dickenwachstum einkalkulieren!) und das Anbringen eines Stammschutzes (7) gegen Wildverbiss.

Alte, schützenswerte Obstsorten

Zur Sortenwahl empfiehlt es sich, den Kreisfachberater für Gartenkultur und Landespflege um Rat zu fragen. Nachfolgend werden beispielhaft die ältesten bekannten Obstsorten aufgeführt. Sie gelten heute als schützenswertes Kulturgut und sind in Spezial-Baumschulen erhältlich. (Tabelle aus: „Streuobst - pflegen, erhalten bewirtschaften“. Bayerische Landesanstalt für Landwirtschaft, Freising, 2005.)

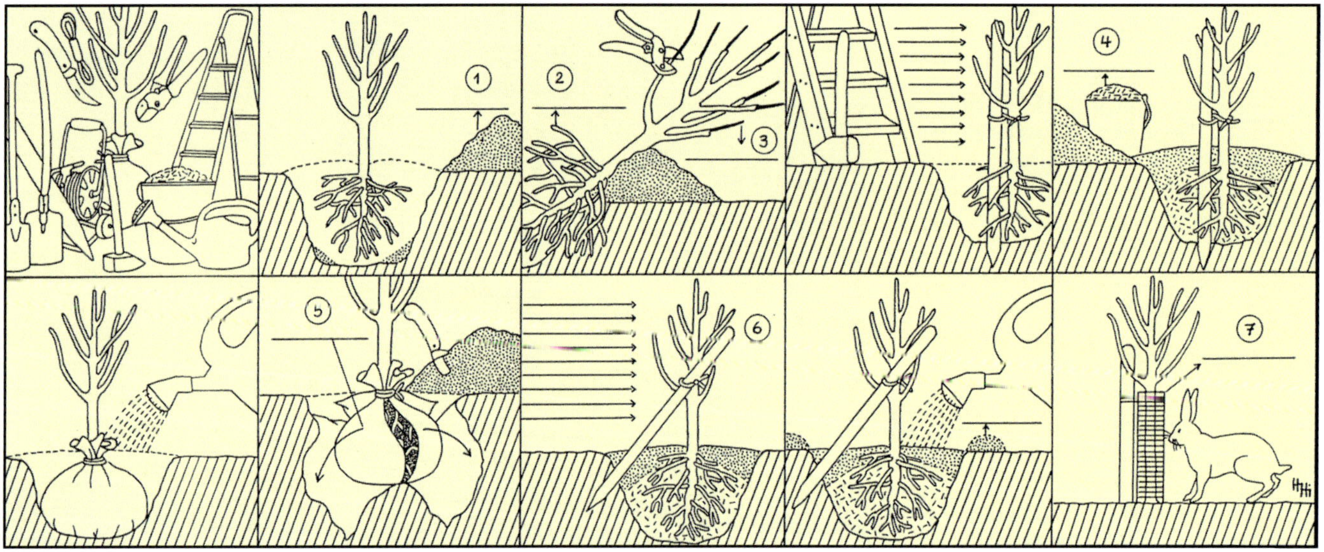

Die wichtigsten Arbeitsschritte beim Pflanzen eines Obstbaumes (nach Halding-Hoppenheit, vom Verfasser z.T. abgeändert und ergänzt).

Erhaltenswerte Obstsorten (vom Mittelalter bis ins 19. Jahrhundert)

Äpfel (Sorte/Entstehung):

Adersleber Kalvill	Adersleben 1838
Altländer Pfannkuchenapfel	Norddeutschland 1840
Ananasrenette	Holland 1820
Backapfel	Frankreich 1535
Baumanns Renette	Elsass 1800
Berner Rosenapfel	Schweiz 1880
Boskoop	Holland 1856
Borsdorfer Renette	Jena 1100, Findling
Bittenfelder	Württemberg 1900
Brauner Matapfel	Rheinland 1600
Champagnerrenette	Frankreich 1770
Danziger Kantapfel	Deutschland vor 1758
Fromms Goldrenette	Meiningen vor 1839
Geflammter Kardinal	Norddeutschland 1766
Geheimrat Oldenbur	Deutschland 1897
Gehrers Rambur	Württemberg 1885
Gelber Edelapfel	England 1800
Gewürzluiken	Württemberg 1885
Goldrenette von Blenheim	England 1740
Graue Französische Renette	Frankreich 15. Jh.
Graue Herbstrenette	Frank. oder Holl. 1650
Gravensteiner	Schleswig Holst. 1670
Große Kasseler Renette	Deutschland vor 1770
Grüner Winterstettiner	Deutschland 1700
Jakob Lebel	Frankreich 1825
Kaiser Wilhelm	Solingen 1864
Kanadarenette	Frankreich 1786
Königlicher Kurzstiel	Frankreich 1613
Lohrer Rambur	Deutschland vor 1900
Maunzenapfel	Raum Göppingen
Muskatrenette	Normandie vor 1670
Neuzerling	Deutschland vor 1790
Prinzenapfel	Zufallssämling 1820
Purpurroter Cousinot	Deutschland 1828
Rheinischer Bohnapfel	Rheinland um 1770
Rheinischer Krummstiel	Rheinland um 1700
Rheinischer Winterrambur	Rheinland vor 1650
Rote Sternrenette	Niederrhein seit 1790
Roter Astrachan	Russland vor 1800
Roter Eiserapfel	Franken 1600
Roter Herbstkalvill	Frankreich vor 1670
Roter Stettiner	Deutschland vor 1766
Roter Winterkalvill	Niederlande vor 1600
Schöner von Nordhausen	Deutschland 1860
Steierischer Marschansker	Steiermark vor 1841
Teuringer Winterrambur	Württemberg vor 1800
Weißer Rosmarinapfel	Südtirol vor 1790
Weißer Winterkalvill	Frankreich 1596
Weiße Wachsrenette	Frankreich 1794
Welschisner	Oberösterreich um 1600
Wintergoldparmäne	Frankreich (?) 1510

Birnen:

Blutbirne	Herkunft unbek. 1795
Doppelte Philippsbirne	Belgien um 1800
Gelbmöstler	Schweiz 1780
Großer Katzenkopf	Herkunft unbek. 1768
Grüne Sommermagdalene	Frankreich 1675
Gute Graue	Frankr. oder Holl. 1675
Madame Verte	Belgien 1810
Mollebusch	Franken
Oberösterreichische Weinbirne	Österreich
Palmischbirne	Württemberg vor 1528
Pastorenbirne	Frankreich 1760
Rote Bergamotte	alte französische Sorte
Rote Pichlbirne	Niederbayern 1720
Schweizer Wasserbirne	um 1680
Sommerbergamotte	vor 1675
Stuttgarter Geißhirtle	Württemberg 1750
Ulmer Butterbirne	Württemberg 1868
William Christ	England um 1760
Winterbergamotte	um 1700

Kirschen:

Büttners Rote	Halle/Saale 1795
Dönissens Gelbe Knorpelkirsche	Sachsen 1820
Große Schwarze Knorpelkirsche	Frankreich 1540
Kassins Frühe	Deutschland 1860
Königin Hortense	Frankreich um 1800
Schattenmorelle	Frankreich (?) 1598

Pflaumen, Zwetschgen, Reneclauden:

Bühler Frühzwetschge	um 1840
Große Grüne Reineclaude	Frankreich 1490
Hauszwetschge	Deutschland 17. Jh.
Italienische Zwetschge	Deutschland 1823
Mirabelle von Nancy	Frankreich 1490

Danziger Kantapfel

Die genaue Herkunft dieser alten, schon um 1790 beschriebenen Sorte ist unbekannt. Namensgebend war nicht der große Philosoph Immanuel Kant, sondern die Kantigkeit der Früchte. Sie sind saftig süß und direkt nach der Ernte genussreif, liefern aber auch einen hochwertigen Apfelsaft. Sein recht kräftiger Wuchs mit ausladend kugelförmig bis hochgewölbter Krone macht den Baum unverwechselbar in seiner Erscheinung. Aufgrund seiner geringen Frostempfindlichkeit eignet sich dieser Herbstapfel auch für höhere Lagen. Der Landesverband für Obstbau, Garten und Landschaft Baden-Württemberg (LOGL) hat den Danziger Kantapfel zur regionalen „Streuobstsorte des Jahres 2006" gekürt.

Köstliche von Charneu

Die auch als 'Bürgermeisterbirne' bekannte Sorte stammt aus Belgien und wurde um 1800 von Martin Legipont in Charneu (jetzt Charneux), Provinz Lüttich, gefunden. Sie ist eine wertvolle, in Mitteleuropa weit verbreitete Handelsfrucht. Voll ausgereift, besticht diese Birne mit feinwürzigem Aroma und butterweichem Schmelz. Sie eignet sich sehr gut für Einmachzwecke. Die mittelfrühe Blüte ist gegen Witterungseinflüsse wenig empfindlich. Die Sorte ist verhältnismäßig genügsam, verlangt aber nährstoffreichen und feuchten Boden. Der wuchsfreudige Baum ist auch für mittlere Höhenlagen und Grünland geeignet. Bei guter Pflege kann mit regelmäßigen und reichen Erträgen gerechnet werden.

Bühler Frühzwetschge

Die Sorte wurde 1884 in Kappelwindeck bei Bühl am Oberrhein entdeckt und trug 30 Jahre lang zunächst den Namen 'Kappler Zwetschge'. Sie ist selbstfruchtbar, sehr reich und zuverlässig tragend. Die tief dunkelblauen Früchte sind so saftreich, dass sie sich vorwiegend für den Frischverzehr und nicht so sehr für die Verarbeitung eignen. Der starkwachsende Baum mit kugelförmiger Krone ist ziemlich anspruchslos, frosthart und eignet sich auch noch für rauere Lagen. Noch heute feiert man alljährlich am zweiten September-Wochenende im „Bühler Zwetschgenfest" mit buntem Programm die Frucht, die für die Stadt einst die Haupterwerbsquelle darstellte und von hier aus die ganze Welt eroberte.

Schneiders späte Knorpelkirsche

Die Sorte entstand um 1850 in Deutschland. Sie wurde als Zufallssämling gefunden und nach dem Besitzer benannt. Eine sehr großfrüchtige, dunkelbraunrote bis schwarzbraune Knorpelkirsche, die in der 5. Kirschwoche reift. Sie besitzt ein helles, saftiges Fruchtfleisch und ist ziemlich platzfest. Die Frucht kann auch in halbreifem Zustand geerntet werden. Erträge spät einsetzend, aber von sehr hohem Marktwert, Versand- und Lagerfähigkeit sind ebenfalls sehr gut. Als ziemlich anspruchsloser und widerstandsfähiger Baum starkwachsend mit flachkugeliger Krone. Blüten frostwiderstandsfähig, selbststeril. Doppelnamen: 'Nordwunder', 'Zeppelin', 'Kaiser Franz' (Österreich).

Echte Quitte

In Mitteleuropa wird die ursprünglich in Zentralasien beheimatete Quitte erst seit dem 9. Jahrhundert angebaut, als wärmeliebende Pflanze bevorzugt in Weinbaugebieten, von wo aus sie in der Folgezeit häufig verwilderte. Im Capitulare de villis Karls der Großen wird sie im Jahre 812 erwähnt. Der erwerbsmäßige Anbau ist in Deutschland selten, doch werden in Baden-Württemberg und im Rheinland gute Fruchtqualitäten erzielt. Aus den Früchten werden Marmelade, Kompott, Gelee, Mus, Saft und Likör hergestellt. Der Gehalt an Vitamin C ist dem Apfel vergleichbar, die weiteren wertvollen Inhaltsstoffe liegen deutlich höher. Der Gesundheitswert wird von Fachleuten daher als außerordentlich hoch eingeschätzt.

Echte Mispel

Als geschätztes Wildobst kam die Echte Mispel schon sehr früh von Kleinasien nach Europa. In Griechenland ist die Mispel seit 700 v. Chr. bekannt, in Rom um 200 v. Chr. Später brachten die Römer den Baum nach Süddeutschland. Die Früchte werden erst nach Frosteinwirkung weich und können roh verzehrt oder mit anderen Obstsorten zu Marmelade und Gelee verarbeitet werden. Früher wurden aus den Früchten auch Wein und Spirituosen hergestellt. Als Beigabe zum Most erhöhte der Mispelsaft durch seinen Gehalt an Pektin und Gerbstoffen dessen Haltbarkeit. Die heutigen Vorkommnisse in Mitteleuropa stellen fast durchweg Kulturrelikte dar. In guten Baumschulen ist die Mispel heute wieder erhältlich.

Äpfel - köstlich und gesund

Der Deutschen liebste Frucht

Äpfel haben bei uns von allen Obstsorten die größte Bedeutung. Besteht doch unsere gesamte Obsternte zu 60 % aus Äpfeln. Pro Kopf der Bevölkerung werden jährlich 30-35 kg verzehrt. Damit bildet der Apfel die beliebteste Frucht der Deutschen, 38% geben ihm vor allem anderen Obst den Vorzug. Beim Verzehr von Frischobst nimmt der Apfel mit über einem Drittel somit eine Spitzenstellung ein, zum einen als wohlschmeckende, köstliche Frucht, zum anderen seiner „inneren" Werte" wegen: Alte Volksweisheiten wie „Ein Apfel gegessen kurz vor der Nacht, hat manchen Arzt zum Bettler gemacht" oder der Werbe-Slogan der europäischen Ernährungsgesellschaft „5 am Tag - weil's mein Körper mag" belegen deutlich die gesundheitsfördernde Wirkung von Äpfeln, die jetzt auch wissenschaftlich erwiesen ist.

Äpfel sind gesund für Jung und Alt. Schon Kleinkinder lassen sich für diese knackige, saftige Frucht begeistern

Äpfel – mehr als nur eine Speise

Frisch geerntete Äpfel enthalten in 100 g Fruchtfleisch: 0,3 g Eiweiß, 1 g Fruchtsäure, 12 g Kohlehydrate (einschließlich 0,6 g Pektin). Hinzu kommt ein verhältnismäßig hoher Anteil an Mineralstoffen: 3 mg Natrium, 0,13 mg Kalium, 7 mg Kalzium, 6 mg Magnesium, 11 mg Phosphor, 0,4 mg Eisen. Dass Äpfel darüber hinaus noch viele Vitamine beinhalten, zeigen die folgenden Angaben: 0,4 mg Carotin, 0,03 mg Vitamin B1, 0,03 mg B2, 0,3 mg Niacin, 0,7 mg Vitamin E, 11 mg Vitamin C (Schwankungsbreite von Vitamin C je nach Sorte, Reifezustand, Lagerung und klimatischen Verhältnissen 3 bis 26 mg).

Energiegehalt

Ein mittelgroßer Apfel enthält ca. 210 Kilojoule (50 kcal). Das entspricht etwa 2% des täglichen Energiebedarfes eines erwachsenen Menschen mit vorwiegend sitzender Tätigkeit. Äpfel enthalten ferner fast kein Fett und wenig Eiweiß. Als Zwischenmahlzeit, die „nicht dick macht", sind Äpfel also bestens geeignet.

Ballaststoffe

Ballaststoffe sind unverdaulich und regulieren wegen ihrer guten Quellfähigkeit die Verdauung. Pektine sind unter den Ballaststoffen des Apfels besonders hervorzuheben: Sie gelangen unverdaut in den Dickdarm, dort werden sie von den Bakterien abgebaut, wobei Buttersäure entsteht. Deren hemmende Wirkung auf Darmkrebszellen konnten deutsche Forscher jetzt nachweisen. Auch ein Apfelextrakt mit hohem Polyphenolgehalt setzt große Mengen Buttersäure frei. Der positive Effekt beruht in beiden Fällen auf der Blockade eines für das Krebswachstum benötigten Enzyms.

Senkung der Cholesterinwerte

Äpfel senken das schlechte LDL-Cholesterin im Körper. Schon nach einem halben Jahr konnten in einer Studie teilweise Spitzenwerte von minus 23% erzielt werden, wenn die Versuchspersonen jeden Tag mindestens einen Apfel (75 g) in Trockenform zu sich nahmen. Denn: Der Ballaststoff Pektin bindet im Darm Gallensäure, die zu wesentlichen Teilen aus Cholesterin besteht und mit dem Stuhl ausgeschieden wird. Die Leber muss neue Gallensäure aus Cholesterin produzieren und holt es aus dem Blut.

Schutz für Blutgefäße und Gehirn.

Aggressive Radikale des Sauerstoffs, die das Gewebe im Krankheitsfall schädigen, können von den auch in Äpfeln enthaltenen Polyphenolverbindungen abgefangen und unschädlich gemacht werden. Die darin enthaltenen Flavonoide und Phenolsäuren können einem Herzinfarkt sowie Arterienverkalkung und die Bildung von Blutgerinseln vorbeugen. Die oben genannten aggressiven Sauerstoffmoleküle sind auch für die Schädigung der Gehirnzellen (Schlaganfall!) mitverantwortlich.

Kariesprophylaxe

Äpfel tragen gerade bei Kindern ganz wesentlich zur Gesunderhaltung der Zähne bei: Bestimmte Bakterien in Speiseresten bilden einen Klebstoff, mit dem sie sich an die Zähne heften, um schließlich den Zahnschmelz anzugreifen und zu zerstören. Die Anwesenheit von Polyphenolen, z. B. aus Äpfeln, unterbindet die Bildung des Klebstoffes und hält die Zähne gesund. Tägliches Zähneputzen ist jedoch trotzdem unerlässlich.

Fruchtsäuren

Die Säuren der Äpfel sind organische Säuren und bilden ein Gemisch aus 90-95% Apfelsäure, 3-10% Zitronensäure, ca. 1,5% Weinsäure und ca. 1,5 % Milchsäure. Diese Säuren schützen den Apfel bis zu einem gewissen Grad gegen die Angriffe von Bakterien und Schimmelpilzsporen. Im Körper wirken die Säuren leicht abführend; sie werden zu Kohlendioxid und Wasser oxydiert. Eine Versauerung der Organe ist also keineswegs zu befürchten.

Vitamin-C-Gehalt

Am wichtigsten ist der Vitamin-C-Gehalt. Dieser ist in der Schale höher als im Fruchtfleisch und in den äußeren Fruchtfleischpartien etwa doppelt so hoch wie im Inneren. Auch enthält die „Sonnenseite“ der Äpfel mehr Vitamin C als die „Schattenseite“. Vitamin C wird durch den Luftsauerstoff leicht zerstört, der Vitamin-C-Gehalt geht deshalb bei längerem Lagern zurück. Aus gleichem Grund sind Apfelwein, Apfelsüßmost vitaminarm bzw. vitaminfrei.

Gut für die Lunge

Äpfel können sogar zur Verbesserung der Lungenfunktion beitragen und so das Risiko für Atemwegsinfekte um bis zu 30% verringern. Vor allem in der kalten Jahreszeit sollte man über den Tag verteilt, also nicht auf einmal, täglich drei Äpfel essen. Nur dann können die wertvollen Bestandteile der Apfelmedizin vom Körper optimal aufgenommen und als Immunschutz verarbeitet werden.

Mineralstoffe

Elektrolyte sind in Wasser gelöste Mineralstoffe, die wir mit unserer Nahrung (z. B. Äpfeln) aufnehmen. Mit Hilfe ihrer elektrischen Ladung bauen sie kleinste Ströme in Körper- und Nervenzellen auf, die lebenswichtige Prozesse steuern. Magnesium, Kalzium, Kalium müssen in einer ganz bestimmten Konzentration im Körper vorhanden sein. Nur dann wird das Gleichgewicht der Elektrolyte aufrechterhalten, und der Körper kann problemlos funktionieren.

Tag des deutschen Apfels

Dem deutschen Apfel ist seit 2010 der 11. Januar gewidmet. Der Tag des deutschen Apfels wurde von allen wichtigen Apfel-Erzeugerorganisationen Deutschlands ins Leben gerufen. Initiatoren unterstützen den Aktionstag, der im Rahmen der Kommunikationskampagne „Äpfel aus Deutschland - Genau Dein Obst“ stattfindet. Am 11. Januar 2010 wurden kostenlos 40 000 Äpfel in Berlin, Leipzig, Hamburg, Köln, und München verteilt. Damit soll die Bevölkerung auf die Sortenvielfalt heimischer Äpfel und ihre gesundheitliche Bedeutung aufmerksam gemacht werden.

Ein Apfel-Prachtexemplar aus einer Streuobstwiese: Gewicht 500 Gramm.

Köstlich, bekömmlich und gesund: Naturtrüber Streuobst-Apfelsaft.

Mit Äpfeln lassen sich köstliche Kuchen, Mehlspeisen, Aufläufe, Müsli, Salate und Desserts herstellen.

Apfelwein enthält etwa fünf Prozent Alkohol.

Alles aus Äpfeln

Äpfel, Birnen, Kirschen, Zwetschgen, Pflaumen und Mirabellen finden vielfache Verwendung in Küchen, Bäckereien, Konditoreien, Obstverwertungsbetrieben, Keltereien und Brennereien. An erster Stelle steht jedoch der Apfel: Laut Internet soll es 1115 Apfelgerichte und 357 Apfelgetränke geben, wovon hier nur eine kleine Auswahl angeführt werden kann.

Speisen, Desserts, Gebäck

Apfel-Kartoffel-Gratin; Entenbrust mit Apfel-Zwiebel-Gemüse; Gebackener Schweinebauch auf Apfel-Lauch; Roastbeef-Salat mit Apfel und Cranberries; Rindersteak mit Kohlrabi-Gemüse und kandiertem Apfel; -Räucher-Saibling mit Apfelsalat; Apfel-Kartoffelpfanne mit marinierten Filetspießen; Fisch-Curry mit Apfel; Himmel und Erde (Blut- und Gewürzwurst mit Kartoffeln und Äpfeln); Hackfleisch mit Hirse, Gemüse und Curryäpfeln; Spiralnudeln mit gegrillten Apfelschnitzen und Roquefort; Möhren-Apfel-Salat; Obstsalat; Salat mit Apfel, Fenchel, Granatapfelkernen und Käse; Apfel-Möhren-Rohkost; Tomatensalat mit Äpfeln und Haselnüssen; Kürbissalat mit Apfel; Pfannkuchen mit Apfelkompott oder -mus; Pfannkuchen-Crêpes mit Äpfeln (im Teig); Apfelküchle mit Mandelkruste; Apfelstrudel mit Vanillesauce; Apfel-Mohn-Strudel; Haferflockenauflauf mit Äpfeln; Apfel-Walnuss-Auflauf; Bratapfel im Teigmantel; Bratapfel mit Honig, Zimt und Rosinen; Bratapfel mit Vanillesoße; Bratapfel mit Preiselbeeren; Gefüllter Bratapfel; Bratapfel mit Marzipan und Rosinen; Apfel-Calvados-Creme; Apfelcreme mit Zitrone, Sahne und Pistazien; Marzipancreme mit Winzeräpfeln; Apfel-Joghurt; Früchtemüsli mit Äpfeln und Manuka-Honig; Quark-Müsli mit Apfel; Apfeltorte; Bratapfelkuchen; Apfelmuskuchen; Apfelkuchen mit Streuseln; Apfelkuchen mit Erdnuss-Baiser; Walnuss-Zitronen-Kuchen mit Äpfeln und Nougatsauce; Käsekuchen mit Apfel; Bananen-Apfelkuchen; Apfel-Pinienkern-Kuchen; Apfel-Brot; Apfel-Muffins; Apfel im Blätterteigmantel; Apfel-Zimt-Waffeln.

Getränke mit und ohne Alkohol

Apfelwein (Most), Apfelschaumwein (Cidre), Süßmost oder Apfelsaft, Apfel-Holundersaft, Apfelbowle, Maibowle mit Apfelsaft (alkoholfrei), Apfel-Amaretto-Punsch, Apfel-Zimt-Bananen-Getränk, Apfel-Himbeer-Cocktail, Apfel-Buttermilch-Shake, Himbeere-Orange-Apfel-Smoothie, Apfel-Zwiebel-Tee (bei Erkältung, Husten).

Wildobstarten

Wo ausreichende Flächen zur Verfügung stehen, können auch Wildobstarten eingebracht werden, die auch von Keltereien gerne abgenommen werden. Jedoch darf von solchen Anpflanzungen keine zusätzliche Gefährdung durch Krankheiten wie Feuerbrand, Schorf oder Scharka ausgehen. Für warme Gegenden empfehlen sich Speierling, Esskastanien, Maulbeeren und Mispel. In Höhengebiete passen essbare Ebereschen, Vogelkirschen (oben links) und Holzäpfel. Weitere, z. T. recht anspruchslose und zugleich für die Tierwelt bedeutsame Gehölze sind Vogelbeere, Heckenrose (unten links), Schlehe (oben Mitte), Weißdorn, Schwarzer Holunder, Kornelkirsche (oben rechts) und Sanddorn (unten rechts). Die Wildobstarten können einzeln oder kombiniert mit anderen Bäumen auch in Feldholzinseln oder zwischen Hecken gepflanzt werden.

Mehlbeere

Wie die beiden Wildobstarten Speierling und Elsbeere gehört auch die Mehlbeere zur botanischen Gattung *Sorbus*. Sie ist mit über 200 Arten von Kernobstgewächsen in den gemäßigten Zonen der Nordhalbkugel verbreitet. Die im Mai/Juni erscheinenden, wohlriechenden Blüten stehen in aufrechten, großen Rispendolden und besitzen leicht zugängliche Nektarien. Sie werden hauptsächlich von Bienen und Schwebfliegen besucht. Die Blattunterseiten sind von einem dichten weißen Haarfilz überzogen. Die volkstümlichen Bezeichnungen Silberbeere oder Weißbaum haben hier ihre Erklärung. Das Laub diente früher gelegentlich als Futter für Kleinvieh, weshalb die Bäume stellenweise „geschneitelt" wurden. Gedörrt wurden die Blätter dem als Winterfutter dienenden Heu beigemischt.

Inhaltsreiche Früchte

Die zahlreichen Früchte von kugeliger Gestalt reifen im Oktober und sind dann orange bis korallenrot gefärbt. Die kleinen „Äpfelchen" enthalten zwei Samen, sind botanisch gesehen also keine Beeren. Sie beinhalten vor allem Vitamin C , Pektin, Karotin, Zucker und Fruchtsäuren, vor allem Apfel-, Zitronen- und Sorbinsäure. Auch Flavonolglycoside sind enthalten, jedoch nicht Parasorbinsäure. Die Früchte schmecken daher nicht bitter, sondern eher trocken-neutral.

Vielseitig verwertbar

Früher galten die häufig gesammelten Mehlbeerfrüchte als Notnahrung: Im Ofen getrocknet und zerhackt wurden sie mit Mehl vermischt und zu einem süßlichen Brot gebacken. Noch im ersten Weltkrieg wurden viele Säuglinge mit einem Brei aus gemahlenen und in Wasser oder Milch aufgekochten Früchten ernährt. Daneben fanden die mehligen Früchte auch bei der Schweinemast Verwendung

Heute werden die nach dem ersten Frost geernteten Früchte hauptsächlich zu Kompott, Marmelade oder Gelee verarbeitet, sie können aber auch frisch verzehrt werden. Dazu zuckert man sie nach Belieben und gibt Rahm oder Schlagsahne dazu. Für Mus, Gelee Marmelade oder Pasten empfiehlt sich ein Zusatz von pikant-sauren Früchten (Kornelkirsche, Berberitze, Apfel oder Quitte). Schließlich lassen sich auch schmackhafte Getränke (Saft, Fruchtwein), auch gemischt mit gepressten Orangen oder Johannisbeeren herstellen. In der Volksmedizin dienten die getrockneten Früchte als Teeaufguss bei Erkältungen, Husten, Katarrh und Durchfall.

Elsbeere

Die in ganz Mittel- und Südeuropa heimische, aber vielerorts sehr selten gewordene Elsbeere (*Sorbus torminalis*) bevorzugt als wärme- und lichtliebender Baum südexponierte Lagen mit trockenen, kalkreichen Böden. Mit ihrem schlanken Stamm erreicht sie Höhen von 10-20 m, im Wald auch über 30 m. Im Freistand bildet die Elsbeere eine weit ausladende Krone und kann bis zu 100 Jahre alt werden. Solitärbäume außerhalb des Waldes sind in Deutschland, im Gegensatz etwa zu Österreich, sehr selten. Es sind nur rund ein Dutzend solcher „Feld-Elsbeeren" (s. Foto) bekannt. Im Herbst sorgt das orangerote Laub für prächtige Farbkontraste und macht die Elsbeere zu einem reizvollen Landschaftselement. Im Laufe der Jahrhunderte wurde die Elsbeere mit vielen Namen, wie Arisbeere, Arlesbeere, Atlasbaum, Wilder Sperberbaum oder Ruhrbirne bedacht.

Zu Gast: Bienen, Vögel, Kleinsäuger

Die ersten Blüten der Elsbeere erscheinen frühestens an zwölfjährigen Bäumen. Nur frei in der Landschaft oder am Waldrand stehende Individuen blühen. Die in aufrechten Doldenrispen angeordneten weißen Blüten gleichen denen der verwandten Baumarten Speierling, Mehlbeere und Vogelbeere. Sie öffnen sich im Mai/Juni und werden von Honig- und Wildbienen (vor allem Sandbienen) bestäubt, aber auch von Fliegen und Käfern besucht. Elsbeeren bilden -wie Apfel und Birne- nur alle zwei Jahre reichlich Früchte. Ein gut fruchtender Baum erbringt 100-150 kg Elsbeeren. Sie sind kaum größer als Erbsen, zunächst olivgrün, später rötlichbraun und durch zahlreiche Korkwarzen hell punktiert. Die Früchte reifen erst im September/Oktober und bleiben oft noch lange an den Zweigen hängen. Werden sie nicht verzehrt, trocknet das Fruchtfleisch, vor allem aber die äußere Fruchtwand zu einer lederartigen Hülle ein. Die Samen in solchen mumifizierten, auf dem Boden liegenden Elsbeeren können nicht mehr keinem. Erst der Verzehr durch mehrere Vogelarten (Amsel, Singdrossel, Grasmücken, Eichelhäher, Rabenkrähe, Spechte u. a.) ermöglicht eine Fernverbreitung, da die Samen aus der Fruchthülle gelangen und so erst keimfähig werden. Auch mehrere Kleinsäuger (Mäuse, Bilche, Eichhörnchen) fressen und verschleppen die Früchte.

Vielseitig verwendbar: die Früchte

Schon im frühen Mittelalter wurden die mispelähnlichen Früchte der Elsbeere sehr geschätzt, da sie reich an Vitamin C, Fruchtsäuren und Pektin sind. Sie wurden roh gegessen, wenn sie ganz reif und teigig waren, weil sie dann nicht mehr so viel Gerbsäure enthalten. Diese ist nach Frosteinwirkung schon weitgehend abgebaut. In diesem Zustand sind sie auch zur Herstellung von Mus, Kompott, Marmelade und Fruchtsäften geeignet. In Wien wurden Elsbeeren im Weinmonat auf den Markt gebracht und von Kindern und armen Leuten gekauft. Ihres Gerbstoffgehalts wegen wurden Elsbeeren schon im Altertum als zusammenziehendes Heilmittel bei Magen-Darmkrankheiten, besonders gegen die Ruhr gebraucht. Außerdem wurden sie wie die Früchte des Speierlings dem Obstwein zugesetzt, dessen Haltbarkeit, Aroma, Aussehen und Klärung durch Zugabe von 1% Elsbeerenmost deutlich verbessert wird. Auch zur Bereitung von Essig und Branntwein fanden die säuerlich-süßen Früchte Verwendung. Noch heute brennt man daraus einen sehr teuren Schnaps, der in Österreich als „Adlitzbeerwasser" und im Elsass unter dem Namen „Alisier" angeboten wird. Nur zehn Brennereien in Europa produzieren kontinuierlich Elsbeerbrand für den Verkauf.

Besonders wertvoll: das Holz

Das Holz der Elsbeere ist eines der härtesten europäischen Hölzer. Durch seine Ähnlichkeit mit der Birne wird es auch unter der Handelsbezeichnung „Schweizer Birnbaum" verkauft. Das schwere rötliche Holz ist elastisch und extrem beanspruchbar. Einmal getrocknet, ist Elsbeerholz formkonstant. Daher fand es früher Verwendung bei der Herstellung von Messgeräten, Musikinstrumenten (vor allem Flöten), Tischler- und Drechslerarbeiten. Noch heute ist es als edles Furnier sehr gefragt: Die wenigen, furnierfähigen Stämme, die in Deutschland anfallen (ca. 100 m^3/Jahr), werden zusammen mit französischen Elsbeeren zu 0,5 mm dünnen Furnieren verarbeitet. Bereits ein Stamm reicht für die Gestaltung der Inneneinrichtung einer Bankfiliale aus. Ein Teil der Stämme wird gesägt und nach langer Lagerung zu wertvollen Möbeln verarbeitet. Seit einigen Jahren liegen die Preise für gleichmäßig gewachsenes Elsbeerholz weit über denen für Nussbaum oder Kirsche und erreichen Spitzenwerte von 2500 bis über 14000 Euro je Kubikmeter Rundholz. Waldbesitzer und Holzverarbeiter erwarten daher auch in Zukunft ein hohes Preisniveau für dieses edle und zeitlos schöne Holz, für das es auf dem Weltmarkt keinen gleichwertigen Ersatz gibt.

Die erst ab September reifenden Früchten werden gerne von Vögeln verzehrt, die so zur Verbreitung der Bäume beitragen. Auch mehrere Kleinsäuger fressen und verschleppen die Früchte.

Speierling

Die Heimat des Speierlings (*Sorbus domestica*) ist mit großer Wahrscheinlichkeit Vorderasien. Schon früh wurde der 10 bis 20 m hohe Baum im gesamten Mittelmeerraum kultiviert. Im 4. Jahrhundert berichtet der griechische Philosoph und Naturwissenschaftler Theophrast, dass die wilden Bäume viel seltener Früchte tragen als die kultivierten. Columella macht Angaben über die Lagerung der Früchte. Bei den Römern wurden die Früchte nicht nur als Obst verzehrt, sondern wegen ihres Gerbsäuregehaltes auch gegen Erbrechen und Durchfall verwendet.

Spätestens seit dem 9. Jahrhundert wurde der Speierling als bedeutendes Kulturgehölz auch in Mitteleuropa angebaut, worauf sein botanischer Artname hinweist: *domestica* bedeutet „heimisch, zum Haus gehörend", also domestiziert. Von den Römern wurde der wärmeliebende und lichthungrige Baum vermutlich mit über die Alpen gebracht. Seine weitere Verbreitung ist den Mönchen zu verdanken, in deren Klostergärten sich der Speierling bis an die Mittelgebirge, seiner nördlichen Verbreitungsgrenze,vorarbeitete. Früheste mitteleuropäische Quellen sind die Verordnung über die Krongüter Karls des Großen und der Klosterplan von St. Gallen aus dem Jahr 820.

Heutige Verbreitung

Die sicher größten Speierlingsvorkommen Deutschlands befinden sich in Bayern (43%), gefolgt von Baden-Württemberg (24%), die nördlichsten Exemplare sind in Sachsen-Anhalt zu finden.

Vor allem im sommerwarmen und -trockenen Weinbauklima des Rhein-Main-Gebietes fühlt sich der Speierling wohl, wenngleich auch dort keine Reinbestände existieren. In Österreich finden wir das Gehölz hauptsächlich im Burgenland, daneben aber auch in Niederösterreich und in der Steiermark. Im östlichen Österreich kann man freistehende, großkronige Einzelbäume in der Nähe von Weinanlagen, sowie in Streuobstbeständen und alten Obstgärten antreffen (Zeitlhöfer 2002).

Baum des Jahres

1993 wurde der Speierling zum Baum des Jahres gekürt, wodurch er in der Öffentlichkeit wieder bekannter wurde. Sicher mit ein Grund, dass seither wieder etliche junge Exemplare dieser bedrohten Wildobstart

gepflanzt wurden. War doch Anfang der neunziger Jahre der Speierlingsbestand bundesweit auf knapp 3500 Bäume zusammengeschrumpft. Nun arbeiten Forstwissenschaftler und Naturschützer an der Wiederausbreitung dieser vielseitig nutzbaren Baumart. In mehreren Ländern Europas wurden mittlerweile Speierlings-Versuchsflächen beachtlichen Umfangs angelegt. Die wissenschaftliche Erforschung des zuvor kaum beachteten, ja sogar vom Aussterben bedrohten Baumes nimmt damit einen immer breiteren Raum ein.
Nach der so erfolgreichen Sensibilisierung der Bevölkerung durch die Wahl zum „Baum des Jahres" wurden weitere 1000 Bäume gefunden, die bei Kartierungen bisher noch nicht erfasst wurden. Auch wenn gleichzeitig in der Nähe von Orten durch neue Siedlungen oder altersbedingtem, natürlichem Abgang wieder einige Hundert Bäume ausgefallen sind, stehen neben den etwa 4000 alten Bäumen jetzt doch eine halbe Million junger Bäume in Deutschland. Damit dürfte der Speierling für die kommenden 100 Jahre gesichert sein (nach Kausch-Blecken, V. / Schmeling, W.: Der Speierling, Eigenverlag, Bovenden 2000. www.corminaria.de).

Förderkreis Speierling

Speierlingsfreunde gründeten am 9. April 1994 in Frankfurt eine Gesellschaft, den „Förderkreis Speierling". Die Vereinigung veröffentlicht zweimal jährlich das Mitteilungsblatt CORMINARIA und will damit Interessenten der beiden Sorbus-Arten Speierling und Elsbeere über neueste Forschungsergebnisse sowie über Bemühungen zur Nachzucht und Vermehrung des Speierlings unterrichten. Gleichzeitig will der Förderkreis auch für die vielseitige Verwendung der Früchte und die daraus hergestellten Produkte werben.

Früchte für Mensch und Tier

Speierlinge entwickeln im Freistand, speziell in Streuobstwiesen, große Kronen. Sie fruchten alljährlich, liefern dann bis zu 1000 kg Früchte pro Baum und erreichen bis zu einem Alter von 140 Jahren einen Stammdurchmesser von 80 bis 130 cm. Bei Bäumen mittleren Alters gibt es immer noch Ernten von 150 bis 250 kg.
Der Speierling ist ein Charakterbaum der Frankfurter Obstbaulandschaft, denn der Saft seiner unreif gepflückten Früchte wird dort seit 150 Jahren in Mengen zwischen 1 und 3% dem hessischen Apfelwein zwecks Klärung, Farbe, Haltbarmachung und Geschmacksverbesserung zugesetzt. Außer zum Speierlings-Apfelwein eignen sich die Früchte auch zur Herstellung eines sehr guten Edelbrandes, „Sorbette" oder „Sperbelschnaps" genannt. Mehr als zwei Dutzend Brenner (darunter die bekanntesten Spezialitätenbrenner Deutschlands und Österreichs) stellen diesen Schnaps her.
Man kann die Früchte auch als Trocken- oder Backobst verzehren und zu Speierlingskonfitüre verarbeiten. In Italien werden die Früchte noch heute auf den Märkten als Obst gehandelt. Angeboten werden dort auch Liköre, Marmelade, Gelees und schließlich auch noch ein hochwertiger Essig aus Speierlingsfrüchten.
Die Früchte werden nicht zuletzt auch von vielen Tieren (von der Amsel bis zum Wildschwein) gerne verzehrt, vor allem wenn sie abgefallen und überreif sind.

Samen für die Nachzucht

Die reifen Früchte enthalten 1 bis 6 Samen, meistens 2. Aus 100 kg Früchten kann man 12000 bis 20000 Kerne auswaschen. Mit den neuen Anzuchtverfahren erzielt man aus 100 Kernen 70 brauchbare Pflanzen.

Pflegemaßnahmen

Neben Neupflanzungen von Streuobstbäumen, die erst nach etwa 15 Jahren eine ökologische und landschaftsprägende Funktion übernehmen können, ist die Erhaltung und Pflege vorhandener Streuobstbestände unabdingbar. Auch dort, wo der wirtschaftliche Wert von Obstwiesen nicht mehr im Vordergrund steht, bleiben Obstbäume Kulturpflanzen, die ohne regelmäßige Betreuung nicht überleben können. Damit sie ein Alter von 80 bis 100 Jahren, Birnbäume auch bis 300 Jahren, erreichen können, muss mit Bodenpflege und Schnitt für ihre gute Entwicklung gesorgt werden. In den ersten fünf bis zehn Jahren ist auch eine maßvolle Düngung erforderlich. Organische Dünger wie Kompost oder Mist, sollten dabei stets den Vorzug erhalten. Die Düngung erfolgt am besten auf der Basis einer Standard-Bodenuntersuchung. Damit lässt sich eine Überdüngung vermeiden; sie vermindert die Haltbarkeit der Früchte und erhöht die Krankheitsanfälligkeit. Probleme mit Schädlingen und Pilzbefall lassen sich durch eine richtige Sortenwahl reduzieren. Im Gegensatz zum Erwerbsobstbau, der sich auf wenige Hochleistungssorten beschränkt, bietet der Streuobstbau eine fast unüberschaubare Sortenvielfalt: so gibt es in Deutschland gegenwärtig rund 2700 Apfelsorten, über 800 Birnensorten und über 400 Süßkirschsorten. Für jeden Zweck (Saft, Most, Brand, Mus oder Dörrobst) gibt es viele Wahlmöglichkeiten.

Zur Sicherung einer dauerhaften Nutzung und Pflege können Pflegeverträge zwischen den Eigentümern und interessierten Vereinen abgeschlossen werden. Dabei sind Art und Umfang der anfallenden Pflegemaßnahmen genau zu benennen:

- Möglichst jährliches fachgerechtes Auslichten der Baumkrone im Herbst,
- ein Teil des Schnittgutes sollte bis zum nächsten Frühjahr auf der Fläche verbleiben, um so für eine Reihe von Tierarten in den Wintermonaten Nahrungs- und Deckungsmöglichkeit zu schaffen,
- Erhaltung von Baumlöchern oder größeren Astlöchern,
- Pflege der Baumscheiben in den ersten fünf bis zehn Jahren zur Verbesserung der Nährstoff- und Wasserversorgung; aber keine Herbizid-Anwendung, dadurch bleiben seltene Wildkrautarten (Pflanzen der Hack-Unkrautgesellschaften) auch in Obstwiesen erhalten,
- keine Säuberung der Baumrinde von Algen, Flechten und Moosen,
- nach Möglichkeit kein Einsatz von chemischen Pflanzenschutzmitteln,
- jährliche einmalige Mahd der Wiesen ab Mitte Juli, oder erster Schnitt von Ende Mai bis Ende Juli, zweiter Schnitt von Juli bis Anfang August,
- Mäharbeiten sollten nach Möglichkeit bei trockener Witterung erfolgen, um Bodenverdichtungen zu vermeiden,
- das Mähgut ist nach Abtrocknen zu entfernen, damit die Grasnarbe nicht verfilzt oder sich Brennnesseln (Stickstoffanzeiger!) ansiedeln,
- eine Alternative zur Mahd ist -namentlich in Hanglagen- eine fachgerechte Beweidung. Das erfordert jedoch zusätzliche Schutzzäune um Jungbäume sowie eine sorgfältige Abstimmung der Weidenutzung auf die Entwicklung der Grasnarbe,
- Erhaltung von kleinflächigen Biotpen, wie Brachen, Einzelbüschen, Hecken und deren Säume,
- Erhaltung vorhandener Pflanzengesellschaften aus mittelhohen Stauden für Hasen, Kleinsäuger und Bodenbrüter.

(nach R. Hussing, F. Weller, W. Walz)

Die Wiesen-Mahd wird frühestens ab Juni/Juli mit einem Balkenmäher vorgenommen.

Beitrag der Gartenbauvereine

Ein Blick in unsere Kulturlandschaft zeigt: Unser Land hat den Gartenbauvereinen mehr zu verdanken, als vielen bewusst ist. Die meisten Obstbäume in der Landschaft und in den Gärten, Alleen und Grünflächen in den Dörfern zeugen noch heute von den geistigen Strömungen, die zur Gründung der Gartenbauvereine vor über 100 Jahren führten. Sie entstanden als Selbsthilfe, um die damals grassierende wirtschaftliche Not zu lindern und eine höchstmögliche Eigenerzeugung an Lebensmitteln anzustreben, stets aber auch aus der Idee der Landesverschönerung. Dieser verstärkte Obstanbau sorgte bis nach dem 2. Weltkrieg für eine wichtige Erweiterung und Sicherung der Ernährungsbasis. Allein in Unterfranken soll es gegen Mitte des 19. Jahrhunderts über 7 Millionen Obstbäume gegeben haben.

Arbeiten in einer Streuobstwiese können auch Spaß machen. Das Bild zeigt die Jugendgruppe eines Gartenbauvereins bei der Ernte. Wie die Erfahrung zeigt, lassen sich Kinder und Jugendliche sehr wohl für diese Art der Naturerfahrung gewinnen und begeistern.

Mit der fortschreitenden Mechanisierung in der Landwirtschaft, Flurbereinigung, dem Ausbau der Infrastruktur und der abnehmenden wirtschaftlichen Bedeutung des Streuobstbaues verschwinden viele hochstämmige Obstbäume aus unserer Landschaft. Mit ihnen verschwinden nicht nur zahlreiche Tier- und Pflanzenarten, sondern auch viele Obstsorten, die über viele Generationen hinweg gepflanzt, sorgsam gehütet und weiter vermehrt worden sind. Deshalb fühlen sich Gartenbauvereine und Pomologen verpflichtet, das gewaltige kulturhistorische Erbe wenigstens teilweise zu retten. Die Obst- und Gartenbauvereine in Bayern haben es sich außerdem langfristig zur Aufgabe gemacht, durch rege Öffentlichkeitsarbeit den ökologischen, ästhetischen und praktischen Wert des Obstbaumes, aber auch dessen Bedeutung für die menschliche Gesundheit bewusst zu machen.

Streuobstwiesen können aber nur erhalten werden, wenn ein Mindestmaß an Pflege und eine sinnvolle Nutzung erfolgt. Wird eine Streuobstanlage überhaupt nicht gepflegt, erobert sich die Natur dieses Refugium Stück für Stück zurück. Dies mag stellenweise ganz reizvoll sein, es kann allerdings nicht als allgemeine Empfehlung gelten. Auch nach der Aufbauphase sollte der Baum nicht sich selbst überlassen bleiben. Ein regelmäßiger Schnitt verbessert zweifelsohne die Fruchtqualität, reduziert den Krankheitsdruck und beugt einer zu schnellen Vergreisung vor. Allerdings reicht es nicht aus, alte Baumbestände nur zu erhalten. Entscheidend ist vielmehr die Kontinuität. Deshalb gilt es, immer wieder neue Obstbäume nachzupflanzen.

Neben der fachgerechten Pflege kommt auch der richtigen Sortenwahl eine große Bedeutung zu. Die bewährten Lokalsorten, die beim Kreisfachberater an den Landratsämtern sowie den örtlichen Gartenbauvereinen zu erfahren sind, zeichnen sich in der Regel durch Robustheit aus und sind auch wenig krankheits- und schädlingsanfällig. Langfristig sind die Obstbaumbestände, die unsere Dörfer und Fluren vielerorts seit alters her prägten, aber nur zu sichern, wenn die Besitzer vernünftige Erlöse für das Obst erwirtschaften oder das Obst sinnvoll verwerten können. Der Aufbau von Kleinmostereien durch die Gartenbauvereine mit individuellen Angeboten wie Saft vom eigenen Obst ist hier an erster Stelle zu nennen. Daneben kann auch eine gewerbliche Schiene stehen, damit die Säfte und andere Produkte aus den heimischen Obstwiesen Eingang in die Gastronomie und den Handel finden können. Dabei gilt immer: „Guten Saft kann man nur aus gutem, frischem Obst herstellen".

Unser Ziel muss es sein, die Erde für kommende Generationen so vielseitig und artenreich wie nur möglich zu hinterlassen. Dabei spielen auch Streuobstwiesen mit einer hohen Diversität an Arten und Biotopen eine zentrale Rolle, nicht zuletzt auch als Thema im schulischen Biologieunterricht.

Beitrag der Schulen

Auch Schulen, vor allem, aber nicht nur auf dem Land, können ihren Beitrag zur Erhaltung von Streuobstbeständen leisten. Mehrere in der Praxis erprobte, didaktisch-methodische Ansätze und Projekte liegen bereits vor. Zugleich wird deutlich, dass das Thema „Streuobstwiese“ keineswegs nur ein Anliegen des Faches Biologie darstellt, sondern auch auf andere Unterrichtsfächer (Deutsch, Geschichte, Kunsterziehung, Religion) ausstrahlt. Besondere Erwähnung verdient die seit dem Jahr 2002 im Rahmen der Aktion „Streuobst 2000 Plus“ bayernweit durchgeführte „Streuobstschulwoche“. In den folgenden zwei Jahren hatten jeweils ca. 200 Klassen mit über 6000 Kindern teilgenommen. Möglichst viele Sinne der Schüler werden dabei angesprochen, denn eine allseitige Anschauung bildet auch hier das Fundament für grundlegende ökologische Einsichten und den Aufbau naturschutzorientierter, verantwortungsbewusster Handlungsbereitschaften.

Bildhaft anschauliche Aufbereitung der Unterrichtseinheit „Lebensraum Apfelbaum“.

Erkundungen, Aktionen:

- Aufsuchen einer Streuobstwiese im Frühjahr, Sommer, Herbst und Winter. Auflistung dort angetroffener Tier- und Pflanzenarten.
- Besuch eines Streuobstlehrpfades (falls vorhanden). Anlegen eines Verzeichnisses der Obstsorten im Schulgelände und in der näheren Umgebung.
- Schüler besuchen einen Imker. Imker besucht die Schule.
- Besuch einer heimischen Brennerei oder Kelterei.
- Zum Tag des Baumes: Pflanzen eines Hochstamm-Obstbaumes unter fachkundiger Anleitung.
- Teilnahme an Pflegemaßnahmen und Pflanzaktionen bei Obst- und Gartenbauvereinen oder Naturschutzvereinigungen.
- Gestaltung einer Info-Wand, Schautafel für den örtlichen „Streuobsttag“.
- Obstverwertung in der Schulküche: Bereitung von Säften, Salaten, Desserts, Kompott, Dörrobst, Bratäpfel, Speisen und Backwaren aus heimischen Obstsorten.

Unterrichtliche Schwerpunkte

- Die Streuobstwiese als Lebensraum für Pflanzen und Tiere: Auswertung der Unterrichtsgänge; Aufbau einer Ausstellung mit Pflanzen der Wiese vor dem ersten Schnitt (Pflanzentisch). Arbeitsteiliges Erstellen von Porträts seltener und bereits gefährdeter Tierarten.
- Aufbau und Lebensweise eines Obstbaumes: Wasser- und Nährstoffleitung, Knospen-, Blatt- und Blütenentwicklung, Fotosynthese, Laubfall.
- Von der Blüte zur Frucht: Blütenaufbau, Bestäubung, Befruchtung bei Kern-, Stein- und Beerenobst.
- Obstbäume als Bienenweide. Mehr und bessere Früchte durch Bienenbestäubung. Wildbienen, Hummeln und Schwebfliegen als weitere wichtige Bestäuber.
- Für die Gesundheit wichtige Inhaltsstoffe eines Apfels: Vitamine, Mineralien, Spurenelemente, Fruchtsäuren, Ballaststoffe.
- Äpfel, Birnen und Zwetschgen als Rohstoff für Brennereien: Die alkoholische Gärung im Schulversuch. Fruchtgetränke mit Gärungs- und Destillationsalkohol.
- Vom Holzapfel zum Pauseapfel: Wichtige Etappen in der Geschichte des Obstanbaus. Berühmte Pomologen.
- Wodurch sind Streuobstwiesen heute gefährdet? Warum sollten sie erhalten werden? Die „Wohlfahrtswirkungen“ von Streuobstwiesen. Vergleich: Streuobstwiese mit Niederstamm-Intensivkultur. Biologische und chemische Schädlingsabwehr und ihre Folgen.

- Maßnahmen einer sachgerechten Anlage und Pflege von Streuobstwiesen.
- Altbewährte, förderungswerte Apfel- und Birnen-, Kirsch- und Zwetschgensorten.
- Gestaltungsarbeiten im Fach Kunsterziehung: Obstschale, Obstteller, Obststand, Kaffeetafel oder Konditorei-Auslagen mit Obstkuchen und -torten. Apfelbaum im Wechsel der Jahreszeiten (Malen mit Deckfarben, Collage u.a. Techniken).
- Der Apfel in Erzählungen, Gedichten, Redensarten und bildhaften Vergleichen; Symbolik des Apfels (Themen für den Deutsch- und Religionsunterricht).

Handreichungen für den Unterricht
- Naturschutzzentrum Hessen e.V.: Streuobstwiesen. Ein Arbeitsheft für Schule, Naturschutz und Erwachsenenbildung.
- Arbeitskreis Umwelterziehung beim Staatlichen Schulamt im Landkreis Neustadt a.d. Aisch-Bad Windsheim: Rund um den Apfel. Ideen für den konkreten Umgang mit den Themen Apfel, Apfelbaum und Streuobstwiese.

In diesen Heften sind weitere Handreichungen (Unterrichtshilfen, Literaturhinweise, Medien, Adressen) aufgelistet.

Volksschullehrer und Pomologe

„Es ist unbestreitbar, dass von Seite der Herren Pfarrer und besonders der Herren Lehrer, die unter der Landbevölkerung leben, und tagtäglich mit derselben in Berührung kommen und die gemäß ihrer Stellung den nötigen Einfluss und das Vertrauen besitzen, im Allgemeinen für die Förderung des Obstbaues ungemein viel geschehen kann" (aus Monatsblätter für den Obstbau, Nürnberg 1897).

An erster Stelle muss hier der Lehrer und Pomologe Carl Hesselmann genannt werden. Er wurde am 9.9.1830 in Menden bei Mühlheim/Ruhr geboren, studierte im Lehrerseminar in Xanten und unterrichtete ab 1861 als Lehrer an der Volksschule in Witzhelden. Hesselmann hatte an seiner Schule einen mustergültigen Baumhof, sowie einen vorbildlichen Blumen- und Hausgarten angelegt. In seinem Garten pflegte Hesselmann eine Baumschule für die Unterrichtung seiner Schüler. Die meisten der hier aufgezogenen Bäume verschenkte er. Auch jedem schulentlassenen Kind gab er zur Erinnerung an die Schulzeit ein Bäumchen mit. Der Segen des Hesselmannschen Unterrichts wurde bald schon in der ganzen Gemeinde sichtbar, denn in den letzten 40 Jahren des vergangenen Jahrhunderts hatte die Gemeinde Witzhelden die meisten Obstbäume im damaligen Kreis Solingen angepflanzt. Besonders setzte sich der Witzheldener Lehrer auch für die Verbreitung der Pflaumen im Bergischen Land ein. Mit 220 Pflaumensorten hatte Hesselmann eines der größten Pflaumensortimente Deutschlands.

Grundschüler mit geschminkten „Apfelbäckchen" beim Vortrag einer „Apfelkantate".

Entdecker des „Kaiser-Wilhelm-Apfels"

Die „beste und schönste Apfelsorte im Bergischen Land" fand Hesselmann 1864 in Haus Bürgel bei Monheim. Da dieser wohlschmeckende Apfel allen Autoritäten in Deutschland noch unbekannt war, kam ihm der Gedanke, diesen wahrhaft majestätischen Apfel mit einem kaiserlichen Namen zu krönen. Hesselmann holte beim Kaiser die Genehmigung ein, diesen Apfel „Kaiser Wilhelm" zu nennen. Fürst Pückler vom Königlichen Hofmarschall-Amt in Berlin teilte Hesselmann in einem Brief vom 16.12.1875 mit, dass sich der Kaiser über die ihm zugesandten Äpfel sehr gefreut habe und damit einverstanden sei, dieser Apfelsorte den Namen „Kaiser Wilhelm" zu geben. Der sehr erfreute Kaiser schickte dem Witzheldener Schulmann zum Dank eine gerahmte Fotografie mit eigenhändiger Unterschrift.

Honigbiene

Streuobstwiesen bilden eine vorzügliche Bienenweide und gehören mit zum Besten, was Honigbienen begegnen kann. Apfel, Birne, Süßkirsche und Quitte zählen mit Löwenzahn, Raps, Heidelbeere, Ginster, Faulbaum, Schlehe und Rosskastanie zur viel Nektar und Pollen bietenden Frühtracht (1. bis 20. Mai) unserer Bienen.
Den höchsten Nektar-Trachtwert besitzt wohl der Apfel, gefolgt von Kirsche, Pfirsich, Pflaume, Zwetschge und Birne. Hinsichtlich des Pollens ergibt sich folgende Reihenfolge: Apfel, Birne, Kirsche, Pfirsich. Apfelblüten sondern in 24 Stunden 1-6 mg Nektar je Blüte mit einem Zuckergehalt von 30-65 % ab. Bei Birnenblüten sind es 0,5-3 mg mit einem Zuckergehalt von 14-21 %. Die tägliche Nektarsekretion von Pflaumen und Zwetschgen beträgt 1,4-6,5 mg bei einer Zuckerkonzentration von 19-35 %. Der den ganzen Tag hindurch bis in die Nachmittagsstunden gebotene Obstbaumpollen gehört mit einem Eiweißgehalt von 26-28 % zu den stickstoffreichsten Pollenarten. Der während der Obstbaumblüte von den Bienen gesammelte Pollen kann einen Tagesanteil von 40-70% erreichen. Bekannt ist auch die Zahl der Pollenkörner pro Blüte: Beim Apfel sind es 200 000-400 000, bei Mostbirnen etwa 107 000, bei Birnen 68 000 und bei Zwetschgen 20 000-25 000 (Zahlenangaben aus Maurizio, A. / Schaper, F. 1994: Das Trachtpflanzenbuch).

Mehr und bessere Früchte

Bereits ein starkes Bienenvolk kann pro Tag mindestens 2,7 Millionen Obstblüten bestäuben, was der Zahl der gleichzeitig auf einer Fläche von zwei Hektar blühenden Obstbäumen entspricht. Hinzu kommt, dass Honigbienen zwar arten- aber nicht sortenstet sind, so dass sie die für einen guten Fruchtansatz günstige Sortenkreuzung vollziehen. Die dadurch bewirkte Ertragssteigerung ist erstaunlich und kann bei Äpfeln bis zu 86% bei Birnen bis zu 71% betragen (siehe Grafik, Seite 45 oben). Wie sehr die Fruchtbehänge vom Einflugbereich der Bienen abhängen, vermag auch das folgende Beispiel sehr anschaulich zu demonstrieren: Die Bäume einer 'Goldparmänen'-Allee trugen in unmittelbarer Nähe des Bienenstandes 1200 Früchte, im Abstand von 300 m noch 800 Früchte, bei 600 m 600 Früchte, bei 750 m 250 Früchte und bei 900 m waren es nur noch 20 Früchte.
Der qualitative Aspekt: Von Bienen beflogene Blüten ergeben durch allseitige Be-

stäubung Früchte mit mehr Samen, die den kernarmen Früchten an Größe, Wohlgeformtheit, Gewicht und Zuckergehalt durchweg überlegen sind, weil der den vermehrten Kernen zugeleitete Saftstrom nicht nur ihnen, sondern auch dem Fruchtfleisch zugute kommt. Da der Saftstrom weitere Leitungswege verlangt, wird auch der Stiel kräftiger. Die Frucht hängt infolgedessen länger am Baum und kann so vermehrt Assimilate speichern (siehe Grafik, Seite 45 unten).

Für eine gründliche Bestäubung rechnet man bei Kernobst mit zwei bis drei Bienenvölkern, bei Steinobst dagegen mit fünf Völkern je Hektar, da letzteres einen reicheren Blütenflor entwickelt und auch jedes Jahr blüht, während Kernobst (vor allem Äpfel) nach einem Tragjahr oft keine oder nur weniger Blüten ansetzt. Unersetzliche Bestäubungsdienste leisten -wie später aufgezeigt- auch Hummeln und Wildbienen.

Abbildungen Seite 40:
Alle Apfel- und Birnensorten, sämtliche Süßkirschen sowie zwei Drittel der Pflaumen- und Sauerkirschsorten sind selbststeril und daher auf eine Bestäubung mit Fremdpollen durch Bienen angewiesen. Die Selbststerilität wird vorrangig dadurch verursacht, dass die zu den Eizellen führenden Pollenschläuche im sorteneigenen Griffelgewebe nicht wachstumsfähig sind.

Abbildung oben:
In Ländern mit intensivem Obstbau werden während der Blütezeit Bienenvölker zu Bestäubungszwecken aufgestellt. Im Alten Land bei Hamburg wurde schon im Jahr 1949 die Bestäubungsarbeit jedes Bienenvolkes mit 5 DM vergütet. Heute liegt die Prämie bei 20 Euro, wenn die Bienen von Blütenbeginn an zur Kirschen- und Apfelbestäubung zur Verfügung stehen.

Abbildung unten:
Mobiles Bienenhaus für Trachtflächen (Obstbau, Landwirtschaft, freie Natur), die von den Bienen vom Heimatstand aus nicht angeflogen werden können. Auf einem Einachs- oder Mehrachs-Wanderwagen sind die Beuten nicht nur während der Wanderung, sondern auch am heimatlichen Standort ständig stationiert. Rentabel wird eine Wanderung erst ab etwa 20 Völkern.

Abbildung oben links:
Die im Stock angelangten Sammelbienen übergeben den mitgebrachten Nektar rasch den Stockbienen. Bereits während des Heimflugs vermischen die Bienen den Nektar mit körpereigenen Enzymen, die eine Umwandlung des Nektars in Honig bewirken.

Abbildung oben rechts:
Weil die Arbeiterinnen nur eine kurze Lebensdauer von etwa sechs bis höchstens acht Wochen haben, muss die Königin in der Zeit der stärksten Entwicklung von April bis Juni den Verlust ausgleichen und deshalb täglich bis zu 2000 Eier ablegen. Während der gesamten Legesaison eines Jahres produziert eine Königin 100 000 bis 150 000 Eier.

Abbildung unten:
Der von außen kommende, nicht abreißende Futterstrom regt auch die Bautätigkeit der Bienen vermehrt an. Beim Wabenbau verketten sich die Bienen zu lebenden Gerüsten. Etwa 150 000 Bienen erzeugen im Laufe ihres Lebens 1 kg Wachs, dazu sind 10 kg Honig nötig. Für eine zwei Kilogramm schwere Wabe verwenden die Bienen nur etwa 40 Gramm Wachs. Es wird von den Wachsdrüsen der Bienen ausgeschwitzt von den Mundkiefern geschmeidig gekaut und dabei mit körpereigenen Stoffen versehen.

Abbildung oben links:
Im Unterwuchs von Streuobstwiesen und in randbegleitenden Hecken finden sich weitere Bienentrachtpflanzen. Eine nochmalige Massentracht beschert der gleichzeitig blühende Löwenzahn. Bis zu 125 000 Blütenköpfe des Löwenzahns müssen die Bienen besuchen, um 1 kg Honig zu produzieren. Der Blütenstaub wird von den Sammlerinnen in leuchtend gelborangen Höschen in die Stöcke getragen.

Abbildung oben rechts:
Eine Pollensammlerin unternimmt täglich 8 bis 20 Ausflüge. In ihren zwei Körbchen kann sie bis zu 4 Millionen Pollenkörner verstauen. Ein Höschenpaar wiegt etwa 0,01 Gramm, rund 20 Paare füllen eine Wabenzelle. In einer Jahressaison sammelt ein starkes Volk 25 bis 30 kg Pollen.

Abbildung unten:
Etwa 100 bis 500 Blütenbesuche sind erforderlich, um die 50 Milligramm fassende Honigblase der Biene mit Nektar zu füllen. Je nach Tracht unternimmt eine Flugbiene täglich 5 bis10 Ausflüge von 15 bis 45 Minuten Dauer. Oft fällt die Bestzeit der Nektarabsonderung in die Vormittagstunden, manchmal auch auf den Nachmittag. Die Bienen richten sich mit ihrem erstaunlichen Zeitgedächtnis danach.

Abbildung oben rechts:
Bienenlarven sind aufgrund ihres großen Fressvermögens auf einen steten Nahrungsfluss angewiesen. Innerhalb weniger Tage verzehren sie große Mengen an Drüsensekret (von Ammenbienen erzeugt), Blütenstaub und Honig. Dabei vervielfachen sie ihr Anfangsgewicht um mehr als das 500fache. Die anfangs winzigen Maden explodieren förmlich und füllen die Zellen prall aus.

Abbildung oben links:
Der wertvolle Obstpollen mit seinem hohen Eiweißgehalt treibt die Bienenvölker stark an. Bald werden von einem schwarmwilligen Volk an den Rändern der Brutwaben und des Drohnenbaus Weiselzellen angesetzt. Spätestens jetzt muss der geschulte Imker die nicht leichte Schwarmtrieblenkung durchführen, um seine Völker in der entsprechenden Arbeitsstimmung zu erhalten.

Abbildung unten:
Ein Bienenschwarm hat sich auf einem Apfelbaum niedergelassen. Mit dem ersten Schwarm, dem Vorschwarm, verlässt die alte Königin den Stock. Acht Tage später folgt der erste Nachschwarm mit einer jungen Königin, und wieder einige Tage später der zweite Nachschwarm.

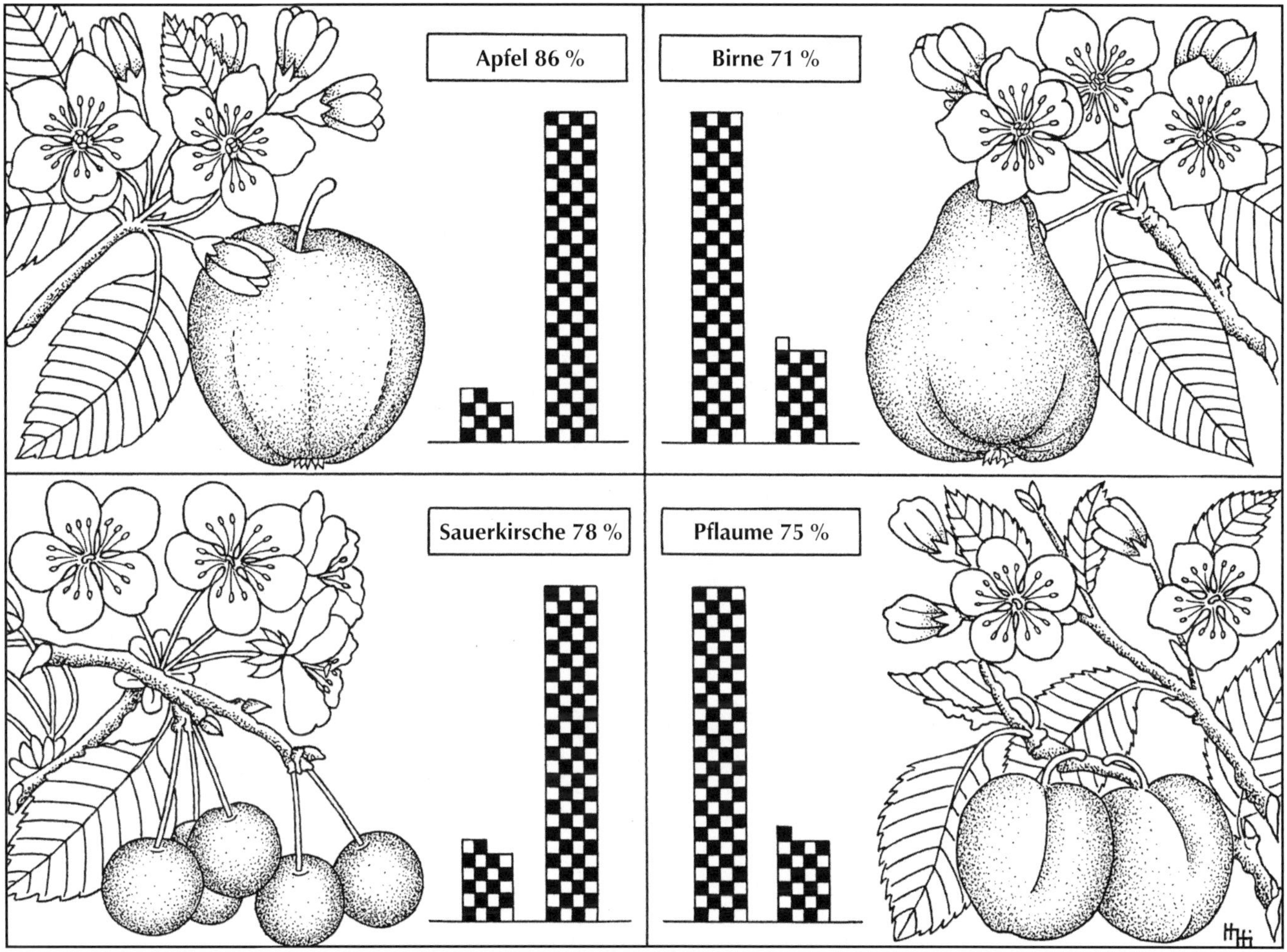

Quantitative und qualitative Ertragssteigerung durch Bienenbestäubung (Erläuterungen auf den Textseiten 40 und 41).

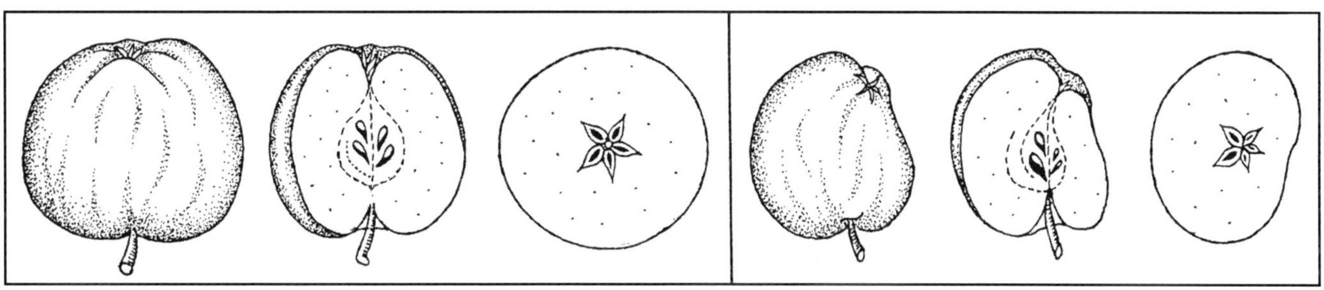

Wildbienen

In großen zusammenhängenden Streuobstgebieten, wie sie z. B. noch im Heimatraum des Verfassers (am Trauf der Frankenhöhe zwischen Mailheim und Burgbernheim) anzutreffen sind, wurden bis zu 110 Wildbienenarten - das ist mehr als ein Fünftel der in Deutschland vorkommenden Arten- festgestellt. In alten Bäumen mit morschen Ästen und verlassenen Insektenfraßgängen finden Scherenbienen, Löcherbienen, Mauerbienen, Blattschneiderbienen und Maskenbienen geeignete Nistmöglichkeiten, während sich in Wiesen mit lückiger Vegetation und nackten Bodenstellen, an südexponierten Trockenhängen und in kleinen Abbruchkanten („Mikrosteilwände") von Wiesen- und Wegrändern günstige Habitate für die Nestanlage von Sandbienen, Furchenbienen und anderen Bodennistern finden (Westrich 1990).

Nicht selten liegen jedoch die Nahrungs- und Nisträume von Wildbienen örtlich weit getrennt. Die überwiegende Mehrzahl der Arten fliegen daher als Blütengäste aus dem Umland ein. Viele für Wildbienen nutzbare Nektar- und Pollenquellen beherbergen extensiv genutzte, bunte Glatthaferwiesen und Halbtrockenrasen. Auf den Trockenwiesen der Hanglagen der eingangs genannten Streuobstlandschaft wurden bis zu 80 verschiedene Pflanzenarten ermittelt. Auch für die Pollenspezialisten (sie sammeln nur den Blütenstaub einer bestimmten Pflanzengattung oder -familie) unter den Wildbienen ist der Tisch reichlich gedeckt.

Wichtige Bestäuber

In Streuobstwiesen und Obstgärten leisten Wildbienen zugleich wichtige, ja unersetzliche Bestäubungsdienste. Vor allem in größerer Entfernung zu den nächsten Honigbienenstöcken wurden unter den Blütenbesuchern an Obstbäumen über 80 % Wildbienen in mehr als 30 Arten festgestellt. An erster Stelle stehen die Mauer-, Sand- und Furchenbienen. Besondere Bedeutung erlangen dabei einige stark behaarte Frühlingsarten unter den Sand- und Mauerbienen, die auch bei ungünstiger Witterung fliegen. Vor allem die Mauerbienen zählen zu den am besten untersuchten Gattungen unter den Wildbienen. Ihre besondere Eignung als Bestäuber hat mehrere Ursachen: Sie bevorzugen Obstblüten, ganz besonders Apfelblüten, fliegen und arbeiten in der Blüte schneller und entwickeln dabei eine beachtliche Blütenstetigkeit. Zudem berühren sie die Staubbeutel und Stempel ständig, ernten und transportieren erhebliche Mengen an trockenem Pollen, was insgesamt zu einer größeren und höherwertigeren Ernte führt. Beschreibung der Arten nach Bellmann 1995, Müller/Krebs/Amient 1997, Westrich 1990, Zahradnik 1985.

Mauer- und Sandbienen (hier: Andrena chrysosceles) leisten zur Zeit der Obstblüte wichtige Bestäubungsdienste. Der Pollentransport der Wildbienen erfolgt zudem trocken, wodurch die Pollenkeimung verbessert wird. An einem optimalen Tag kann eine Pelzbiene bis zu 8800 Blüten besuchen, bei Mauerbienen sind es 4500-5600.

Abbildungen oben:
Männchen (links) und Pärchen der ***Gehörnten Mauerbiene*** *Osmia cornuta (rechts).*

Die Gehörnte Mauerbiene fliegt als erste Mauerbiene im Jahr ab Anfang März bis Juni und ist ein idealer Bestäuber zu Beginn der Obstblüte. Sie errichtet ihre Röhrennester in allen verfügbaren Löchern mit einem Innendurchmesser von 6-8 mm. Sie besiedelt auch Nisthilfen verschiedenster Art (z. B. Bambusrohre, Hartholzblöcke und Ziegelsteine mit entsprechenden Bohrungen), die jedoch an eine größere vertikale Fläche angrenzen müssen. Als Pollenquelle werden viele blühende Kräuter, Sträucher und Bäume aufgesucht.

Abbildung unten:
Die ***Rote Mauerbiene*** *Osmia rufa fliegt etwas später als die Gehörnte Mauerbiene und deckt das Spektrum der spät blühenden Obstarten ab. Als Ubiquist kommt sie auch an Waldrändern, auf Lichtungen, in Hohlwegen und Kiesgruben sowie im Siedlungsbereich vor. Als Nistplatz dienen alle möglichen Hohlräume wie Käferfraßgänge im Holz, verlassene Neströhren anderer Stechimmen im Lehm, Ritzen im Wandverputz, sowie in Nisthilfen mit länglichen Brutröhren von etwa 5-10 mm Durchmesser. Der Blütenbesuch ist ebenso vielseitig wie bei Osmia cornuta.*

Abbildung oben links:
*Das **Männchen der Roten Mauerbiene** besitzt eine weißliche Stirnbehaarung, sowie deutlich längere und dünnere Fühler als das Weibchen.*

Abbildung unten:
*Das **Weibchen der Roten Mauerbiene** besitzt eine gelbe Bauchbürste, in der Blütenstaub zu den Brutzellen transportiert wird. Die zehn Tage nach der Eiablage schlüpfenden Larven ernähren sich von dem Nektar-Pollen-Gemsich. Ende Juli bis Anfang August findet die Verpuppung statt. Noch vor Eintritt der kalten Jahreszeit schlüpft die nächste Bienengeneration, bleibt aber bis zum Flugbeginn im nächsten Jahr in den schützenden Brutzellen. Die Männchen schlüpfen bereits Anfang April vor den Weibchen.*

Abbildung oben rechts:
*Die **Stahlblaue Mauerbiene** Osmia caerulescens fliegt von Mai bis Juli, manchmal in einer zweiten Generation bis August. Die Färbung der 8-10 mm großen Art ist schwarz mit deutlichem Blau- oder Grünschiller. Sie legt ihre linear angeordneten Brutzellen in den unterschiedlichsten Hohlräumen an (hohle Pflanzenstängel, Käferfraßgänge, verlassene Stechimmennester) und besiedelt auch Nisthilfen. Als Pollen- und Nektarquelle dienen sehr verschiedene Pflanzen.*

Abbildung oben links:
Die ***Hahnenfuß-Scherenbiene*** *Chelostoma florisomne fliegt in einer Generation von Mitte April bis Mitte Juli. Der Artname weist darauf hin, dass diese Art ausschließlich Pollen auf Hahnenfuß-Blüten sammelt, in denen die Männchen hin und wieder schlafen. Die Art nistet in vorgefundenen Hohlräumen von Totholz, auch in Nistblöcken, Bambus- und Schilfröhrchen (Innendurchmesser: 3,5 mm). Die Zwischenwände der Zellen und der Nestverschluss bestehen aus Lehm (auch Sand), der mit Nektar angefeuchtet wird.*

Abbildung oben rechts:
Die ***Glockenblumen-Scherenbiene*** *Chelostoma rapunculi fliegt in einer Generation von Anfang Juni bis Ende August. Sie ernährt sich und ihre Brut ausschließlich mit Glockenblumen-Pollen und -Nektar. Die Art nistet in Fraßgängen im Totholz, legt ihre linearen Nestbauten aber auch in Nisthilfen an.*

Abbildung unten:
Die ***Frühe Scherenbiene*** *Chelostoma distinctum fliegt in einer Generation von Anfang Juni bis Ende Juli. Sie ist der nahe verwandten Glockenblumen-Scherenbiene Chelostoma campanularum in allem sehr ähnlich, doch erscheint sie etwa drei bis vier Wochen früher im Jahresverlauf.*

Abbildung oben links:
Weibchen der Blauen Holzbiene Xylocopa violacea

Abbildung oben rechts:
Nestanlage der ***Blauen Holzbiene***
Die von Laien oft für eine Hummel gehaltene Holzbiene ist mit fast 3 cm Körperlänge eine der größten mitteleuropäischen Bienen. Während bei manchen Wildbienen nur die befruchteten Weibchen den Winter überdauern, überwintern bei den Holzbienen beide Geschlechter in geschützten Verstecken.
Die Begattung erfolgt erst im folgenden Frühjahr. Ab April/Mai beginnt das Weibchen mit dem Nestbau in abgestorbenem, aber noch ziemlich festem Holz. In einem etwa fingerdicken, nach unten verlaufenden Gang werden 10 bis15 Brutzellen von 2 cm Länge angelegt.
Die Blaue Holzbiene ist an recht verschiedenen Blüten zu beobachten, darunter Weidenkätzchen, Flieder, Natternkopf, Flockenblumen und Disteln. Bevorzugt besucht werden jedoch Schmetterlings-, Lippen- und Korbblütler.
Die Männchen sind an den geknickten, braunrot geringelten Fühlerenden zu erkennen.

Abbildung unten:
Männchen der Blauen Holzbiene

Sandbienen bilden eine der artenreichsten Bienengattungen, wovon in Deutschland über 100 Arten in nahezu allen Lebensräumen vorkommen. Die meisten Arten lieben trockene und warme Biotope, als Nistplatz benötigen sie oft freien Boden mit sandigen Stellen. In der Regel baut und versorgt ein Weibchen sein Nest alleine. Manche Arten bilden dabei sogenannte Nestaggregationen, bei denen viele Nester der selben Art nahe nebeneinander errichtet werden, aber die einzelnen Nester nur in Ausnahmen von mehreren Weibchen gemeinsam benutzt werden. Mehrere Arten zeigen eine starke Spezialisierung auf einzelne Pflanzenarten. In Streuobstwiesen wurden über ein dutzend Arten beobachtet.

Abbildung oben rechts:
*Pollenbeladenes Weibchen der **Gemeinen Sandbiene** Andrena flavipes bei der Nektaraufnahme auf Frühlingsfingerkraut. Die Art fliegt in zwei Generationen. Die Bienen der ersten Generation gehören zu den ersten Bestäubern im zeitigen Frühjahr, da sie schon von Ende März bis Mai fliegen. Die zweite Generation erscheint im Juli/August. Die Art ist eine der häufigsten ihrer Gattung. Die Weibchen legen in Lehm- und Sandböden unterschiedlich starke Kolonien an.*

Abbildung unten rechts:
*Die **Rotschopfige Sandbiene** Andrena haemorrhoa bei Nektaraufnahme auf Löwenzahn. Sie fliegt in einer Generation von April bis Juni und zählt zu den häufigsten Sandbienenarten. Durch die leuchtend rotgelb behaarte Brustoberseite und den orange gefärbten Haarschopf an der Hinterleibspitze ist sie unverwechselbar. Die Art nistet meist einzeln oder in kleinen Kolonien in sehr unterschiedlichen Lebensräumen und besucht eine Vielzahl von Pflanzen.*

Abbildung Seite52 oben rechts:
*Weibchen der **Grauschuppigen Sandbiene** Andrena pandellei auf Glockenblume. Sie fliegt in einer Generation von Mitte Mai bis Ende Juni. Eine wichtige Bestimmungshilfe der 10-12 mm großen Biene bildet die dicht anliegende, grau- bis dunkelbraune Beschuppung der Brustoberseite. Die Art ist streng auf Glockenblumen spezialisiert, Hauptpollenquelle ist die Wiesenglockenblume. Die Männchen patrouillieren Glockenblumen ab und nächtigen darin.*

Abbildung oben links:
Die ***Knautien-Sandbiene*** *Andrena hattorfiana bei der Nektar- und Pollenaufnahme auf Ackerwitwenblume. Sie fliegt in einer Generation von Anfang Juni bis Ende August. Mit 16-18 mm Körperlänge ist sie eine der größten Sandbienen. Die vorderen Hinterleibsegmente sind rot gefärbt, die Hinterleibspitze trägt einen gelb-roten Haarschopf. Die Art hat sich beim Pollen- und Nektarsammeln auf Kardengewächse, besonders die Ackerwitwenblume, spezialisiert. Sie nistet meist recht versteckt an Wiesen- und Wegrändern, doch niemals in größeren Ansammlungen.*

Abbildung unten:
Weibchen der ***Giersch-Sandbiene*** *Andrena proxima auf Geflecktem Schierling. Sie fliegt in einer Generation von Mitte Mai bis Anfang Juli, die Männchen deutlich früher. Anhand ihres spezialisierten Blütenbesuches sowie ihres blauschwarzen, mit schneeweißen Seitenfransen versehenen Hinterleibs kann die mittelgroße, dunkle Biene meist richtig bestimmt werden. Die Art ist beim Blütenbesuch auf Doldenblütler spezialisiert. Trotz ihrer Bindung an Doldengewächse ist die Art hinsichtlich möglicher Habitate jedoch anspruchslos. Ihre Brutzellen legt sie meist in kleineren Ansammlungen in selbstgegrabenen Erdhöhlen sandiger und lehmiger Böden an.*

Abbildung oben links:
Männchen der ***Gemeinen Furchenbiene*** *Lasioglossum calceatum bei der Nektaraufnahme. Die Art fliegt in einer Generation von März bis Oktober. Sie ist hinsichtlich des Lebensraumes, des Nistsubstrates und der Trachtpflanzen nicht wählerisch. Die Brutzellen der unterirdisch nistenden, sozialen Art sind in Waben angeordnet. Die Arbeiterinnen der von der Nestgründerin erzeugten ersten Brut verproviantieren die Zellen der zweiten Brut. Aus dieser entstehen 20 bis 50 Geschlechtstiere.*

Abbildung oben rechts:
Weibchen der ***Rotbeinigen Furchenbiene*** *Halictus rubicundus. Die Art lebt in kalten Klimagebieten solitär, in warmen sozial: In einem Nest versorgen mehrere Weibchen die Brut, aber nur eines legt Eier.*
Die Art nistet in Steilwänden, auch in ebenen, vegetationsarmen Stellen, oft in kleineren Kolonien. Als Pollen- und Nektarquelle werden die unterschiedlichsten Blütenpflanzen genutzt.
Die überwinterten Weibchen erscheinen schon ab Anfang April. In kalten Gebieten erscheinen die überwinterten Weibchen erst später.

Abbildung unten:
Männchen der Furchenbiene Halictus rubicundus.

Abbildung oben links:
Männchen der ***Zaunwicken-Langhornbiene*** *Eucera tuberculata bei der Nektaraufnahme auf Gemeiner Ochsenzunge. Die Art fliegt von April/Mai bis Juni und ist beim Pollensammeln auf Schmetterlingsblütler spezialisiert, wobei die Zaunwicke die wichtigste Pollenquelle darstellt. An größeren Beständen dieser Art trifft man regelmäßig auch die durch ihre langen Fühler auffallenden Männchen. Sie erscheinen 3-4 Wochen vor den Weibchen. Die Weibchen graben ihre Nester ins Erdreich. Auch die seltenere Langhornbiene Eucera longicornis nistet in selbstgegrabenen Hohlräumen und zeigt die gleiche Blütenspezialisierung.*

Abbildung unten links:
Mai-Langhornbiene *Eucera longicornis.*

Abbildung unten rechts:
Die ***Gemeine Löcherbiene*** *Heriades truncorum fliegt in einer Generation von Juni bis September. Sie legt ihre Liniennester im Totholz, in hohlen Pflanzenstängeln und künstlichen Nisthilfen an. Als Pollen- und Nektarquelle werden ausschließlich Korbblütler aufgesucht. Die Brutzellen sind durch Scheidewände aus Harz getrennt. Harzklümpchen dienen auch zum Bau des Verschlusspfropfens. Die Art ist die häufigste von 3 mitteleuropäischen Arten.*

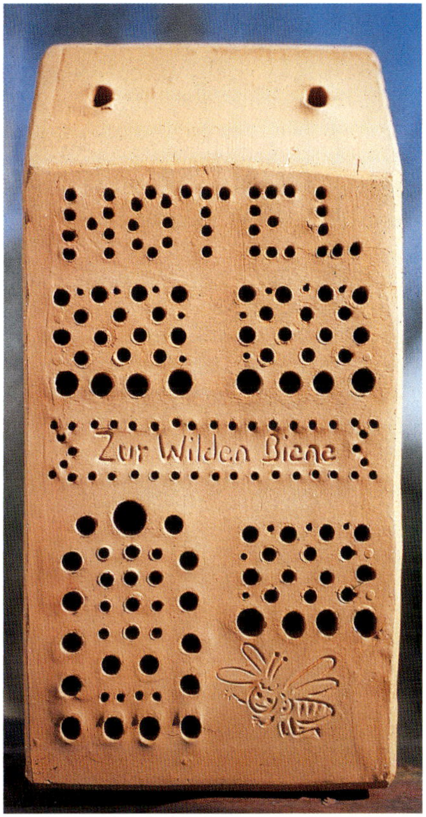

Niststein aus Ton. Versand: V. Fockenberg, Heimersfeld 77, 46244 Kirchhellen. www.wildbiene.com

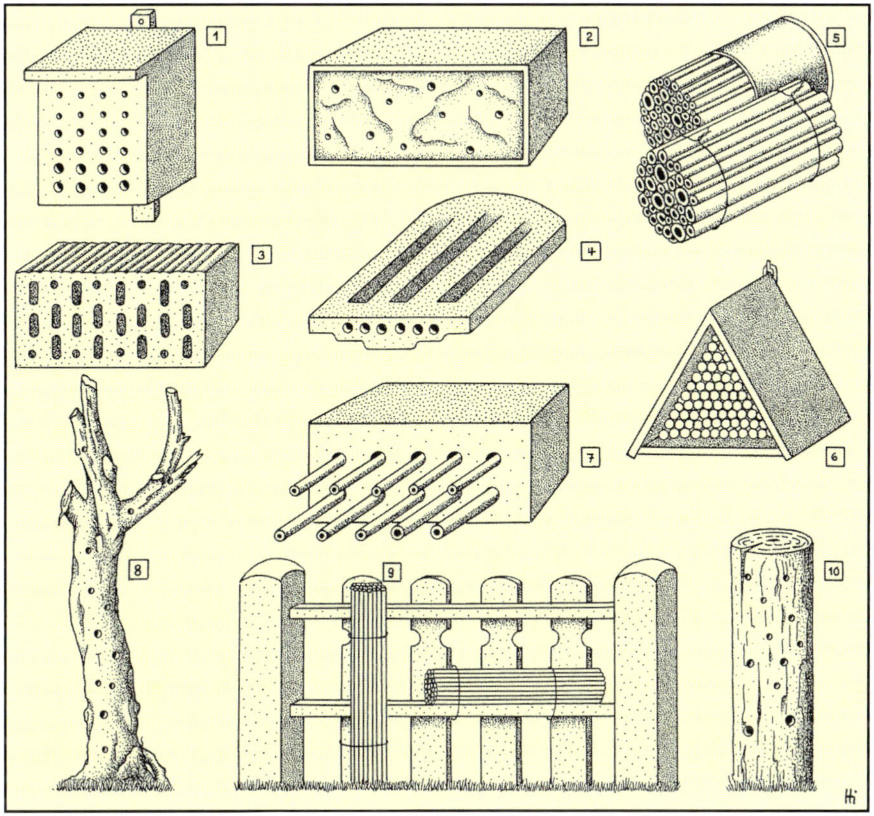

Weitere, z. T. selbst zu erstellende Nisthilfen: 1 Hartholzblock, 2 Lösslehm-Kasten, 3 Ziegelstein, 4 Dachhohlziegel, 5 Schilfrohr, 6 Strohhalme, 7 Bambusrohre, 8 Totholz, 9 Markhaltige Zweigbündel, 10 Alter Zaunpfahl.

Durch ein Angebot geeigneter Nisthilfen mit Bohrungen von 6-8 mm Durchmesser, lässt sich vor allem in neu angelegten Obstwiesen die Wildbienendichte merklich steigern. Als Bewohner sind u. a. folgende Arten zu erwarten:
Mauerbienen *Osmia rufa, O. cornuta, O. caerulescens,* Löcherbiene *Heriades truncorum,* Scherenbienen *Chelostoma florisomne, Ch. fuliginosum, Ch. distinctum,* Maskenbienen *Hylaeus communis, H. brevicornis,* Blattschneiderbienen *Megachile centuncularis, M. versicolor, M. willughbiella.*
Für die im Boden nistenden Sandbienen *(Andrena)* werden von Ch. Havenith folgende Maßnahmen empfohlen:

- Schaffung von bewuchsarmen Flächen in möglichst südexponierter, windgeschützter Lage;
- Regelmäßiges Freihalten der Flächen vor allem durch Pflegemahd;
- Abräumen von angefallenem Mulchmaterial, um Besonnung und Erwärmung des Bodens zu ermöglichen.
- Keinerlei Herbizid auf diesen Flächen (evtl. Abdeckung bei benachbarter Spritzung). Strukturierung der Oberfläche durch Schaffung von Abbruchkanten oder Erdanrissen, keinerlei Einebnung von Fahrspuren.

Diese Art der Bodengestaltung ist auch wirtschaftlich interessant, da 70 % der heimischen Wildbienenarten Bodennister sind, also eine große Artenzahl gefördert werden kann (zit. nach Havenith 2000).

Hummeln

Blütenreiche, nicht oder nur mäßig gedüngte Streuobstwiesen halten für Hummeln eine bunte Palette geeigneter Nektar- und Pollenspender bereit, darunter mehrere typische „Hummelblumen“: Wiesensalbei, Kriechender Günsel, Gundermann, Große und Kleine Braunelle, Echter Ziest, Taubnesselarten, Leinkraut, Großer und Kleiner Klappertopf, Zottiger Klappertopf, Gemeiner Augentrost, Kammwachtelweizen, Rotklee, Wiesenplatterbse, Bunte Kronwicke, Zaunwicke, Futter-Esparsette, Gemeiner Hornklee, Steinklee, Wiesenknautie, Taubenskabiose, Wiesenflockenblume, Distelarten … Im Frühjahr bilden blühende Obstbäume die Haupttrachtpflanzen mehrerer Hummelarten, die zugleich mit zu den effizientesten Bestäubern dieser Bäume zählen.

Erstaunliche Bestäubungsqualitäten

Honig- und Solitärbienen sind bekanntlich nicht in der Lage, bei Temperaturen unter 15 °C zu sammeln. Dagegen können die dichtbepelzten Hummeln noch bei 2 °C (Königinnen) bis 6 °C (Arbeiterinnen) ausfliegen und Blüten besuchen. Der Grund: Hummeln sind im Gegensatz zur Honigbiene nahezu gleich warm und vermögen selbst bei niedrigen Außentemperaturen ihre Körpertemperatur über einen längeren Zeitraum auf ca. 35 °C zu halten.

Dazu benötigen sie aber eine größere Nektarmenge, woraus eine größere Sammelleistung resultiert: Im Vergleich mit Honigbienen suchen Hummeln in der selben Zeit die drei- bis fünffache Anzahl von Blüten auf. Im Mittel besucht eine Hummel 10 bis 20 Einzelblüten pro Minute.

Dies geschieht jedoch keineswegs auf Kosten der Gründlichkeit, denn der Bestäubungswert eines Hummelbesuches entspricht dem von drei Bienenbesuchen. Da sich Hummeln mit ihren großen, leistungsfähigen Augen auch noch in der Dämmerung zurechtfinden, sind sie bis spät in den Abend (im Sommer bis 21.30 Uhr) bzw. schon sehr früh (im Sommer schon kurz nach 4 Uhr) unterwegs, wenn die Bienen ihr Tagewerk längst beendet oder noch nicht wieder aufgenommen haben. Selbst bei regnerischem und stürmischem Wetter fliegen diese schweren, nicht so leicht vertriftbaren Insekten aus und verhindern so auch in Jahren mit ungünstiger Witterung einen völligen Ernteausfall, da dann 25 bis 50 % aller Blütenpflanzen, darunter auch Obst- und Beerengehölze, allein durch sie bestäubt werden. Zu diesen unentbehrlichen Bestäubern zählen unsere häufigsten und bekanntesten Hummelarten, die auch in den Blumen- und Obstgärten des Siedlungsbereiches regelmäßig vertreten sind.

Hummeln leben in Sommerstaaten

Hummeln nehmen gleichsam eine Mittelstellung zwischen den Wild- oder Solitärbienen und den Honigbienen ein. Hummeln leben zwar sozial, bleiben aber in der staatlichen Organisation ihrer wesentlich kleineren Volkseinheiten weit hinter der

Honigbiene zurück. In sehr hohen Breiten kommt es sogar zu einem Ausfall der Arbeiterinnenkaste und damit zu einem Rückfall in die solitäre Lebensweise: Aus der ersten von der Königin allein versorgten Brut entstehen bereits die neuen Vollweibchen und Drohnen.

Verglichen mit den so exakt gebauten Bienenzellen wirkt die Wabe eines Hummelstaates fast plump und primitiv. Sie bietet nicht Raum für Wintervorräte und ihre Hülle keinerlei Schutz vor strenger Kälte und Frost. Infolgedessen geht in unseren Breiten jeder Hummelstaat im Herbst zugrunde, nur die im Sommer noch begatteten Jungköniginnen überwintern im Zustand der Starre an einem geschützten Ort. Im Frühjahr sind sie zunächst ganz auf sich gestellt und beginnen ihr Leben wie eine Einsiedlerbiene. Sehr früh, manchmal bereits Mitte März erscheinen die Königinnen der weniger kälteempfindlichen kurzrüsseligen Arten, darunter Dunkle Erdhummel (*Bombus terrestris*), Helle Erdhummel (*B. lucorum*), und Baumhummel (*B. hypnorum*), deren Winterquartiere meist nur wenige Zentimeter unter der Erdoberfläche liegen. Die in tieferen Erdschichten überwinternden Königinnen der wärmeliebenden langrüsseligen Arten, z. B. Ackerhummel (*B. pascuorum*), Gartenhummel (*B. hortorum*) und Waldhummel (*B. sylvarum*) zeigen sich meist erst zwischen Mitte April und Mitte Mai, sofern genügend hohe Temperaturen auftreten.

Abbildungen rechts:
Überwinterte ***Steinhummel****-Königinnen fliegen von Anfang April bis Ende Mai, Arbeiterinnen (oben) von April bis September, Jungköniginnen und Männchen (unten) von Ende Juli bis Anfang Oktober. Das meist mit einer geschlossenen Wachsschicht umgebene Nest wird ober- und unterirdisch angelegt, unter Steinhaufen und Holzstößen, in Mauerspalten und Hummelnistkästen. Volksstärke: 100-300 Tiere. (Artangaben z. T. nach E. v. Hagen, 2003)*

Abbildungen oben:
Arbeiterin (links) und Königin (rechts) der ***Gartenhummel****. Nestsuchende Königinnen fliegen von Mitte April bis Mitte Mai, Arbeiterinnen von Anfang Mai bis Ende Juli, Jungköniginnen und Männchen von Ende Juni bis Ende Juli. Die Königinnen sind im Frühjahr an Weidenkätzchen, Gefleckter Taubnessel, die Männchen ab Ende Juni auf Blauem Eisenhut, Ziest- und Kleearten zu beobachten. Das Nest wird ober- oder unterirdisch angelegt, in verlassenen Mäuse- oder Vogelnestern, in Nistkästen, manchmal in Gebäuden (Ställen, Scheunen, Schuppen, Dachböden, unter Fußböden). Volksstärke: 300-400 Tiere.*

Abbildung unten:
Königin der ***Ackerhummel****. Überwinterte Königinnen fliegen von Anfang April bis Mitte Mai, Arbeiterinnen von Mitte April bis Mitte Oktober, Jungköniginnen und Männchen von Mitte August bis Ende Oktober. Die Königinnen besuchen im Frühjahr Weidenkätzchen, Seidelbast, Lungenkraut, Gundelrebe, Taubnesseln und Anemonen, die Männchen ab Mitte August Flockenblumen und Disteln, besonders gerne auf Acker- und Gänsedistel. Das Nest wird unterirdisch in verlassenen Mäusenestern sowie in verschiedenen Hohlräumen über dem Boden (in Strohballen, Gebäuden) angelegt. Volksstärke: 60-150 Tiere.*

Abbildungen oben:
Königin (links) und Männchen (rechts) der ***Hellen Erdhummel****.*

Überwinterte Königinnen fliegen von Mitte März bis Mitte Mai, Arbeiterinnen von Anfang April bis Ende August, Jungköniginnen und Männchen von Mitte Juli bis Ende August. Die Königinnen besuchen im Frühjahr Weidenkätzchen, Obstblüten, Stachelbeerblüten, Löwenzahn, die Männchen Disteln und andere Korbblütler. Das Nest wird stets unter der Erde angelegt, vor allem in verlassenen Nestern von Mäusen und anderen Kleinsäugern. Volksstärke: 100-400 Tiere.

Abbildung unten:
Königin der ***Dunklen Erdhummel****. Überwinterte Königinnen fliegen von Mitte März bis Mitte Mai, Arbeiterinnen von Mitte April bis Mitte Oktober, Jungköniginnen und Männchen von Ende Juli bis Ende September. Die Königinnen besuchen im Frühjahr Weidenkätzchen, Obstblüten, Huflattich, Löwenzahn, die Männchen ab Ende Juli Thymian, Knautie und Disteln. Das Nest wird gerne in verlassenen Mäusenestern angelegt, gelegentlich nistet die Art auch in erdnahen Hohlräumen von Gebäuden, in Heu- und Strohlagern, unter Holzstapeln und Dielen von Schuppen, Gartenhäusern u. ä. Volksstärke: 100-600 Tiere.*

Abbildungen oben:
Arbeiterin (links) und Männchen (rechts) der ***Wiesenhummel****.*

Überwinterte Königinnen fliegen von (Anfang) Mitte März bis Mitte Mai, Arbeiterinnen von Anfang April bis Ende Juni, Jungköniginnen und Männchen von Ende Juni bis Ende Juli.
Das Nest wird vorwiegend oberirdisch angelegt, unter Reisig, Moos und Grasbüscheln, in hohlen Bäumen, Vogel- und Eichhörnchennestern, in Gebäuden (unter Fußböden, in Schubladen von Verandatischen, zwischen den Falten einer ungenutzten Decke ...).
Die Königinnen besuchen im Frühjahr Weidenkätzchen, Seidelbast, Lungenkraut, Primeln, Lerchensporn, Nieswurz, Zahnwurz, Stachelbeere. Die Männchen sind ab Ende Juni auf Himbeere, Taubnesseln und Schmalblättrigem Weidenröschen anzutreffen. Volksstärke: 50-120 Tiere.
Die Nester der Wiesenhummel werden manchmal von der Waldkuckuckshummel Psithyrus sylvestris heimgesucht. Nach „Kuckucksart" schmuggelt sie ihre Eier in das Nest und lässt ihre Nachkommen von den Arbeiterinnen der Wiesenhummel aufziehen.

Abbildung unten:
Königin der Wiesenhummel.

Abbildungen oben:
*Königin (links) und Arbeiterin (rechts) der **Baumhummel**. Überwinterte Königinnen fliegen von Ende März bis Ende April, Arbeiterinnen von Mitte April bis Mitte August, Jungköniginnen und Männchen von Anfang Juli bis Ende August. Königinnen besuchen im Frühjahr Weidenkätzchen, Obstblüten, Stachelbeerblüten, später auch Rosengewächse. Männchen ab Juli auf Kugeldistel, Spierstaude, Schmalblättrigem Weidenröschen und Schneebeere. Nest stets oberirdisch in Baumhöhlen, Mauerspalten, Vogelnistkästen, Waldhütten, Ställen, Scheunen und Dachböden. Volksstärke: 80-400 Tiere.*

Abbildung unten:
*Arbeiterin der **Waldhummel**. Überwinterte Königinnen fliegen von Ende April bis Anfang Juni, Arbeiterinnen von Mitte Mai bis Ende Oktober, Jungköniginnen und Männchen von Anfang August bis Ende Oktober. Königinnen im Frühjahr an Weidenkätzchen, Obstblüten, Taubnessel, Günsel, Goldregen, Schlüsselblume, Männchen ab August auf Flockenblumen, Disteln und anderen Korbblütlern. Das Nest wird sowohl ober- wie unterirdisch angelegt, in verlassenen Mäuse- und Maulwurfsgängen, unter Grasbüscheln, in verwaisten Vogel- und Eichhörnchennestern. Volksstärke: 80-150 Tiere.*

Der Kuckuck im Hummelnest

Mit dem Wort Kuckuck verbinden wohl die meisten Menschen das Bild des gleichnamigen Vogels. Doch auch bei den Hummeln gibt es richtige Kuckucke, die ihre Eier ins fremde Nest schmuggeln. Die Weibchen der Kuckuckshummeln (Schmarotzerhummeln) besitzen an den Hinterbeinen keinen Sammelapparat („Körbchen") für Pollen, auch fehlen ihnen die Wachsdrüsen. Sie können daher kein eigenes Nest errichten und Pollenvorräte eintragen, sondern legen ihre Eier „ins gemachte Nest" bestimmter Wirtshummeln und lassen dort ihre Larven aufziehen. Die Weibchen der Kuckuckshummeln überwintern ebenso wie die Jungköniginnen der „richtigen" Hummeln. Die Kuckucke verlassen ihre Winterquartiere jedoch erst einige Wochen später, wenn die Hummelweibchen mit der Nestgründung schon begonnen haben und die ersten Arbeiterinnen geschlüpft sind. Die fündig gewordene Kuckuckshummel dringt in das Nest ein und versteckt sich zunächst einige Tage in abgelegenen Winkeln, bis sie den typischen Nestgeruch angenommen hat. Danach zerstört sie fortlaufend die Brutzellen des Wirtsvolkes, um mit dem gewonnenen Wachsmaterial ihre eigenen zu bauen. Aus den Eiern der Kuckuckshummeln entwickeln sich ausschließlich Geschlechtstiere, also keine Arbeiterinnen. Den Winter überdauern nur die vorher begatteten Weibchen, die im Juli und August fliegenden Männchen gehen spätestens im Herbst ein.

In Mitteleuropa kommen neun Kuckucksarten vor, die größtenteils sehr schwer zu unterscheiden sind.

*Die **Keusche Kuckuckshummel** Psithyrus vestalis (oben) dringt als Brutschmarotzer in die Nester der **Dunklen Erdhummel** Bombus terrestris (unten) ein. Beide Arten sehen sich zum Verwechseln ähnlich.*

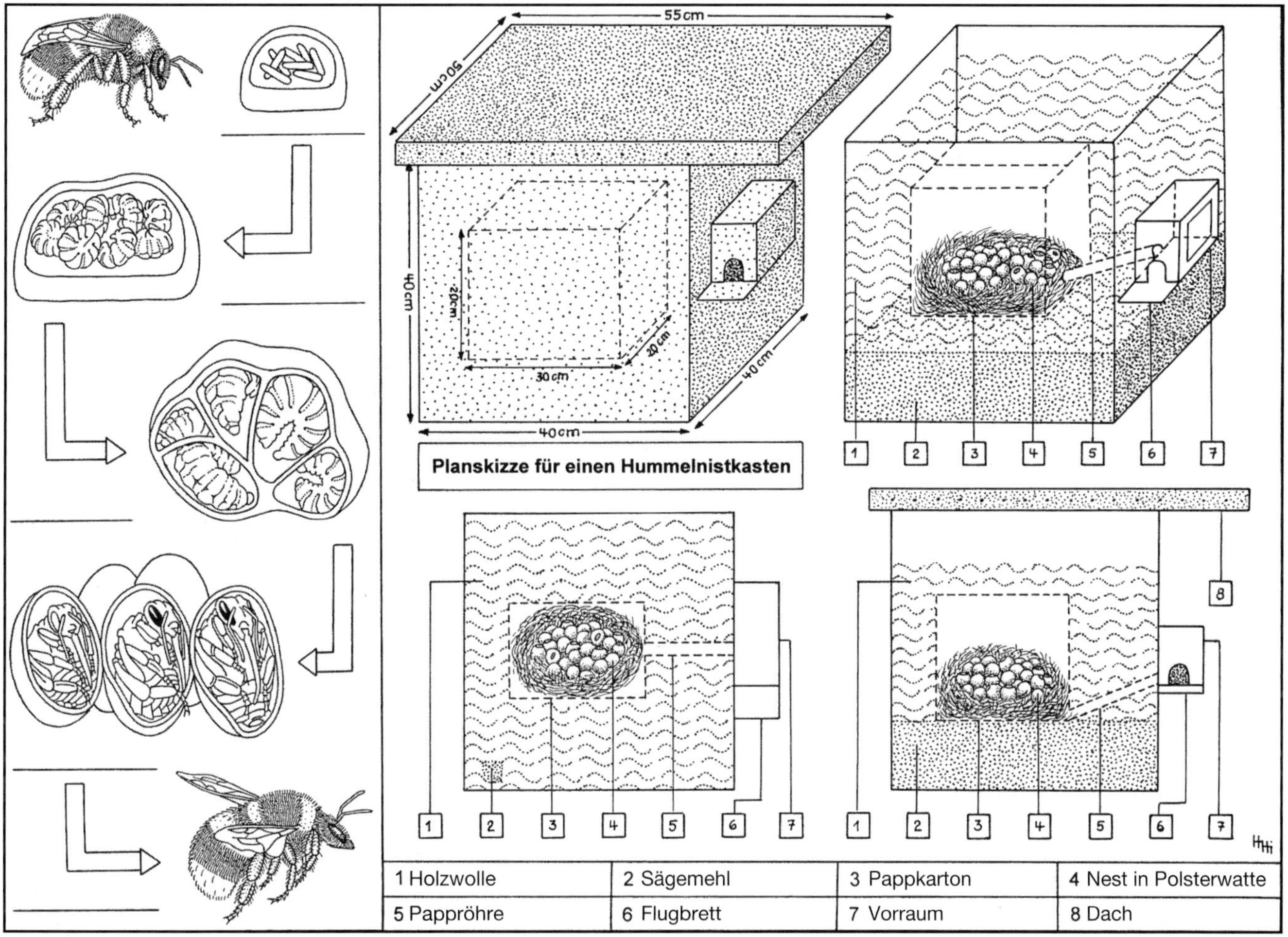

Nistkästen für Hummeln

Die in den vorangegangenen Hummel-Porträts kurz vorgestellten, für die Bestäubung von Obstbäumen wichtigen Arten, lassen sich auch in Nistkästen ansiedeln. Speziell für Hummeln entwickelte Nistkästen aus Holzbeton sind mittlerweile im Handel erhältlich, können bei etwas handwerklichem Geschick aber auch im Eigenbau erstellt werden (s. Planskizze). Diese „Eigenheime“ bestehen aus einem äußeren schützenden Holzgehäuse und einem inneren, auf einer Bodenschicht von Sägemehl stehenden Pappkarton, der als Brutraum ein lockeres Häufchen von Polsterwatte enthält (Verbandswatte ist nicht geeignet!). Eine Pappröhre mit etwas mehr als 2 cm Durchmesser verbindet den Pappkarton mit dem Nistkastenausgang, vor dem sich ein kleiner Vorbau mit Landeplattform befindet. Alle zwischen den Kastenwänden verbleibenden Leerräume sind mit Isoliermaterial (z. B. Holzwolle oder Styropor) gefüllt.

Die Aufstellung der Nistkästen erfolgt (bis spätestens Ende März!) auf niedrigen Ständern in Süd- oder Südost-Richtung im Halbschatten. Die Besiedlung der Kästen bleibt den Hummeln selbst überlassen und kann nicht erzwungen werden.

Wespen

Wenn im Spätsommer und Herbst die Nektarquellen versiegen, üben reife Äpfel, Birnen und Zwetschgen eine große, ja unwiderstehliche Anziehungskraft auf Wespen und Hornissen aus.

Die Völker der Langkopfwespen (Sächsische Wespe, Mittlere Wespe, Waldwespe) entwickeln sich in einem Kurzzyklus. Sie haben in der Regel schon Ende Juli ihren Höhepunkt überschritten und sterben im August oder September ab. Bei den sich noch im Spätherbst an reifem Obst in Scharen delektierenden Wespen handelt es sich daher ausschließlich um die Gemeine Wespe und Deutsche Wespe. Die Volksentwicklung dieser beiden Kurzkopfwespen verläuft nach einem Langzyklus. Sie fliegen in einer längeren Saison als die Langkopfwespen, sodass ihr Sozialleben bei günstiger Witterung bis in den November hinein bestehen bleibt. Dies trifft auch für die Hornisse zu, deren Flugzeit sich von Mitte April bis Anfang November erstreckt.

Hornisse, Gemeine und Deutsche Wespe sind „Dunkelhöhlennister", so dass die brüchigen, mit geräumigen Höhlen durchsetzten Altbäume der Obstwiesen diesen Faltenwespen zugleich geeignete Nistmöglichkeiten bieten.

Zahlreiche Beobachtungen weisen darauf hin, dass Langkopfwespen und Feldwespen offensichtlich mehr auf das Sammeln von Nektar eingestellt sind, als die zur Hauptblütezeit noch in geringerer Zahl vorhandenen Kurzkopfwespen. Dies erklärt zugleich, warum gerade Deutsche und Gemeine Wespe im Spätsommer und Herbst so gierig nach den zuckerhaltigen Nahrungs- und Genussmitteln des Menschen sind und als kaum abzuwehrende Lästlinge Gartenwirtschaften, Obststände, Konditoreien oder gedeckte Kaffeetische auf den Veranden so hartnäckig belagern. Die jahreszeitlich schon früher fliegenden Langkopfwespen und Feldwespen können dagegen auch das Nektarangebot der Streuobstwiesen als „Flugbenzin" nutzen.

Königin für einen Sommer

Die in unseren Breiten heimischen Faltenwespen bilden nur einjährige Sommerstaaten. Wie bei den Hummeln ist jedes Nest das Werk eines vorjährigen, noch im Herbst begatteten Weibchens, das nach der Überwinterung im Frühling zur Gründerin eines neuen Staates wird. Aus der Winterstarre erwacht, besucht die Jungkönigin zunächst Blüten, um Nektar zu saugen. Nach einigen Tagen der Stärkung wählt sie einen geeigneten, wind- und wettergeschützten Nistplatz aus und beginnt mit dem Bau der ersten Zellen an einem kurzen, etwa nageldicken Zapfen. Noch vor Vollendung der ersten Wabe, ist die Königin schon mit der Errichtung der schützenden Außenhülle beschäftigt, die sich wie eine kleine Glocke

oder Kappe über die Anfangswabe spannt. Soll das Nest erweitert werden, wird eine Innenlage der Hülle abgebaut und eine neue Außenschicht aufgelagert, so dass der Wärmeschutz nicht unterbrochen wird. Die Eiablage erfolgt bereits sehr früh, nach etwa zehn Tagen, wenn das Nest erst sieben bis zehn Zellen aufweist. Auf dem Höhepunkt der Saison werden bis zu 300 Zellen pro Tag bestiftet. Am fruchtbarsten sind die Königinnen der Kurzkopfwespen, die insgesamt bis zu 50 000 Eier je Tier produzieren können.

In wesentlich kleineren, ja schon fast „Ministaaten" leben die hier kurz vorgestellten Feldwespen. Sie fertigen nur freiliegende Waben, die mit einem Stiel an Pflanzenstängeln, Steinen oder Gebäuden befestigt sind. Ihre einfache Nestkonstruktion machen die Feldwespen für Laien und Zoologen gleichermaßen interessant, da sich auf der hüllenlosen Wabe das Verhalten und die Entwicklung der Tiere unmittelbar vor den Augen des Beobachters abspielen.

Abbildung Seite 64:
*Nest der **Berg-Feldwespe** Polistes biglumis. Es wird auf trockenwarmen, südexponierten Standorten an Pflanzenstängel geheftet. Die hüllenlose Wabe besteht aus bis zu 100, höchstens 150 Zellen. Die zunächst weißen Zelldeckel nehmen nach ca. 24 Stunden eine schwarzbraune Färbung an.*

Abbildungen rechts:
Gallische Feldwespe *(Polistes dominulus).*
Die Flugzeit erstreckt sich von Anfang April bis Anfang Oktober. Während bei den übrigen Sozialwespen sich immer nur eine Königin als Staatsgründerin betätigt, schließen sich bei der Gallischen Feldwespe nicht selten mehrere überwinterte Weibchen (meist aus dem selben Nest des Vorjahres) zusammen, um in Teamarbeit die Brutwabe zu errichten. Schon während der Bauarbeit bildet sich jedoch unter den Weibchen eine ausgeprägte Rangordnung heraus, so dass künftig nur das stärkste Weibchen als alleinige Königin die bis zu 150 Zellen der hüllenlosen Wabe bestiftet. Letztere wird nördlich der Alpen häufig unter Dachziegeln errichtet.

Abbildungen oben:
*Arbeiterin (links) und Königin (rechts) der **Gemeinen Wespe**.*

Die Flugzeit der Gemeinen Wespe (Paravespula vulgaris) erstreckt sich von Ende April bis Ende Oktober. Die Arbeiterinnen erscheinen ab Ende Mai, die Jungköniginnen und Männchen ab Mitte August.
Die Gemeine Wespe lauert sitzenden oder langsam sich bewegenden Insekten auf. Ferner besucht sie Blüten zur Nektaraufnahme: Weidenkätzchen, Schneebeere, Kugeldistel, Heidekraut, Efeu, Weinraute, Breitblättrige Sumpfwurz und Doldenblütler.
Das Nest wird unterirdisch angelegt, meist in abschüssigen Erdstellen (z.B. Böschungen), weniger häufig in oberirdischen Höhlungen. Der mehr breitrunde Bau enthält 8 bis 10, durch zahlreiche Tragstiele verbundene Waben. Nesthülle und Waben sind ockerfarben bis gelblich braun, aus morschem Holz gefertigt, auch Torf oder Rinde werden mitverarbeitet. Die Lufttaschen des Nestmantels sind muschelartig und spröde. Nestumfang rund 20 cm, häufig aber auch größer. Große Nester mit bis zu 2 m Umfang können 7000 bis 10 000 Wabenzellen enthalten.

Abbildung unten:
Königin der Gemeinen Wespe mit Anfangswabe.

Abbildung oben:
*Arbeiterin der **Deutschen Wespe** an Fallobst.*

Die Flugzeit der Deutschen Wespe (Paravespula germanica) erstreckt sich von Anfang April bis Ende Oktober. Die Arbeiterinnen erscheinen ab Anfang Juni, die Jungköniginnen und Männchen ab Mitte August. Die Deutsche Wespe erbeutet vorwiegend Insekten, Fliegen stehen dabei an erster Stelle. Ihren Kohlenhydratbedarf decken die Tiere durch den Besuch von Blüten mit gut erreichbaren Nektarien: Efeu, Brombeere, Bärenklau, Engelwurz, Flieder, Echter Dost, Majoran, Goldrute, Ringelblume.
Das Nest findet sich verhältnismäßig tief im Boden. Gelegentlich auch in oberirdischen dunklen Hohlräumen. Es ist ein mehr langrunder Bau mit 7 bis 8 Waben, die durch zahlreiche dünne Tragstiele miteinander verbunden sind. Nesthülle und Waben sind aschgrau, aus verwittertem Holz. Die Hülltaschen des Nestmantels sind muschelförmig gewölbt, in 2 bis 4 Schichten dachziegelartig angeordnet. Auch bei dieser Art gibt es Riesennester von 2 m Umfang, die bis zu 8000 Wabenzellen enthalten.

Abbildungen unten:
Königin der Deutschen Wespe in Winterstarre (links)
Arbeiterin nagt an verwittertem Holz (rechts).

Abbildungen oben:
Arbeiterin (links) und Nest (rechts) der ***Sächsischen Wespe****.*

Die Flugzeit der Sächsischen Wespe (Dolichovespula saxonica) erstreckt sich von Mitte Mai bis Anfang September. Das Nest wird in geräumigen Dachböden, Schuppen, Scheunen, Werkhallen, Waldhütten, Garten- und Bienenhäusern, sowie im Freien an Gesimsen, in Tür- und Fensternischen errichtet. Der Nestmantel besteht aus drei oder mehreren Ballons und umschließt 3 bis 6 Waben mit bis zu 2000 Zellen. Die glatte Nesthülle und die Waben sind aschgrau, aus verwittertem Holz gefertigt.

Abbildung unten:
Arbeiterin der ***Roten Wespe****.*

Die Flugzeit der Roten Wespe (Paravespula rufa) erstreckt sich von Ende April bis Mitte September. Das Nest wird stets unterirdisch, untief im Boden angelegt. Nesthülle und Waben sind aschgrau, aus verwitterten Holzfasern gefertigt. Die 3 bis 5 Waben können bis zu 1000 Zellen enthalten. Die Rote Wespe wird weder lästig noch aggressiv. Sie besucht gerne Blüten: Braunwurz, Schneebeere, Efeu und mit den Männchen Doldengewächse, besonders Pastinak, Bärenklau.

Abbildungen oben:
*Nest und Arbeiterin der **Mittleren Wespe**.*

Die Flugzeit der Mittleren Wespe (Dolichovespula media) erstreckt sich von Ende April bis Mitte September. Das gerne in Hecken und Gebüschen errichtete Nest enthält 3 bis 6 Waben mit etwa 1800 Zellen. Das Flugloch besitzt im unteren Nestdrittel einen röhrenförmigen Fortsatz und ist etwas zur Windschattenseite verschoben. Die Schutzhülle mit geschlossenen Lufttaschen ist blassgrau und aus meist nicht verwittertem Pappelholz gefertigt. Die Mittlere Wespe steht bereits seit 1984 auf der Roten Liste gefährdeter Tierarten.

Abbildung unten:
*Nest der **Waldwespe**.*

Die Flugzeit der Waldwespe (Dolichovespula sylvestris) erstreckt sich von Anfang Mai bis Mitte September. Nest meist dicht über dem Boden im Gebüsch unter hohlliegenden Steinen und Baumwurzeln, aber auch in Baumhöhlen und Dachräumen. Nestmantel und Waben (3 bis 6, mit ca. 900 Zellen) sind aus verwittertem Holz gefertigt. Die Nesthüllen sind volantartig abgestuft, ohne Lufttaschen. Waldwespen sind häufige Blütengäste auf Braunwurz, Schwarznessel, Schneebeere und verschiedenen Doldenblütlern.

Oben links: Wespe beim Abtrennen kleiner Fleischstückchen an einem verendeten Maulwurf.
Oben rechts: Wespe beim Zerlegen einer toten Honigbiene. Unten: Hornisse mit einer erbeuteten Wespe.

Wovon sich Wespen ernähren:

Wespen ernähren sich sowohl von kohlehydratreichen Pflanzensäften, als auch von eiweißhaltigen tierischen Stoffen. Letztere werden meist in Form von Insektenfleisch fast ausschließlich zur Aufzucht der Larven benötigt. Gejagt werden vor allem Fliegen (Stuben-, Gold-, Fleisch- und Schwebfliegen), in größerem Umfang aber auch Imagines und Larven von Heuschrecken und Zikaden, Blattwespenlarven, Honig- und Wildbienen sowie Schmetterlingsraupen und Spinnen. Die sehr flugaktiven erwachsenen Tiere verköstigen sich in erster Linie mit süßen Früchten, Baumsäften, Honigtau und Blütennektar.

Hornissen

Die überwinterten Hornissen-Jungköniginnen fliegen etwa ab Mitte April und beginnen Ende Mai/Anfang Juni mit der Gründung eines neuen Hornissenstaates.
Die mit einem dünnen Stiel an die Decke der Nisthöhle befestigte und mit einer kleinen Schutzhülle überdachte Anfangswabe enthält nur wenige (maximal 40 bis 50) Zellen, die von der Königin jeweils mit einem Ei bestiftet werden. Die daraus nach 5 bis 8 Tagen hervorgehenden wachsweißen Larven hängen, durch eine klebrige Masse festgehalten, kopfüber in den Zellen. Sie werden zunächst mit einer Drüsenabsonderung ernährt, aber schon wenige Tage danach mit tierischer Kost versorgt. Durch ihr rasches Wachstum füllen sie bald die ganze Zelle aus, deckeln sich ein und verpuppen sich nach 12 bis14 Tagen. Etwa 13 bis 15 Tage dauert es, bis sich die dicke Made zum fertigen Insekt entwickelt hat.

Die Falken unter den Wespen

Wissenschaftler haben ermittelt, dass ein starkes Hornissenvolk pro Tag bis zu 500 g Insekten an seine Brut verfüttert und damit das Tagespensum von 5 bis 6 Meisenfamilien leistet. Hornissen erfüllen so wichtige Regulationsaufgaben im Artengefüge, ähnlich den Greifvögeln und anderen ökologisch wirksamen Tiergruppen. Zum Beutespektrum der Hornissen zählen auch größere Insekten wie das Große Heupferd oder Großlibellen, ferner viele Forstschädlinge, wie die Raupen des Eichenwicklers

Oben: Die von der Königin allein erbaute und betreute Anfangswabe hat nur wenige Zellen.

Unten: Im Herbst bilden überreife Birnen und Pflaumen eine wichtige Kraftstoffquelle für Hornissen.

Hornissen *verwenden als Baumaterial modriges Holz von Obstbäumen, Pappeln, Linden und Eichen, das sie zu einer ockerfarbenen bis rotbraunen Papiermasse verarbeiten.*

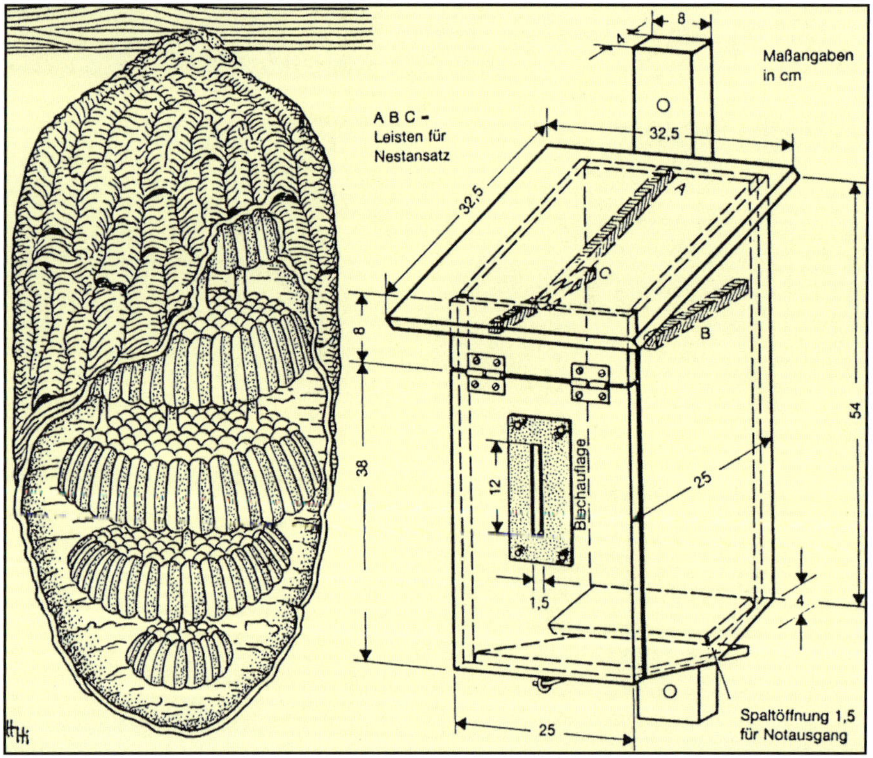

und die Kiefernbuschhornblattwespe. Die Hornissen selbst benötigen zum Betrieb ihres Bewegungsapparates fast nur noch Kohlehydrate als Energiespender. Aufgenommen wird der Saft reifer Früchte (vor allem von Birnen, Pflaumen, Mirabellen und Pfirsichen), wobei sich die Tiere jedoch meist mit Fallobst oder schon von Vögeln beschädigten Früchten begnügen.

Erprobt: Nistkästen für Hornissen

Da alte Bäume, der klassische Nistplatz von Hornissen, in unseren weitgehend ausgeräumten Wäldern und Landschaften mittlerweile zur Mangelware geworden sind, leiden die auf Großhöhlen angewiesenen Hornissen heute unter akuter Wohnungsnot, die jedoch durch das Anbieten spezieller Nisthilfen etwas gelindert werden kann. Gut bewährt hat sich der von M. Waldschmidt und H.-H. von Hagen entwickelte „Mündener Hornissennistkasten". Dieses erprobte Nistgerät kann mit etwas handwerklichem Geschick auch im Selbstbau erstellt werden. Der Innendurchmesser des aus ungehobelten Fichtenbrettern bestehenden Kastens sollte nicht verändert werden, da sonst der Wabenbau nicht an den Seitenwänden und an den Holmen verankert und abgestützt werden kann. Die Spaltöffnung am Boden dient zur Belüftung und Feuchtigkeitsableitung (Links: Planskizze nach Wendler 1987). Die Kästen können in etwa 4 m Höhe mit nach NO bis SO gerichtetem Flugloch an Bäumen von Streuobstwiesen und Waldrändern sowie an Gebäuden im Siedlungsbereich angebracht werden.

Schlupfwespen

Schlupfwespen sind über die ganze Erde verbreitet und gleichsam allgegenwärtig. Ja, vermutlich gibt es kaum ein Insekt, das nicht durch seinen ganz speziellen Schlupfwespenfeind in Schach gehalten wird. Es sind parasitisch lebende Hautflügler, deren Larven sich in den Jugendstadien anderer Insekten entwickeln. Von der größten Raupe und Käferlarve bis zur kleinen Blattlaus, ja selbst winzige Insekten- oder Spinneneiern - nichts ist vor diesen sehr agilen Jägern sicher. Manche Schlupfwespen versenken ihre Eier in die schon im Wirtstier schmarotzenden Schlupfwespenlarven, so dass hier der eine Schmarotzer den anderen auffrisst. Dabei kann es sogar Schmarotzer 3. und 4. Grades geben.
Die Bezeichnung „Schlupfwespen" ist ein Sammelbegriff und umfasst gleich mehrere Familien: Die Familie der Echten Schlupfwespen (Ichneumonidae), die Familie der Brackwespen (Braconidae), die Familie der der Blattlauswespen (Aphidiidae) und die Überfamilie der Erz- oder Zehrwespen (Chalcidoidea).

Echte Schlupfwespen

Die Echten Schlupfwespen bilden die artenreichste Familie in der Klasse der Insekten. In der Weltfauna sind mehr als 21 000 Schlupfwespenarten bekannt, in Europa wurden bisher 2500 Arten festgestellt. Es sind schlanke, elegante Insekten, deren Körpergröße von 2 mm bei den kleinsten

*Oben: Die **Schlupfwespe** Ichneumon confusor ist im Sommer auf Doldenblütlern sehr häufig. Sie parasitiert besonders Eulenraupen.*

*Unten: Von der **Brackwespe** Microgaster nemorum parasitierte Raupe der Ahorneule Acronicta aceris.*

bis zu 50 mm bei den größten Arten reicht. Schlupfwespen ernähren sich als Vollkerfe von Nektar und Blattlausausscheidungen (Honigtau). Man findet sie oft auf den Blüten von Doldengewächsen, da sie durch den Bau ihrer Mundwerkzeuge nur offen dargebotenen Nektar aufnehmen können. Die Larven der Echten Schlupfwespen leben vorzugsweise in Schmetterlingsraupen, darunter sind zahlreiche Waldschädlinge (Spanner, Wickler, Nonne, Eichenprozessions- und Schwammspinner). Weitere Hauptwirte sind Blattwespen-, Zweiflügler- und Käferlarven. Die Echten Schlupfwespen stechen den Körper des Wirtes mit Hilfe ihres Legestachels an und legen ein, selten mehrere Eier hinein. Die Verpuppung erfolgt in kleinen Seidenkokons, die sich im Inneren oder außen an der leeren Körperhülle des Wirtes befinden.

Brackwespen

Brackwespen sind in Lebensgewohnheiten und Aussehen den Echten Schlupfwespen im Prinzip ähnlich. Für Mitteleuropa wurden bisher mehr als 1500 Arten festgestellt. Die meisten sind 2 bis 4 mm lang, überwiegend einfarbig schwarz oder braun. Auch sie kann man bei sonnigem Wetter an den Blütenständen der Doldengewächse antreffen. Die Weibchen besitzen einen Legebohrer, der bei den Arten, deren Larven sich auf der Körperoberfläche des Wirtes entwickeln, mit einer Giftdrüse verbunden ist. Beim Einstechen wird der Wirt mit dem Gift paralysiert, so dass die später schlüp-

*Oben: Eine parasitierte **Bärenraupe**. Die Schlupfwespen-Puppen befinden sich außerhalb des von den Larven zerstörten Raupenkörpers.*

*Unten: Die Weibchen der **Brackwespe** Apanteles glomeratus legen ihre Eier in die Raupen des Großen Kohlweißlings und anderer Weißlingsarten.*

Oben: Vom **Weißlingstöter** *Apanteles glomeratus parasitierte Raupe des Großen Kohlweißlings.*

Unten: Parasitierte Puppe des Großen Kohlweißlings mit Larven der **Brackwespe** *Microgaster pupparum.*

fenden Brackwespenlarven den Körperinhalt aussaugen können. Die wohl bekannteste Art ist der Weißlingstöter (*Apanteles glomeratus*): Das Weibchen legt seine Eier, insgesamt sind es bis zu 2000, in die Raupen des Kohlweißlings. Eine große Raupe kann bis zu 80 und mehr Parasiten enthalten. Am Ende der Entwicklung verlassen die Brackwespenlarven den nahezu hohlen Raupenkörper und verpuppen sich in dessen Nähe. Die gelben Puppengespinste werden von Laien oft für „Raupeneier" gehalten. Die Puppen des Weißlingstöters werden im Durchschnitt zu 80 % von anderen Schlupfwespen parasitiert. Auch Käferlarven werden befallen, wobei Brackwespen zu den wichtigsten Gegenspielern von Bockkäfern, einiger schädlicher Rüsselkäfer sowie des gefürchteten Borkenkäfers zählen. Selbst die Raupen verschiedener Falter (Eulen, Wollspinner, Wickler) bleiben nicht verschont. Einige Arten legen ihre Eier bereits in die Schmetterlingseier ab, aber ihre Larven kommen erst in den Raupen zur Entwicklung.
Die eingangs genannten Blattlauswespen sind mit den Brackwespen nahe verwandt und werden oft nur als deren Unterfamilie betrachtet. Wie schon der Name andeutet, leben ihre Larven ausschließlich als Innenparasiten bei Blattläusen.

Erz- oder Zehrwespen

Die Erz- oder Zehrwespen bilden eine sehr artenreiche Überfamilie in der Unterordnung der Lege- und Stechwespen. In Mitteleuropa sind bisher mehr als 2000 Arten bekannt. Obwohl allgemein verbreitet und

von blauem, grünem oder goldenem Metallglanz, sind es doch recht unauffällige Insekten mit nur 0,2 bis 6 mm Körpergröße. Die Vollkerfen mancher Arten trinken Nektar oder Pflanzensäfte, andere benötigen während ihrer kurzen Lebensspanne überhaupt keine Nahrung. Die meisten sind Parasiten oder Hyperparasiten, die Eier, Larven und Puppen anderer Insekten befallen. Erzwespen sind wirtschaftlich von großer Bedeutung, da es bei ihnen „Polyembryonie" gibt, d. h. aus einem Ei schlüpfen gleich mehrere Tiere. Die Entwicklung einer Parasitenpopulation kann so rasch einer Massenvermehrung ihres Wirtes folgen, da manche Arten 6 bis 8 Generationen hervorbringen und die Weibchen 200 bis 500 Eier legen können. Mehrere Arten sind fremder Herkunft, überwiegend aus Amerika: Sie sind als blinde Passagiere auf Transportmitteln zu uns gekommen oder wurden absichtlich als wirksame Gegenspieler eingeschleppter Schädlinge ausgesetzt. Die bekannteste Art ist die Blutlauszehrwespe (*Aphelinus mali*). Sie wurde 1920 von Nordamerika nach Europa gebracht und ab 1925 auch in Deutschland zur biologischen Bekämpfung der Blutlaus eingeführt. Ein weiterer aus den USA eingeführter und in Massenzuchten vermehrter Parasit (*Prospaltella perniciosi*) schmarotzt bei der gefürchteten San José-Schildlaus. Ein Weibchen kann 10 bis 40 Läuse mit je einem Ei belegen, das mit dem Legestachel durch den Schild in den Körper eingeführt wird. Eine andere Art (*Encarsia formosa*) hat sich bei der Bekämpfung von Mottenschildläusen („Weiße Fliege") bestens bewährt.

*Oben: Die **Brackwespe** Microgaster pupparum an einer verpuppungsreifen Raupe des Kleinen Kohlweißlings.*

*Unten: **Zehrwespen** zählen zu den kleinsten Schlupfwespen, die auch die Eier anderer Insekten parasitieren.*

Ameisen

Ameisen gehören zu den häufigsten und allgegenwärtigen Insekten. Die Individuenzahl, mit der sie auftreten, wird nur noch von den fast mikroskopisch kleinen Urinsekten übertroffen. In Streuobstwiesen wurden bis zu 30 von insgesamt 65 in Deutschland lebenden Arten festgestellt.
Ameisen bilden eine eigene Familie der Ordnung der Hautflügler. Doch im Gegensatz zu den Bienen, Hummeln oder Wespen wählten die Ameisen primär eine Lebensweise „zu Fuß". Nur die Geschlechtstiere sind vorübergehend mit Flügeln ausgestattet. Die Männchen sterben kurz nach dem Hochzeitsflug. Die begatteten Königinnen brechen oder reiben ihre Flügel ab und suchen ein geeignetes Versteck zur Nestgründung. Bei manchen Arten können die Jungköniginnen auch in ein bereits vorhandenes Nest einwandern, das in diesem Fall dann mit mehr als einer Königin weiterexistiert.

Heizen mit Solarenergie

Ameisennester in Wiesen stammen meist von der Schwarzbraunen Wegameise *(Lasius niger)* und der Gelben Wiesenameise *(Lasius flavus)*. Die oberirdischen Erdkuppeln sind häufig um Pflanzenstängel herum errichtet, die den Bau wie Säulen abstützen. Die meist dicht mit Gräsern und anderen Pflanzen bewachsenen Erdhügel der Gelben Wiesenameise sind geschlossen, in die Außenwelt führen keine Öffnungen. Das Nest selbst kann bis zu 40 cm in den Boden reichen. Das unterirdische Nest der Schwarzbraunen Wegameise ist durch Löcher mit der Außenwelt verbunden, die

In Wiesen häufig: ***Gelbe Wegameise*** *(oben) und* ***Schwarzbraune Wegameise*** *(unten).*

Die Raupe des im Juli fliegenden ***Schwarzgefleckten Bläulings*** *(Maculinea arion) entwickelt sich in Ameisennestern. Der Falter wird auch Thymian-Bläuling, Großer Fleckenbläuling oder Großer Bläuling genannt.*

ziemlich brüchige Erdkuppel ist reich gekammert. Da sich die Erdkuppeln vom Boden abheben und meist von dunkler Farbe sind, sammeln sie die Sonnenwärme weit effizienter als das flache Umfeld. Im Innern der mit Solarenergie geheizten Kuppeln finden sich die Brutkammern mit den Larven und Puppen. Diese werden für eine optimale Bruttemperatur bald höher hinauf, bald tiefer in die Erde getragen.

Die Speisekarte der Ameisen

Die Gelben Wiesenameisen kommen nur selten an die Oberfläche und ernähren sich nahezu ausschließlich von den Ausscheidungen ihrer in unterirdischen Kammern als „Milchkühe" gehegten und sorgsam betreuten Wurzelläuse. Deren Eier werden vor dem Winter ins Ameisennest gebracht und die inzwischen geschlüpften Wurzelläuse im Frühjahr wieder zu ihren Nahrungspflanzen transportiert.

Die Schwarzbraune Wegameise jagt Insekten, besucht Blüten und dringt auf der Suche nach Süßem auch in die Häuser der Menschen ein. Wie bei der Gelben Wegameise bilden jedoch die zuckerhaltigen Ausscheidungen der Wurzel- und Blattläuse ihre Hauptnahrung. Sie werden von den Arbeiterinnen eifrig mit den Fühlern betrillert und dadurch zur Abgabe eines zuckerhaltigen Tropfens veranlasst. Zum Schutz vor natürlichen Feinden bauen die Ameisen ihren „Milchkühen" sogar kleine Lehmpavillions. Von den Schutzbauten der Blattlauskolonien führen kunstvolle Sandtunnels zu den Ameisennestern.

Bläulingsraupen als Untermieter

Ähnlich enge Beziehungen bestehen zwischen verschiedenen Ameisen und manchen Bläulingsraupen.

Das wohl bekannteste Beispiel bildet der Schwarzgefleckte Bläuling *(Maculinea arion)*. Die Weibchen legen im Juli ihre Eier einzeln an Thymianknospen. Die nach einer Woche geschlüpften Raupen fressen Blüten und reifende Samen bis zur zweiten Häutung. Danach lassen sie sich auf den Boden fallen. Sie werden bald von Ameisen (meist von *Lasius flavus*) entdeckt, die sie mit den Fühlern betrillern. Die Raupe sondert daraufhin aus einer Drüse am letzten Hinterleibsring eine honigartig süße Flüssigkeit ab. „Dann bläht die Raupe den Brustabschnitt ihres Körpers in eigentümlicher Weise auf, lässt sich dahinter von den Ameisen packen und in das Nest einschleppen. Hier frisst sie sich nach Herzenslust an der Brut der Ameisen und auch an manchen dort als ‚Melkkühe' gehaltenen anderen Ameisengästen satt. Den Tribut dafür errichtet sie weiterhin mit süßem Saft, zeitweise auch nur durch einen den Ameisen angenehmen Duft, der von zwei ausgestülpten, behaarten Zäpfchen am Hinterleibsende ausgeht" (Engel 1975). Die Raupen überwintern im Ameisennest und sind im Frühjahr ausgewachsen. Die Verpuppung erfolgt ebenfalls im Schutze des Ameisennestes. Die Falter schlüpfen nach etwa drei Wochen, verlassen den Ameisenbau und breiten ihre Flügel aus.

Auch die Raupen des Silbergrünen Bläulings *(Lycaena coridon)* zeigen eine enge Beziehung zu Ameisen. Trifft eine Ameise auf eine Raupe, meldet sie ihren Fund sogleich im Bau und innerhalb kürzester Zeit ist die Raupe von zahlreichen Ameisen umringt. Im Labor haben Wissenschaftler ermittelt, dass eine Raupe durchschnittlich mehr als 30 Tropfen aus ihrem „Nektarorgan" abgeben kann. Doch nicht nur die Ameisen profitieren von der Raupe: Im Freiland werden die Raupen des Silberbläulings von den Ameisen regelrecht mit Pavillons aus lockerer Erde überbaut. Sie enthalten eine zentrale Kammer und eine Verbindung zum Ameisennest. Die Raupen werden durch die ständige Präsenz der Ameisen nachts beim Fessen wie auch tagsüber, wenn sie unter ihren Futterpflanzen in den Erdpavillons sitzen, vor Feinden weitgehend geschützt.

Nahrung für Bodenspechte

Ameisen bilden eine wichtige Nahrung der Bodenspechte (Grünspecht, Grauspecht). Mit dem Schnabel schlagen sie trichterförmige Löcher in die Ameisennester. Unter den heimischen Spechten ist der Grünspecht der ausgeprägteste Spezialist für Ameisen (mit Ausnahme des Wendehalses). Seine sehr schlanke, wurmförmige Zunge kann bis zu 10 cm vorgestreckt werden. Sie ist klebrig und an ihrer verhornten Spitze mit kleinen Widerhaken versehen. An ihnen bleiben die weichen Larven und Puppen der Ameisen hängen. Die härter chitinisierten Vollinsekten kleben wohl hauptsächlich an dem Speichelüberzug der Zunge. Ähnlich auf Ameisen spezialisiert ist der später noch vorgestellte Wendehals. Seine Bestände haben in den letzten Jahrzehnten erhebliche Einbußen erlitten. Das liegt z. T. an der starken Stickstoffdüngung und damit am Rückgang der Wiesenameisen sowie an der Beseitigung von Ödland und Rainen, ferner an der Zerstörung von Streuobstbeständen. Der Wendehals war als gefährdete Art der Vogel des Jahres 1988.

*Der **Silbergrüne Bläuling** (oben) fliegt zwischen Mitte Juli und Ende August. Seine **Raupe** (unten) lebt in von Ameisen errichteten Pavillons.*

Schmetterlinge

Streuobstwiesen sind Lebensraum für 70 Tagfalter- und 200 Nachtfalterarten, die hier nicht nur Nektar für den Eigenbedarf, sondern auch die von ihren Raupen benötigten Futterpflanzen finden. Schon von den Blättern und Früchten eines einzigen Apfelbaumes ernähren sich die Raupen von 21 Groß- und 42 Kleinschmetterlingen. Die überwiegende Mehrheit dieser Kostgänger findet sich auch an Birnbäumen, darunter die Raupen des Großen Fuchses (*Nymphalis polychloros*). Früher wurden sie als vermeintliche Obstbaumschädlinge aufs Heftigste bekämpft, heute ist der Große Fuchs zu einer ausgesprochenen Seltenheit geworden und vielerorts schon aus der Kulturlandschaft verschwunden. Als Rote-Liste-Art genießt der Falter daher in allen seinen Entwicklungsstadien vollständigen Schutz. Eine gefährdete Falterart ist auch die Kupferglucke (Gastropacha quercifolia). Durch die regelmäßigen Bekämpfungsmaßnahmen im modernen Intensiv-Obstbau ist diese Art ebenfalls stark zurückgegangen, so dass man ihre Raupen am ehesten noch in verlassenen, verwilderten Obstanlagen finden kann.

Nahrung für zahlreiche Falterraupen

Auf und in Obstbäumen (Apfel, Birne, Kirsche, Pflaume) leben ferner die Raupen der folgenden Arten, die z. T. auch auf anderen Laubgehölzen vorkommen:

Nierenfleck, Schlehenzipfelfalter, Baumweißling, Abendpfauenauge, Blaukopf, Wollafter, Ringelspinner, Pflaumenglucke, Silberspinner, Kreuzflügel, Kleiner Frostspanner, Großer Frostspanner, Graugrüner Apfelblütenspanner, Heckenkriecher, Hellgelber Wollbeinspanner, Doppelzahnspanner, Rauhflügelspanner, Höhlenspanner, Zweistreifiger Mondfleckspanner, Schlehenspanner, Schneespanner, Braunbindiger Spinnerspanner, Goldafter, Schwammspinner, Kapuzenbärchen, Weißgraues Laub-Grauspinnerchen, Buchdruckereule, Violettbraune Frühlingseule, Dreizackeule, Pfeileule, Eichen-Rindeneule, Flechteneule, Apfelglasflügler, Apfelbaumgespinstmotte, Apfelblütenmotte, Apfelblattmotte, Weidenbohrer, Blausieb.

*Das 35-60 mm spannende **Blausieb** (Zeuzera pyrina) fliegt von Juni bis August nachts in Gärten, Obstschulen, Parklandschaften und an Waldrändern. Seine Raupen leben in jungen Stämmen und älteren Ästen von Laubbäumen, vor allem in Birn- und Apfelbäumen. Der Falter lebt auch in Nordamerika, wohin er verschleppt wurde.*

*Die auffällig gelb-weiß-schwarz-blau gefärbten Raupen des **Blaukopfes** (Diloba caeruleocephala) leben auf Obstbäumen, Schlehen und Weißdorn.*

Fallobst-Falter

Schmetterlinge sind durchaus nicht alle ausschließlich auf Nektar angewiesene „Blütenweintrinker“: Der bereits erwähnte Große Fuchs setzt sich gerne auf blutende, d. h. verletzte Stämme von Obstbäumen, Birken und Eichen, um von den ausquellenden Säften zu trinken. Ein besonderes Interesse an „mostendem“, also bereits faulendem Fallobst (vor allem Birnen, Pflaumen und Zwetschgen) zeigen der schöne bunte Admiral und der nicht minder prächtige Trauermantel.

Er hat wie Tagpfauenauge und Kleiner Fuchs als fertiger Falter in Astlöchern, Holzstapeln, Mauerspalten und anderen Verstecken überwintert. Im Frühjahr erscheinen dann die Falter mit stark verblassten gelblichen Flügelrändern. Sie fliegen noch einige Zeit und legen dann ihre Eier ab. Während der Trauermantel früher überall häufig anzutreffen war, haben seine Bestände besonders nach dem Zweiten Weltkrieg aus bis heute ungeklärten Gründen merklich abgenommen.

Der bekanntere und häufigere der beiden Fallobst-Liebhaber ist der Admiral. Er ist ein ausgesprochener „Langstreckler“ unter den Wanderfaltern: Das Mittelmeer von Afrika her überfliegend, stoßen die Tiere in jedem Frühjahr weit nach Norden vor, bei günstiger Wetterlage sogar bis nach Skandinavien. Die in Mitteleuropa erzeugten Nachkommen zieht es im Herbst nach Süden, wobei sie immer wieder Abstecher in Obstgärten machen, um sich an zuckerreichen Früchten zu stärken.

Oben: Der selten gewordene **Trauermantel** *(Nymphalis antiopa) saugt gerne an Baumwunden und Fallobst. Seine Raupen leben auf Weiden und Birken.*

Rechts: Der **Admiral** *(Vanessa atalanta) hält sich überall auf wo er Blüten findet. Seine Raupe lebt meist an Brennnesseln.*

Der ***Baumweißling*** *(Aporia crataegi), auch Weißdornfalter genannt, bildet eine Generation, die von Mai bis Anfang Juli ausfliegt. Die Eier werden im Mai in größeren Gelegen abgesetzt und schlüpfen nach rund drei Wochen. Die bis 35 mm langen Raupen fressen auf Weißdorn, Schlehe, Pflaume, Apfel und anderen Obstbäumen. Sie leben in einem gemeinsamen Gespinst, in dem sie überwintern. Im Frühjahr setzen sie ihre Fraßtätigkeit fort und verpuppen sich im Mai. Die Falter schlüpfen nach zwei Wochen. Früher waren die Raupen ein gefürchteter Obstbaumschädling. Inzwischen sind jedoch die Bestände dieser Weißlingsart stark zurückgegangen.*

Das noch verhältnismäßig häufige, 70 bis 80 mm spannende ***Abendpfauenauge*** *(Smerinthus ocelata) fliegt in einer Generation von Mai bis August. Die Falter nehmen keine Nahrung auf und sind spät nachts unterwegs. Bei Gefahr werden durch ruckartiges Heben der Vorderflügel die Augenmale der Hinterflügel sichtbar. Natürliche Fressfeinde sollen durch diese „Drohhaltung" abgeschreckt werden. Die Eier werden im August einzeln oder paarweise abgelegt. Die stattlichen, bis zu 80 mm langen Raupen fressen von Juni bis September an Weiden, Pappeln, Schlehen und Obstbäumen. Die Verpuppung erfolgt in lockeren Gespinsten in der Blattstreu.*

Der weitverbreitete ***Ringelspinner*** *(Malacosoma neustria) bewohnt Obstgärten, Baumsteppen und lichte Wälder. Die Eier werden im August als Band ringförmig um einen kleinen Zweig (Apfel, Pflaume, Kirsche, Eiche u. a. Laubbäume) gelegt. Die Raupen schlüpfen im folgenden Frühjahr und fressen von Mai bis Juni. Sie leben in einem gemeinsamen Gespinst, auf dem sie sich bei gutem Wetter sonnen. Die Verpuppung erfolgt im Juli in Seidenkokons zwischen Blättern.*

Der als Obstbaumschädling gefürchtete ***Apfelwickler*** *(Carpocapsa pomonella) fliegt in 1 bis 2 Generationen von Mai bis August. Das Weibchen legt im Juni/Juli an die Kelchgrube der jungen Äpfel und Birnen seine (insgesamt etwa 80) Eier, je eines an eine Frucht. Die nach 8 bis14 Tagen schlüpfenden Räupchen fressen sich in das Fruchtfleisch. Im Sommer verlassen sie die fast reifen Früchte, verspinnen sich unter der Rinde und verpuppen sich im Frühjahr.*

Abbildung oben:

Die bis zu 9 cm spannende ***Kupferglucke*** *(Gastropacha quercifolia) gehört mit zu den größten europäischen Schmetterlingen. Sie entwickelt jährlich nur eine Generation, die im Juli und August ausfliegt. In Ruhestellung, mit dachförmig zusammengelegten Flügeln ähneln die Falter sehr einem trockenen Buchenblatt. Die Raupen überwintern ziemlich klein und wachsen im Mai und Juni schnell heran. Sie leben vor allem auf verschiedenen Obstbäumen der Gattung Prunus, können aber auch auf Apfelbäumen, Haselnuss und Salweide angetroffen werden.*

Abbildung unten:

Das Große oder ***Wiener Nachtpfauenauge*** *(Saturnia pyri) ist mit einer Flügelspannweite von bis zu 15 cm der größte Schmetterling Europas. Es tritt zwar hauptsächlich in den Mittelmeerländern auf, reicht jedoch auch bis in die wärmeren Striche des südlichen Mitteleuropas. Die nachtaktiven Falter fliegen von Mai bis Juni. Die bis zu 12 cm langen, sehr seltsam und bizarr wirkenden Raupen fressen an Obstbäumen, Walnuss, Esche, Weiden und Pappeln. Sie haben einen erheblichen Nahrungsbedarf und können in Obstbaumkulturen schädlich werden. Doch sind die Bestände des Falters in den letzten Jahren eher rückläufig.*

Abbildung oben links:
Der bis zu 9,5 cm spannende ***Weidenbohrer*** *(Cossus cosuss) ist ein wahrer Riese unter den Kleinschmetterlingen. Beide Geschlechter nehmen keine Nahrung zu sich, da ihnen ein Saugrüssel fehlt. Die Weibchen legen in Rindenritzen oder Baumwunden häufchen- oder reihenweise jeweils 15 bis20 Eier ab, insgesamt fast 700 Stück pro Weibchen.*

Abbildung unten:
Die bis zu 10 cm langen rötlich-fleischfarbenen ***Raupen*** *leben ab August mehrere Jahre lang in alten Weiden und Pappeln, gelegentlich auch in Obstbäumen. Die befallenen Bäume verraten sich durch einen typischen Holzessiggeruch. Findet man im Winter beim Fällen eines Baumes Raupen, kann man aus ihnen mühelos den Falter ziehen: Die hier abgebildete Raupe wurde in ein Gefäß mit Sägespänen gebracht, wo sie sich in einem großen, derben Kokon aus Holzstückchen verpuppte.*

Abbildung oben rechts:
Die leere ***Puppenhülle****. Die Grenzen der einzelnen Hinterleibsringe sind bei der Puppe mit kurzen Dornreihen gesäumt, mit deren Hilfe sich diese aus dem Kokon hervorschieben kann.*

Refugium für Wiesenfalter

Extensiv genutzte, d. h. nicht oder nur wenig gedüngte Streuobstwiesen, die regelmäßig aber selten gemäht werden, sind heute zu einem wichtigen Refugium für zahlreiche Wiesenfalter geworden. Hier finden die Falter noch regelrechte Blumenwiesen vor, während die Nektarquellen in den stark gedüngten und bis zu siebenmal im Jahr gemähten „Hochleistungswiesen" längst versiegt sind. Außer der Schafgarbe und dem Stumpfblättrigen Ampfer leiden praktisch alle Falterblumen unter zu hoher Düngung: Wiesenflockenblume, Wilde Möhre, Habichtskraut, Hornklee, Pimpinelle, Witwenblume, Taubenskabiose, Kreuzblümchen, Braunelle, Großer Wiesenknopf, Teufelsabbiss … Auch die auf ganz bestimmte Pflanzenarten (meist Kräuter) angewiesenen Raupen der Wiesenschmetterlinge haben heute große Überlebensprobleme. Pflanzen aus stark gedüngten Wiesen wirken auf sie offenbar toxisch: In einem Zuchtversuch gingen sämtliche Schwalbenschwanzraupen, denen Futter aus einer Wiese mit intensiver Gülle- und Mineralstoffdüngung gegeben wurde, innerhalb weniger Stunden ein.

Anders auf den meist „mesophilen", also halbtrockenen bis halbfeuchten Wiesen: Hier finden sich neben den allgegenwärtigen Weißlingen vor allem die folgenden, z.T. weniger anspruchsvollen Arten ein: Zitronenfalter, Tagpfauenauge, Kleiner Fuchs, Kleiner Perlmuttfalter, Großes Ochsenauge, Brauner Waldvogel, Kleines Wiesenvögelchen, Hauhechelbläuling, Violetter Waldbläuling, Aurorafalter, Damenbrett, Dunkelbrauner Dickkopffalter, Kommafalter, einige Widderchen sowie etwas seltener Schwalbenschwanz, Kleiner und Brauner Feuerfalter.

Noch mehr und auch seltenere Gäste stellen sich auf Magerwiesen oder -weiden ein. Sie sind die eigentlichen Blumenwiesen. Damit ihr Charakter erhalten bleibt, dürfen diese Wiesen nicht oder nur gelegentlich gedüngt, nur einmal im Jahr gemäht oder nur schwach beweidet werden. Dann kann hier auch mit folgenden Arten gerechnet werden: Rotbraunes Wiesenvögelchen, Großer Perlmuttfalter, Märzveilchenfalter, Gemeiner Scheckenfalter, Wachtelweizenscheckenfalter, Skabiosenscheckenfalter, Himmelblauer Bläuling, Silbergrüner Bläuling, Grünblauer Bläuling, Dunkelbrauner Bläuling, Zwergbläuling, Dukatenfalter, Brombeerzipfelfalter, Brauner Würfelfalter und andere.

Der 35 bis 45 mm spannende ***Mauerfuchs*** *(Lasiommata megera) fliegt in zwei Generationen im Jahr. Er sonnt sich gerne auf Steinen oder Mauern. Seine Raupen fressen meist nachts an einem breiten Spektrum von Gräsern.*

An weichen Gräsern: Die Raupen des ***Schachbrettes*** *(Melanargia galathea), auch als Damenbrett bekannt.*

Abbildung oben links:
Der stattliche ***Schwalbenschwanz*** *(Papilio machaon) aus der Familie der Ritterfalter ist mit bis zu 80 mm Spannweite einer der größten Schmetterlinge Mitteleuropas. Er fliegt in zwei Generationen von April bis Juni und von Juli bis August. Die Weibchen der Frühjahrs- und Sommergeneration suchen zur Eiablage Doldenblütler (Kleine Bibernelle, Dill, Fenchel, Kümmel, Wilde Möhre, Gartenmöhre) auf. Die etwa 150 Eier werden so verteilt, dass jede Wirtspflanze später nur wenige Raupen zu versorgen hat.*

Abbildung unten:
Die auffällig gefärbten ***Raupen*** *schlüpfen nach etwa einer Woche und sind mit 40 mm Länge in einem Monat ausgewachsen. Bei Gefahr können sie eine orange gefärbte Nackengabel ausstülpen. Sie verströmt einen starken Geruch, der Ameisen, Schlupfwespen und andere Räuber vertreiben soll.*

Abbildung oben rechts:
Den Winter verbringt der Schwalbenschwanz im Puppenstadium. Die graugrüne ***Puppe*** *trägt vorne, auf den Seiten und auf dem Hinterleibsrücken spitze Höcker. Ihr Hinterende ist an der Pflanze befestigt. Ein Gürtelfaden hält die Puppe in aufrechter Stellung.*

Abbildung oben rechts:
Der 50-55 mm spannende ***Zitronenfalter*** *(Gonepteryx rhamni) zählt zu den allerersten Frühlingsboten unter den heimischen Schmetterlingen. Der Falter überwintert ganz ungeschützt (oft mit Eiskristallen bedeckt, auch völlig eingeschneit) an Zweigen oder im trockenen Laub am Boden. Selbst Temperaturen von minus 20 °C überstehen die Falter schadlos. Der nur in einer Generation fliegende Zitronenfalter zählt zu den Schmetterlingen mit der längsten Lebenserwartung. Die Männchen sind intensiv zitronengelb, die Weibchen weißgrün und erinnern eher an einen Weißling.*

Abbildung oben links:
Die Eier werden im Mai einzeln auf die Gipfelblätter oder jungen Triebe von Faulbaum oder Kreuzdorn gelegt. Die nach etwa zehn Tagen schlüpfenden ***Raupen*** *fressen etwa einen Monat lang. In der Mittelrippe des Blattes ruhend, sind sie nur schwer zu entdecken.*

Abbildung unten:
Die ***Puppe*** *ist an den Zweigen der Futterpflanze befestigt und entlässt den Falter nach etwa 14 Tagen. Die im Juli schlüpfenden Falter fliegen einige Wochen, dann verfallen sie in Sommerruhe. Nach einer zweiten Flugzeit fallen die Falter in den Winterschlaf.*

Abbildungen links:
Tagpfauenauge *(Inachis io, oben) und* ***Kleiner Fuchs*** *(Aglais urticae, unten) überwintern im Falterstadium. Exemplare in Winterstarre kann man häufig auf Dachböden, in Garten- und Bienenhäusern entdecken.*

Die Raupenfutterpflanze beider Falter sind Brennnesseln. Der Kleine Fuchs legt seine Eier gerne an prallsonnigen und lufttrockenen Stellen im offenen Gelände oder an der Südseite von Gebäuden ab, während das Tagpfauenauge zwar ebenfalls sonnige, aber luftfeuchte Brennnessel-Standorte, z. B. neben einem Gartenteich, Bach oder anderen Feuchtstellen, bevorzugt.
Die Raupen von Tagpfauenauge und Kleinem Fuchs leben gesellig und halten sich stets auf der Blattoberseite auf. Sie haben es nicht nötig, sich vor hungrigen Vogelschnäbeln zu verbergen, da sie mechanisch durch Stacheln und chemisch durch das aufgenommene Brennnesselgift bestens geschützt sind.
Die zackigen Puppen beider Arten sind typische Sturzpuppen, die mit ihrem Schwanzende an Pflanzen Zäunen oder Mauern angesponnen, frei hängen.

Abbildung unten rechts:
Die bedornten ***Raupen des Kleinen Fuchses*** *leben gesellig an Brennnesseln.*

Abbildung oben rechts:
*Der **Distelfalter** (Cynthia cardui) ist einer der bekanntesten Wanderfalter. Aus seinem in den subtropischen Steppengebieten gelegenen Heimatland fliegt er jedes Jahr, wenn auch in wechselnder Häufigkeit, weit nach Norden und wurde schon auf Island gefunden. Die Einwanderung erfolgt in zwei Wellen, die erste kommt Ende April bis Mai, die zweite im Juni. Das Ursprungsgebiet der ersten Welle liegt in Afrika, das der zweiten im europäischen Mittelmeergebiet. Im Frühling und Sommer wurden schon Wanderzüge beobachtet, die tagelang anhielten kilometerbreit waren und aus Millionen von Individuen bestanden.*

Abbildung oben links:
*Die **Eier** werden im Juni und dann wieder im August einzeln abgelegt und schlüpfen nach einer Woche.*

Abbildung unten:
*Die **Raupen** leben auf Brennnesseln, Disteln, Malven, Kletten und verwandten Pflanzen. Die daraus hervorgehenden Falter wandern im Herbst wieder dem Süden zu. Sie besuchen gerne Blüten, aber auch Fallobst, um sich vor ihrer großen Reise mit energiereichem Nektar zu stärken. Die bei uns eingewanderten Schmetterlinge sterben nach der Eiablage.*

Abbildung oben links:
Das 28-40 mm spannende **Landkärtchen** *(Araschnia levana) begegnet uns in einer Frühjahrs- und Sommerform, die ursprünglich als verschiedene Arten beschrieben wurden: Bei der 1. Generation (sie fliegt von Ende April bis Mitte Juni) sind die Flügel oberseits gelborange mit schwarzen Flecken, während sich auf der Unterseite (oben links) ein weißes Gittermuster auf orangefarbenem Grund kontrastreich abhebt, das an eine geografische Karte erinnert. Die 2. Generation (sie fliegt von Mitte Juli bis August) sieht mit ihrer schwarzen Grundfarbe völlig anders aus. Diese Erscheinung jahreszeitlich verschiedener Färbungstypen wird als „Saison-Dimorphismus" bezeichnet. Er ist offenbar eine Folge unterschiedlicher Temperaturen während der Puppenruhe im Sommer oder Winter.*

Abbildung unten:
Die Falter sind eifrige Blütengaste, wurden aber auch schon auf einem angebissenen Apfel sowie Pferde- und Vogelkot beobachtet.

Abbildung oben rechts:
Die recht kleinen **Raupen** *des Landkärtchens leben gesellig auf der Blattunterseite von Brennesseln. Die Stürzpuppen der letzten Generation überwintern.*

Abbildung oben links:
Das auch als Krainer Widderchen bezeichnete ***Esparsetten-Widderchen*** *(Zygaena carniolica) fliegt in einer Generation im Hochsommer auf trockenen, warmen Wiesen. Die überwinternde Raupe frisst an Esparsette und Hornklee. Das Krainer Widderchen wurde zum Falter des Jahres 2008 gewählt.*

Abbildung oben rechts:
Der 22-28 mm spannende ***Gelbwürfelige Dickkopffalter*** *(Carterocephalus palaemon) ist weit verbreitet und nicht selten. Die Geschlechter sind gleich gefärbt. Die Falter fliegen von Mitte Mai bis Juni in einer Generation in offenen Wäldern und auf Wiesengelände mit Gebüsch. Die überwinternden Raupen fressen an Spitzwegerich und Quecke.*

Abbildung unten:
Der auch als ***Birkenzipfelfalter*** *bekannte* ***Nierenfleck*** *(Thecla betulae) fliegt in einer Generation von Juli bis September. Die Eier werden im Spätsommer einzeln in Knospennähe an die Futterpflanze (Schlehe, Pflaume, Birke) geheftet. Die Raupen schlüpfen aber erst im folgenden Frühjahr und fressen von April bis Juni. Die Puppe liegt dann recht lange, sodass die Falter von August bis Oktober ausfliegen. Die Eier überwintern.*

Abbildungen oben:
*Der 45-65 mm spannende **Braune Bär** (Arctia caja) ist die bekannteste und häufigste Erscheinung der insgesamt 80 europäischen Bärenarten. Die von Juli bis September in einer Generation fliegenden Falter sind in Zeichnung und Färbung äußerst variabel:*
Es gibt kaum zwei Exemplare, die sich bis ins Detail gleichen. Die Veränderlichkeit richtet sich dabei in erster Linie auf die Unterdrückung der dunklen und hellen Färbung der Vorderflügel, sowie auf die Anzahl der blauen Tupfen der Hinterflügel. Schmetterlings-Liebhaber unterscheiden hier Hunderte von Abweichungen.
Beide Geschlechter des Braunen Bären fliegen erst spät in der Nacht. Besonders intensiv werden künstliche Lichtquellen (auch beleuchtete Zimmer) gegen Mitternacht angeflogen.

Abbildung unten:
*Die stark behaarten **Raupen** leben auf einer Vielzahl niedrig wachsender Pflanzen, aber auch auf einigen Laubgehölzen. Es sind sehr lebhafte Tiere, die mit wellenförmigen Bewegungen ihres Körpers schnell und behende laufen können. Nach der Überwinterung verpuppen sie sich Anfang Juni in einem lockeren, mit viel Haaren untermischten Gespinst am Boden.*

Abbildung oben rechts:
Auch der 38-48 mm spannende ***Purpurbär*** *(Rhyparia purpurata) besitzt die kontrastreichen Farbtöne der typisch bunten Bären. Er fliegt in einer Generation von Mitte Juni bis Juli. Die verhältnismäßig seltene Art lebt sehr verborgen, eher finden wir ihre Raupen, die sich auf den Pflanzen gerne sonnen und mit ihrer bunten Behaarung die Aufmerksamkeit auf sich ziehen.*

Abbildung oben links:
Die ***Raupen*** *ernähren sich von einer breiten Palette niedrig wachsender Kräuter und Sträucher. Die bis zu 45 mm langen Raupen überwintern und verpuppen sich im Mai in Kokons, in die Raupenhaare versponnen sind. Die Falter schlüpfen im Juni.*

Abbildung unten:
Der 32-38 mm spannende ***Wegerichbär*** *(Parasemia plantaginis) fliegt in grasreichen, feuchten Biotopen. Die Geschlechter sind unterschiedlich gefärbt (Geschlechtsdimorphismus): Die Hinterflügel sind beim Männchen cremefarben, beim Weibchen (Bild) gehen sie mehr ins Rötliche. Diese Bärenart bringt es nur zu einer Generation im Jahr. Die Raupen leben auf Wegerich, Löwenzahn, Gemeinem Greiskraut und anderen niedrigen, krautigen Pflanzen. Sie überwintern und verpuppen sich im Mai des nächsten Jahres.*

Abbildung oben rechts:
*Der 55-75 mm spannende **Wolfsmilchschwärmer** (Hyles euphorbiae) ist in Mitteleuropa nur lokal in wärmeren Gebieten heimisch, wo er in zwei Generationen auftreten kann. Die Falter fliegen in der Nacht, tagsüber sind sie im Unterwuchs verborgen. Die einst häufige Art nimmt seit Jahrzehnten kontinuierlich ab.*

Abbildung oben links:
*Die bis zu 80 mm lange, buntgefärbte **Raupe** lebt von Juni bis Oktober auf der Zypressenwolfsmilch und ist auch bei Sonnenschein aktiv. Ihre auffällige Warnfarbe signalisiert Ungenießbarkeit für potentielle Feinde. Vermutlich speichern die Raupen Giftstoffe aus der Futterpflanze, die sie für Vögel ungenießbar machen.*

Abbildung unten:
*Auf Echtem und Gemeinem Labkraut, aber auch auf Weidenröschen leben die Raupen des 60 bis 80 mm spannenden **Labkrautschwärmers** (Hyles galii). Er fliegt von Mitte Mai bis Juli. Schon an den ersten schönen Maitagen suchen die geschlüpften Falter Blumen auf, um Nektar zu saugen. In günstigen Jahren kann es zu einer 2. Generation kommen. Die Eier werden einzeln auf Blätter oder Blüten abgelegt und schlüpfen nach rund einer Woche. Die Raupen fressen 4 bis 5 Wochen lang und verpuppen sich im Boden.*

Abbildung oben rechts:
*Der 25-35 mm spannende **Wolfsmilchspinner** (Malacosoma castrense) ist europaweit verbreitet, kommt aber nirgends häufig vor. Es ist eine lokal auftretende Art, die sonnige und vor allem sandige Biotope aufsucht. Die Falter bilden jährlich eine Generation und fliegen im Juli und August aus. Sie lassen sich gerne auf Blütenköpfen nieder, die ihnen als Ruheplatz dienen. Während die Weibchen (Bild) auf dem Vorderflügel ein gelb eingefasstes rotbraunes Band tragen, ist dieses beim Männchen zu einer bandartigen Zeichnung auf ockergelbem Grund umgewandelt.*

Abbildung oben links:
*Das Weibchen legt seine **Eier** kompakt ringförmig um einen Stängel aneinandergereiht ab. Die Räupchen überwintern voll entwickelt in der Eischale und verlassen sie im April. Sie leben zunächst in einem Gespinst, später vereinzeln sie sich.*

Abbildung unten:
*Die bis zu 60 mm langen **Raupen** sehen denen des Ringelspinners sehr ähnlich. Sie fressen an Zypressenwolfsmilch und einigen anderen Pflanzen (z. B. Feldbeifuß, Flockenblume, Wiesenschafgarbe, Kleiner Wiesenknopf). Sie verpuppen sich im Juni in einem weißlichen Kokon an der Futterpflanze.*

Schwebfliegen

Schwebfliegen bilden mit über 4000 weltweit verbreiteten Arten eine der umfangreichsten Familien der Zweiflügler. In Mitteleuropa kommen rund 300 Arten vor. Schwebfliegen findet man überall, ja es gibt keinen Lebensraum, wo sie nicht anzutreffen wären: Man kann ihnen in Wäldern und Feuchtgebieten ebenso begegnen, wie auf Äckern, an Wegrändern, Dämmen, Bächen, Flüssen und Weihern.

Auf Obstwiesen, Wiesen und Weiden sind rund 30 Arten vertreten, darunter mehrere „Generalisten", die in allen oder nahezu allen Biotopen anzutreffen sind: Gemeine Hainschwebfliege, Graue Breitfußschwebfliege, Große Schwebfliege, Weiden-Frühlingsschwebfliege, Späte Gelbrandschwebfliege, Gemeine Langbauchschwebfliege, Gemeine Sumpfschwebfliege, Totenkopfschwebfliege , Gemeine Keulenschwebfliege, Kleine Keilfleckschwebfliege und die als „Mistbiene" oder „Drohnenfliege" bekannte Scheinbienen-Keilfleckschwebfliege (Lateinische Namen bei Kormann 1988).

Fluggewandte Blütengäste

Schwebfliegen ernähren sich von Nektar und Pollen und zählen neben den Bienen und Hummeln zu den wichtigsten Blütenbestäubern: Die Gewandtheit ihres Fluges ist nahezu einmalig, so dass sie neben den Libellen und Schwärmern zu den besten Fliegern der Insektenwelt gehören: Ihre Flügel bewegen sich mit 300 Schlägen pro Sekunde in so rascher Folge, dass sie für das menschliche Auge nur noch als schwacher Schimmer zu sehen sind. Diese unablässige Aktivität erfordert eine umfangreiche Aufnahme von Kohlenhydraten in Form von Nektar, der sich schnell in Energie umsetzt. Bevorzugt werden Doldenblütler mit ihren leicht zugänglichen Nektarien, gefolgt von Korbblütlern, Rosengewächsen und einer Reihe anderer Pflanzenfamilien. Schwebfliegen leisten dabei wichtige Bestäubungsdienste.

Mit ihren besonders gearteten Mundwerkzeugen können Schwebfliegen noch zusätzlich eiweißreichen Pollen verzehren. Einige langrüsselige Formen, wie die Gemeine Schnauzenschwebfliege, vermögen auch in Blüten mit engen Röhren einzudringen. Die Larven der Schwebfliegen leben je nach Art in Pflanzen, im Schlamm, in faulenden Stoffen, Exkrementen, Mulm, in Wespen-, Hornissen- und Hummelnestern oder bei Ameisen. Die Larven von etwa 100 Schwebfliegenarten ernähren sich von Blattläusen und zählen zu den wichtigsten Verbündeten in der Biologischen Schädlingsbekämpfung. Als Bestäubungsinsekten von Kulturpflanzen nehmen Schwebfliegen den ersten Platz unter allen Zweiflüglern (*Diptera*) ein.

Abbildung Seite 96 oben:
Die ***Gemeine Winterschwebfliege*** *(Episyrphus balteatus), auch Hainschwebfliege genannt, überwintert als erwachsenes Weibchen, das schon zu Beginn des Frühlings Eier legt und so das Entstehen von Blattlauskolonien verhindern kann. Ihre Larven fressen bei Nahrungsmangel auch Blattwespenlarven. Die Art fliegt jährlich in mehr als drei Generationen.*
Die Winterschwebfliege führt wie ein Zugvogel kontinentweite Wanderungen durch: Die Weibchen der späteren Generationen versuchen der kalten Jahreszeit durch gerichtete Flüge nach Süden auszuweichen. Ihre Nachkommen kehren im nächsten Jahr nach Norden zurück, wo im Frühjahr schon viele Blumen blühen und die für Schwebfliegenlarven wichtige Blattlausvermehrung bis zum Frühsommer einen Höhepunkt erreicht.

Abbildung Seite 96 unten:
Die Gestalt von ***Schwebfliegenpuppen*** *variiert zwischen Tropfen- und Tönnchenform. Sie hat anfangs die Farbe der Larve und geht später in eine bräunliche oder weißliche Tönung über. Das Puparium ist meist an der Unterseite von Blättern oder an Pflanzenstängeln angeheftet. Beim Schlüpfen der fertigen Fliege wird am stärkeren Pol ein Deckel abgesprengt. Die Länge des Puppenstadiums ist von Art zu Art verschieden, einige überwintern sogar im Puppenstadium.*

Abbildung rechts oben:
Die auch als ***Große Schwebfliege*** *oder Gemeine Gartenschwebfliege bekannte* ***Johannisbeer-Schwebfliege*** *(Syrphus ribesii) überwintert als ausgewachsene Larve im Falllaub und benötigt daher im Frühjahr etwas länger bis sie legebereit ist. Ihre Larven vertilgen Blattläuse auf Steinobst, Johannisbeersträuchern und Gemüse. Die sehr häufige Art fliegt von April bis September (manchmal bis November) und tritt jährlich in zwei bis drei Generationen auf. Als Generalist ist sie in fast allen Biotopen und auf einer Vielzahl von Pflanzen anzutreffen.*

Abbildung rechts unten:
Die fußlosen und blinden ***Schwebfliegenlarven*** *zählen zu den wichtigsten natürlichen Gegenspielern von Blattläusen. Schon eine Larve verzehrt während ihrer Entwicklung 600–800 Blattläuse. Nach wissenschaftlichen Schätzungen vertilgen die Nachkommen eines einzigen Weibchens der Johannisbeer-Schwebfliege über zwei Millionen Blattläuse. Mitten im Vollen sitzen die seltsamen, blutegelähnlichen Larven. Sie lassen das Vorderende ihres Körpers frei pendeln und kreisen, bis sie mit den spitzen Haken des Mundes eine Laus berühren, aufspießen und sie, steil aufgerichtet, aussaugen.*

Abbildung links:
Die **Gemeine Langbauchschwebfliege** (*Sphaerophoria scripta*) ist durch ihren langen Hinterleib und die kürzeren Flügel sehr gut von ähnlichen Arten zu unterscheiden. Die auch als Gemeine Stiftschwebfliege bekannte Art ist fast auf allen Blüten und in allen Biotopen, besonders auf Wiesen und offenem Gelände, anzutreffen. Ihre Larven ernähren sich hauptsächlich von Blattläusen.

Abbildungen unten:
Die **Hummel-Waldschwebfliege** (*Volucella bombylans*, unten links: var. *bombylans*, rechts: var. *plumata*) kommt auf Waldlichtungen und waldnahen Wiesen vor. Sie lässt sich gerne auf besonnten Blättern und Blüten nieder: Wiesenkerbel, Giersch, Ackerkratzdistel, Himbeere, Liguster, Weißdorn. Ihre Larven entwickeln sich in Hummelnestern, leben hier aber nicht als Parasiten, sondern verzehren abgestorbene Larven und sonstige Abfälle.
Die stark behaarte Hummel-Waldschwebfliege ähnelt sehr den stachelbewehrten Hummeln. Sie gibt sogar die gleiche Laute wie die Hummeln von sich und vollführt Körperbewegungen, die ein Stechen vortäuschen sollen. Sie kann damit vielleicht Vögel, aber nicht Ihre bedeutendsten natürlichen Feinde wie Schlupf-, Erz- und Zehrwespen beeindrucken.

Abbildung oben links:
*Die **Späte Großstirnschwebfliege** (Scaeva pyrastri), auch Blasenköpfige Schwebfliege oder Halbmondschwebfliege genannt, kommt in Gärten, auf Wiesen und Feldern vor. Sie ist häufig auf Doldenblütlern anzutreffen. Ihre Larven ernähren sich von Blattlausarten auf Kräutern, Obst- und Nadelbäumen. Diese Art vermehrt sich in mehreren Generationen pro Jahr, wobei die befruchteten Weibchen überwintern.*

Abbildung oben rechts:
*Die **Gemeine Sumpfschwebfliege** (Helophilus pendulus) ist in allen Biotopen zu finden. Sie besucht gerne Bärenklau, Wiesenkerbel, Disteln, Dost, Himbeere, Brombeere und Weißdorn. Die Larven leben in Wasseransammlungen und zwischen Pflanzenmaterial. Die Art zählt wie die sehr ähnliche Große Sumpfschwebfliege zu den wandernden Arten.*

Abbildung unten:
*Die **Totenkopfschwebfliege** (Myathropa florea) gehört ebenfalls zu den häufigsten und überall anzutreffenden Schwebfliegenarten. Die auch als Gemeine Dolden-Schwebfliege bekannte Art fliegt von April bis September und besucht eine Vielzahl von Blüten. Die Larven leben in kleinen schlammigen Gewässern, auch in wassergefüllten Baumhöhlungen.*

Abbildungen oben:
*Männchen (links) und Weibchen (rechts) der **Scheinbienen-Keilfleckschwebfliege**.*

Die im Volksmund als Mistbiene oder Drohnenfliege bekannte Scheinbienen-Keilfleckschwebfliege (Eristalis tenax) ist eine häufige und auffallende Schwebfliegenart, die in allen Biotopen und auf fast allen Blüten anzutreffen ist. Sie besitzt eine ungewöhnlich lange, drei bis vier Monate währende Lebenszeit. Bereits seit den 1990er Jahren werden Mistbienen aus Massenzuchten in speziellen Kabinen zur Bestäubung in der Pflanzenzüchtung eingesetzt.

Abbildung unten:
*Die **Rattenschwanzlarven** der Mistbiene leben in fauligem Wasser, in Sickergruben, Abortgruben und ähnlichen Orten. Sie besitzen einen teleskopartig ausfahrbaren Schnorchel, mit dem die Tiere an der Oberfläche ihrer sauerstoffarmen Lebensstätte Frischluft atmen. Die Larven filtern faulende Pflanzenteile aus dem Wasser und tragen damit auch zur Klärung von Abwässern bei. Die Verpuppung erfolgt an der Grenze von Wasser und Land in der Erde, auch an den Wänden von Ställen, die in der Nähe von Jauchegruben liegen. Statt des eingeschrumpften Schwanzes trägt die Puppe am Kopf zwei kurze Atemröhrchen.*

Skorpionsfliege

Die Gemeine Skorpionsfliege *(Panorpa communis)* gehört zur kleinen Insektenordnung der Schnabelhafte *(Mecoptera)*, die nur ca. 100 Arten umfasst. Ihre Mundwerkzeuge sind mit Teilen des Kopfes zu einem eigentümlichen deutlichen „Schnabel" verwachsen, der das Hauptmerkmal der ganzen Ordnung bildet. In Deutschland kommen nur fünf Arten vor, die Gemeine Skorpionsfliege ist eine der häufigsten davon. Ihr Name leitet sich von einem besonderen Gestaltmerkmal der Männchen ab: Ihr Hinterleibsende läuft in eine dicke Greifzange aus, die wie der Stachel eines Skorpions gerne nach oben gekrümmt getragen wird, während der Hinterleib des Weibchens kegelförmig ist. Ansonsten sind die Skorpionsfliegen durch ihre glashell durchsichtigen, dunkel gefleckten Flügel und die schlanken Proportionen von Körper, Beinen und Fühlern unverwechselbar. Die Flugzeit reicht von Mai bis August.

Harmlose Gemischtköstler

Trotz ihres Namens und furchterregenden Aussehens sind die Tiere völlig harmlos. Als nicht besonders gewandte Flieger ernähren sich Skorpionsfliegen in der Regel von schon toten Insekten, noch lebende werden nur dann angegriffen, wenn sie bereits verletzt sind. Nektar, Honigtau, der Saft reifer Früchte und verrottetes Pflanzenmaterial stehen ebenfalls auf ihrer Speisekarte. Ferner wurden sie an Vogelkot und beim Auftupfen menschlichen Schweißes beobachtet.

Zwei Generationen im Jahr

Zur Paarung packt das Männchen mit seiner Hinterleibszange ein Weibchen und sondert dabei sieben süße Speichelkügelchen ab, die vom Weibchen aufgeleckt werden. Diese eiweißhaltigen Sekretkügelchen enthalten wichtige Aufbaustoffe für die Eier. Sie werden vom Weibchen in kleinen Häufchen von 10 bis 20 Stück in die oberste Bodenschicht gelegt. Die raupenähnlichen Larven ernähren sich von allerlei faulenden Stoffen, am liebsten tierischer Herkunft. Nach etwa einem Monat sind sie ausgewachsen und bohren sich zur Verpuppung tiefer in das Erdreich.

*Die fast überall häufige **Gemeine Skorpionsfliege** hält sich im Sommer vor allem auf schattigen Stauden und Büschen auf.*

Das Männchen besitzt ein deutlich verdicktes Genitalsegment am Ende des Hinterleibes, welches meist nach oben gekrümmt getragen wird und an den Stachel eines Skorpions erinnert. Es beinhaltet eine Drüse, die ein Sexualpheromon produziert.

Florfliegen

Die meisten Menschen kennen diese elfenhaft zarten, blassgrünen Insekten mit ihren durchscheinenden, feingegitterten, in allen Regenbogenfarben irisierenden Flügeln und den großen, wunderschönen goldglänzenden Facettenaugen. Florfliegen zählen zur Ordnung der Netzflügler, die schon im Erdmittelalter vor rund 270 Millionen Jahren vertreten waren, wie Versteinerungen und Fossilienfunde beweisen. In Mitteleuropa kommen rund zwei Dutzend Arten vor, die wegen ihrer goldfarbenen, kugelig gewölbten Augen auch Gold- oder Perlaugen genannt werden. Trotz der großen Flügelspannweite von 15 bis 30 mm sind alle recht unsichere, fast etwas unbeholfen wirkende Flieger: Der Flug ist ein langsames Flattern, so dass die Bewegung der unabhängig voneinander schlagenden Flügelpaare gerade noch zu erkennen ist. Experimentell konnten 21 bis 26 Flügelschläge pro Sekunde ermittelt werden, womit eine Geschwindigkeit von etwa 20 km/h erreicht wird. In Ruhestellung werden die grüngeaderten, hauchdünnen Flügel dachförmig über den Hinterleib zusammengeklappt, den sie deutlich überragen.

Zarte Blattlauskiller

Von den 20 in Deutschland vorkommenden Arten begegnen wir am häufigsten der Gemeinen Florfliege *(Chrysopa vulgaris)*, die von Anfang September bis Mitte November ihre frostsicheren Winterverstecke in Gebäuden aufsucht. Von Unkundigen entdeckt, werden die zarten Geschöpfe nicht selten als vermeintliche „Motten" vernichtet. Damit verlieren wir jedoch wichtige Verbündete bei der biologischen Schädlingsabwehr: Während sich ausgewachsene Florfliegen für gewöhnlich von Honigtau, Nektar und Blütenstaub ernähren, zählen ihre auch als „Blattlauslöwen" bekannten Larven zu den wirksamsten Gegenspielern von Blattläusen. Aber auch die Florfliegen selbst sind keineswegs reine Vegetarier: Eine hungrige Florfliege kann in zehn Minuten bis zu fünf oder sechs Blattläuse vertilgen.

Ei – Larve – Puppe – Insekt

In einer Art Brutfürsorge legen Florfliegenweibchen nach der Überwinterung etwa 8 Wochen lang bis maximal 700 Eier in die Nähe von Blattlauskolonien. Die einzelnen Gelege umfassen bis zu 30 Eier, die je nach Art einzeln oder gebündelt auf einem haardünnen, elastischen Stielchen sitzen. Letzteres entsteht dadurch, dass die weibliche Florfliege bei der Eiablage den Hinterleib zuerst an das Blatt drückt und ihn dann langsam wieder abhebt. Dabei scheidet sie einen klebrigen Faden aus, der sofort erhärtet. Die etwa 5 mm langen Stielchen verhindern, dass die Eier von anderen räuberischen Arten gefressen werden. Die Ähnlichkeit dieser Gelege mit Schimmelpilzrasen ist so groß, dass die Eier lange Zeit unter dem Namen *Ascophora ovalis* als Fruchtkörper niederer Pilze angesehen wurden. Die nach zwei bis drei Wochen

Tagsüber rühren sich die meist dämmerungsaktiven Florfliegen mit dachförmig gehaltenen Flügeln kaum von der Stelle.

Bis zum Frühling haben sich die Tierchen von einem leuchtenden Grün in ein schwaches Gelb umgefärbt.

schlüpfenden, zunächst 2 mm und später 7,5 mm langen Larven können innerhalb ihrer zwei- bis dreiwöchigen Entwicklungsdauer etwa 450 Blattläuse vertilgen. Florfliegenlarven sind blind und müssen sich ihre Beute ertasten. Einmal aufgespürt wird das Opfer blitzschnell mit den kräftigen Kieferzangen gepackt und hochgehoben. Aus einem feinen Kanal des Unterkiefers fließt ein eiweißlösendes Giftsekret, das den gesamten Inhalt einer Blattlaus schon nach 90 Sekunden auflöst.

Neben Blattläusen werden auch Spinnmilben, Thripse, Schildläuse, Blutläuse, Fliegen-, Blattkäfer- und Blattwespenlarven, sowie die Eier verschiedener Schmetterlinge verzehrt. Trotz ihres enormen Appetits scheiden die Larven keinen Kot aus. Er wird in einer Aussackung des Mitteldarmes komprimiert und später verwertet, wenn das Tier gegen Ende des dritten Larvenstadiums einen Kokon von kugeliger Gestalt spinnt, um sich darin zu verpuppen.

Bei der Gemeinen Florfliege entwickeln sich jährlich zwei Generationen: Die Imagines der ersten Generation erscheinen hauptsächlich im Juli, die der zweiten im September und überwintern, was nur bei dieser Art der Fall ist. Die meisten Arten überdauern die kalte Jahreszeit als eingesponnene, verpuppungsreife Larve.

Abbildung oben:
***Florfliegenlarven** besitzen starke, innen hohle Kieferzangen, mit denen sie ihre blitzschnell gepackte Beute aufspießen und aussaugen.*

Abbildung unten:
*Während die **Eier** der Gemeinen Florfliege (Chrysopa vulgaris) stets einzeln und getrennt stehen (s. Grafik S. 104), sind sie bei der Art Chrysopa perla büschelweise zusammengefasst (unten links).*

*Die aus den 6 bis16 Eiern schlüpfenden **Larven** der Art Chrysopa perla klettern nach einer kurzen Erholungspause am Stiel herab und beginnen ihr räuberisches Leben (unten rechts).*

Wissenschaftlich erprobt: Florfliegenhäuschen

Da bei der Überwinterung der Imagines durch Kälte und natürliche Feinde sehr hohe Verluste (60 bis 90 %) zu verzeichnen sind, nimmt das Erstarken der Populationen im Frühjahr eine gewisse Zeit in Anspruch. Um die Überlebensquote dieser Nützlinge zu erhöhen, wurde von Wissenschaftlern des Instituts für Pflanzenkrankheiten der Universität Bonn ein „Florfliegenhäuschen" (s. Abbildung) entwickelt, das im Freiland als künstliche Überwinterungshilfe aufgestellt wird. Es handelt sich um einen würfelförmigen, mit gut zusammengedrücktem Weizenstroh gefüllten Holzkasten, der auf der Vorderseite lamellenförmige Öffnungen besitzt. Damit möglichst viele Florfliegen angelockt werden, sollte das Gehäuse rot oder braun sein. Es wird Anfang September in der offenen Feldflur (Brachland oder Flächen mit niedriger Wildflora) auf einem 150 bis180 cm hohen Pfahl befestigt. Dies muss entgegen der Hauptwindrichtung geschehen, denn bei starkem Luftzug wird der Schutzraum wieder verlassen. Da Häuser und Bäume die Orientierung der Florfliegen beeinträchtigen, sind Haus- oder Obstgärten für die Aufstellung weniger geeignet. Jedoch können die im Herbst ins Häuschen gelockten Florfliegen nach problemloser Winterlagerung in kühlen Scheunen oder Kellerräumen im Frühjahr mit dem Auftreten ihrer Beutetiere in Gärten, Obstanlagen oder auf Felder transportiert werden. Aufgrund einer weit geringeren Mortalitätsrate (5 bis 8 %) gegenüber natürlichen Überwinterungsquartieren, wird mit den mobilen Florfliegenhäuschen eine Überdauerung der Florfliegenpopulationen in wesentlich höheren Dichten bis zum Frühjahr erreicht. Nach Mitteilung der Initiatoren können Florfliegenhäuschen an günstigen Stellen bis zu 600 Wintergäste beherbergen. Geht man davon aus, dass 50% der Insassen Weibchen sind, von denen jedes durchschnittlich 350 Eier legt, kann mit einem Reproduktionspotential von über 100 000 Eiern gerechnet werden. Die im Selbstbau leicht zu erstellenden Florfliegenhäuschen leisten über ihre praktische Anwendung im Intergrierten Pflanzenschutz hinaus einen wichtigen Beitrag zum Artenschutz und sollten eigentlich genauso in Mode kommen wie die jedermann bestens vertrauten Vogelnistkästen.

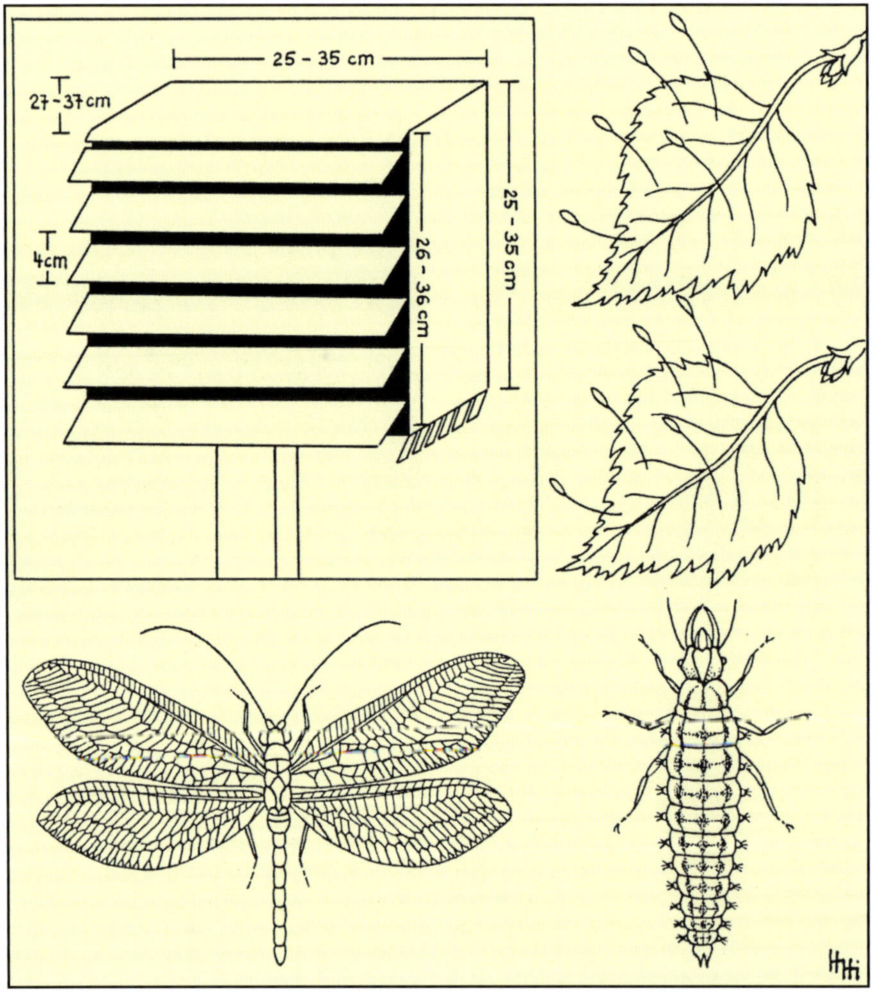

*Das von Wissenschaftlern entwickelte **Florfliegenhäuschen** stellt eine optimale, noch viel zu wenig bekannte Überwinterungshilfe dar. Das Florfliegenhäuschen kann nach den angegebenen Maßen auch im Eigenbau erstellt werden.*

Ohrwürmer

Wo es Blüten und reifes Obst gibt, sind auch die Ohrwürmer nicht weit. Während wissenschaftliche Tier- oder Pflanzennamen nach genau definierten systematischen Regeln gebildet werden, spielen bei der Entstehung umgangssprachlicher Bezeichnungen, den sog. „Vulgärnamen" nicht selten Phantasievorstellungen, Ängste, bestimmte Zu- und Abneigungen oder der Aberglaube eine wesentliche Rolle. Geradezu ein Schulbeispiel hierfür stellt unser Ohrwurm dar. Genau genommen müsste er „Öhrwurm" heißen, denn das so auffällige Zangenpaar am Hinterleibsende bildet in Ruhelage eine Öse oder ein Öhr.
Wie es zum „Ohrwurm" oder „Ohrkriecher" kam, können wir uns aufgrund der Vorliebe der Tiere für dunkle Verstecke zwar gut vorstellen, dennoch ist es barer Unsinn, dass Ohrwürmer ins Ohr kriechen. Ja, den „Ohrkneifern" wird sogar nachgesagt, sie würden mit den Hinterleibszangen das Trommelfell des menschlichen Ohrs durchzwicken. Immerhin wurde der Gemeine Ohrwurm noch in den Medizinbüchern des vorigen Jahrhunderts als Mittel gegen Taubheit empfohlen.

Wozu die Zangen wirklich dienen

Entgegen aller Fabelweisheiten sind die beiden Zangen wichtige Verteidigungs- und Angriffswaffen, mit denen die Männchen sich gegenseitig rückwärts bedrängen und um den Besitz eines Weibchens kämpfen. Auch könnten sich Ohrwürmer ohne ihre markanten Gabeln überhaupt nicht paaren, denn das Männchen muss seine Partnerin bei der Vereinigung damit in Position halten - und das oft über mehrere Stunden. Beim Männchen sind die Zangen stark gebogen und innen gezähnt, beim Weibchen fast gerade. Beutetiere werden damit nicht ergriffen. Doch die Weibchen setzen ihre nicht minder respekteinflößenden Kneifzangen zur Verteidigung der Jungen gegen kleine Nesteindringlinge ein. Auch kann man beobachten, dass Ohrwürmer mit den Zangenfortsätzen ihre häutigen Unterflügel zusammen- oder entfalten. Damit wird sogleich deutlich, dass wir keinen „Wurm" vor uns haben:
Ohrwürmer gehören zur Insektenordnung der *Dermaptera*, was übersetzt etwa „Harthautflügler" bedeutet und auf die stummelförmigen, harten Vorderflügel dieser Insektengruppe hinweist. Unter ihnen liegen die häutigen Hinterflügel, sorgfältig in bis zu 40 Lagen zusammengefaltet. Ohrwürmer können also auch fliegen, tun es aber äußerst selten, der Gemeine Ohrwurm überhaupt nicht. Dagegen zählt der Kleine Ohrwurm zu den flugtüchtigsten Arten, den man selbst am Tage fliegend antreffen kann.

Hingebungsvolle Brutpflege

Ohrwürmer kommen weltweit mit 1300, bei uns aber nur in sieben Arten vor, wobei wir am häufigsten dem dämmerungs- und nachtaktiven Gemeinen Ohrwurm begegnen. Die längste Zeit ihres höchstens einjährigen Lebens verbringen Ohrwürmer unter Steinen, Brettern oder Rinde sowie in vielen anderen dunklen, stets etwas feuchten Örtlichkeiten, wo allseitiger Körperkontakt mit „Höhlenwänden" den Tieren Sicherheit suggeriert. Unter Moospolstern oder Steinen an Südhängen vollzieht sich auch die außerordentlich interessante Brutpflege des Ohrwurms: Schon bald im Jahr

Der Gemeine Ohrwurm (Forficula auricularia) ist die häufigste europäische Art. Die Männchen erreichen eine Größe von 10 bis16 mm, die Weibchen von 9 bis14 mm.

(Januar/Februar) gräbt das Weibchen eine Brutröhre, an dessen Ende es innerhalb von zwei Tagen 50–60 Eier legt. Die Mutter sitzt bewachend auf dem Eihäufchen, indem sie den Kopf auf den Vorderbeinen ruhen lässt. Die Eier werden immer wieder gewendet und beleckt, verpilzte und verletzte aussortiert. Erweist sich das auserwählte Versteck als zu trocken oder zu nass, wird das gesamte Gelege Stück für Stück in einen besseren Schlupfwinkel umquartiert. Im Versuch wurden einem Weibchen die Eier weggenommen und verstreut – es suchte sie sogleich wieder zusammen. Bei einer Temperatur von 15–19 °C schlüpfen die jungen Ohrwürmer bereits nach drei bis vier Wochen. Sie verbleiben noch bis zur zweiten Häutung im Nest. Das Weibchen nimmt sich der Jungen an und geleitet sie nach gemeinsamen nächtlichen Ausflügen immer wieder in die schützende Röhre. Ausreißer werden nach Katzenart mit dem Mund in die Kinderstube zurückgetragen. Nach ihrem Tod wird das Muttertier von den Jungen aufgefressen. Die selbstständig gewordenen Jungen schließen sich den Schlafgesellschaften der Erwachsenen an. Bis zum Herbst sind sie selbst erwachsen

Abbildung oben links:
Der ***Gebüschohrwurm*** *(Apterygida media) klettert auf Pflanzen und sitzt gerne in Blüten, deren Blätter er verzehrt. Die Männchen erreichen eine Größe von 6 bis11 mm, die Weibchen von 7 bis 11 mm.*

Abbildung oben rechts:
Der Kleine Ohrwurm oder ***Zwergohrwurm*** *(Labia minor) fliegt gut und hält sich gerne an Mist- und Komposthaufen auf. Männchen und Weibchen sind mit 4,5 bis 6 mm gleich groß.*

Abbildung unten:
Der ***Waldohrwurm*** *(Chelidurella acanthopygia) lebt im Boden, unter Steinen, im Laub, im Gebüsch, hält sich gelegentlich auch auf Bäumen auf. Hinterflügel fehlen bei ihm. Größe der Männchen 6 bis 13 mm, der Weibchen 7 bis 13 mm.*

und geschlechtsreif. Sie verpaaren sich noch vor der Überwinterung.

Förderungswürdige Nützlinge

Ohrwürmer sind Gemischtköstler: So besteht ihre Nahrung einerseits aus zarten Pflanzenteilen wie Blüten-, Staub- und Fruchtblättern, saftig-weichem Obst, aber auch Moosen, Algen und Pilzen, andererseits stellen die nächtlichen Jäger auch kleinen wehrlosen Insekten und deren Larven nach. Sie spielen dabei eine wichtige Rolle bei der natürlichen Schädlingsabwehr: Ohrwürmer sind gefräßige Blattlausjäger, die in kürzerster Zeit ganze Kolonien dieser Pflanzensauger dezimieren können. Schon ein einziger Ohrwurm soll in einer Nacht bis zu 100 Blattläuse vertilgen. Weil Ohrwürmer nicht wählerisch sind, fressen sie auch so manches Eigelege der Obstbaumgespinstmotte sowie die Larven und Eier des Birnblattsaugers. Sogar Mehltaupilze und wahrscheinlich noch weitere Pilzarten stehen auf ihrer Speisekarte.

Schutzmaßnahmen

Wer Ohrwürmer ansiedeln will, kann dies am besten mit in Obstbäume gehängten „Ohrwurmhäuschen" (umgekehrte mit Holzwolle, Moos oder Stroh gefüllte Blumentöpfe) erreichen. Hier finden die nachtaktiven Tiere bei Tage Unterschlupf und Schutz vor natürlichen Feinden. Tritt Nahrungsmangel ein, können die Schlafstätten in noch verlauste Bäume und Sträucher umgehängt werden. Früher wurden solche künstlich angelegten Schlupfwinkel als Fallen benutzt, wobei innerhalb eines Jahres bis zu 70 000 Tiere weggefangen und vernichtet wurden. Inzwischen haben sich jedoch viele Biogärtner von der enormen Nützlichkeit der Ohrwürmer überzeugen lassen. Da Ohrwürmer zur Überwinterung gerne Bodenverstecke in der Nähe „ihrer" Bäume aufsuchen, sollte man auf eine Bodenbearbeitung und Laubentfernung an solchen Stellen verzichten. Zahlreiche natürliche Feinde sorgen ohnehin dafür, dass sich die Ohrwürmer nicht ins Uferlose vermehren.

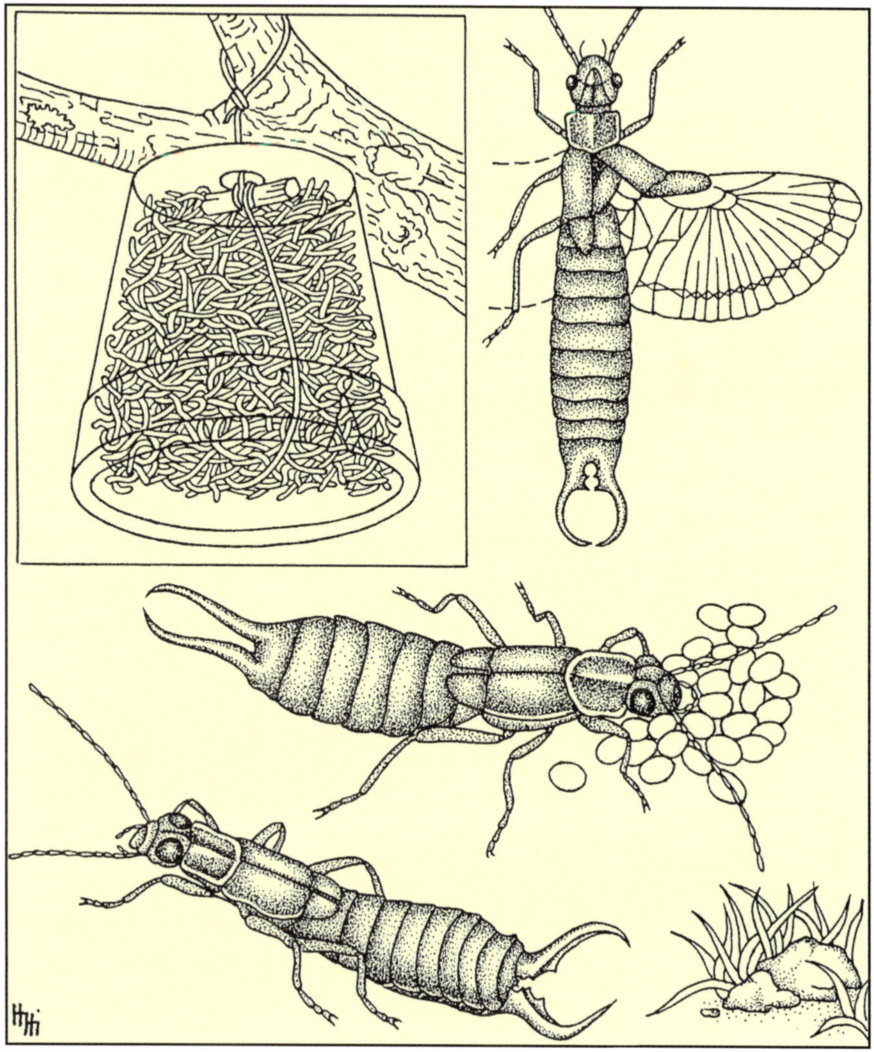

Oben: In Bäume gehängte, mit Holzwolle gefüllte Blumentöpfe bilden ideale ***Tagesverstecke*** *für Ohrwürmer. Ihre Kinderstuben richten sie jedoch nur in unterirdischen Brutröhren ein.*
Mitte: Das ***Gelege*** *wird vom Weibchen bewacht, beleckt und immer wieder gewendet.*
Unten: Die ***Zangen*** *sind bei den Weibchen schwach, bei den Männchen stark gebogen.*

Käfer

Käfer bilden die artenreichste Ordnung des Tierreiches überhaupt. Bisher kennt man auf der Welt etwa 350 000 Käferarten und jedes Jahr werden noch Hunderte oder Tausende neu entdeckt und beschrieben. Auch in Mitteleuropa ist die Käfervielfalt mit etwa 8000 Arten ungewöhnlich reich. Entwicklungsgeschichtlich sind Käfer von uraltem Geschlecht, sie gelten gleichsam als die „Dinosaurier" und „Oldtimer" unter den Insekten: Als vor rund 150 Millionen Jahren die ersten bedecktsamigen Pflanzen auftraten, besiedelten die Käfer schon längst die Erde. Das deutsche Wort Käfer stammt vom mittelalterlichen *„kever"* oder *„kevere"* und bedeutet Kiefer oder Kinnlade, sind doch die kauenden Mundwerkzeuge neben der starken Panzerung ein sehr charakteristisches Merkmal der Käfer.

Vegetarier, Gemischtköstler und Jäger

Nach Art der aufgenommenen Nahrung lassen sich die Käfer in zwei Gruppen einteilen: in fleischfressende und pflanzenfressende. Zwischen beiden gibt es sicher markante Unterschiede, doch kommt es nicht selten zu „Diätverstößen": Auch ein großer Laufkäfer tut sich hin und wieder an reifem Obst gütlich, obwohl seine reguläre Nahrung aus lebender Beute besteht. Die Mehrzahl der Arten (einschließlich ihrer Larven) lebt jedoch von frischen Pflanzen, von Blättern und Früchten, Holz und Wurzeln. Nur bei ganz wenigen Käferarten bilden Nektar, Pflanzen- und besonders Fruchtsäfte einen wesentlichen Bestandteil ihrer Nahrung.
Die Fähigkeit zur Nutzung unterschiedlichster Stoffe als Nahrung durch die Beibehaltung der ursprünglichen kauenden Mundwerkzeuge, war ausschlaggebend für die so erfolgreiche Entfaltung dieser Insektenordnung. Heute leben Käfer überall auf dem Erdball, wo immer sie wenigstens minimale Lebensbedingungen vorfinden: In fließenden und stehenden Gewässern, in Uferbereichen, Sümpfen und Wäldern, in Feldern, Steppen und Wiesen.

Vom ersten Schnee überrascht: Siebenpunkt-Marienkäfer

Bis zu 100 Käferarten

In Streuobstwiesen leben bis zu 100 Käferarten, darunter u. a. folgende:
Goldlaufkäfer, Goldleiste, Körniger Laufkäfer, Feingestreifter Laufkäfer, Buntrückiger Schnellläufer, Gemeiner Getreidelaufkäfer, Hirschkäfer, Junikäfer, Maikäfer, Silbriger Purzelkäfer, Gemeiner Rosenkäfer, Zottiger Rosenkäfer, Gebänderter Pinselkäfer, Zierliches Prachtkäferchen, Rotfüßiger Schnellläufer, Glanzspringkäfer, Rauhaariger Schnellkäfer, Rotbauchiger Laubschnellkäfer, Großer Leuchtkäfer, Gemeiner Weichkäfer, Rotgelber Weichkäfer, Immenkäfer, Gebänderter Warzenkäfer, Flacher Glanzkäfer, Zweipunkt-Marienkäfer, Siebenpunkt-Marienkäfer, Vierzehnpunkt-Marienkäfer, Echter Schenkelkäfer, Blutroter Halsbock, Bleicher Blütenbock, Gefleckter Schmalbock, Zweibindiger Schmalbock, Rauer Wimperbock, Splintbock, Vieraugiger Pflaumenbock, Kirsch-Blatthähnchen, Seidiger Fallkäfer, Gebänderter Fallkäfer, Schwarzer Stachelkäfer, Grüner Schildkäfer, Rotbrauner Fruchtstecher, Kupferroter Pflaumenstecher, Brauner Schmalbauch, Breiter Birnengrünrüssler, Apfelblütenstecher, Birnenknospenstecher, Kirschkernstecher, Kleiner Obstbaumsplintkäfer …
Bei den zuerst genannten Laufkäfern war die mit Hilfe von Bodenfallen ermittelte Artenzahl in einer extensiv gepflegten Obstwiese um 50 % höher als in einer neuzeitlichen Intensiv-Obstplantage.

Abbildungen oben:
Alle Marienkäfer sind bereits ausgewachsene Insekten. Sie stellen das Endstadium des als vollkommene Verwandlung bezeichneten ***Entwicklungsverlaufes Ei - Larve - Puppe - Käfer*** *dar: Aus den langgestreckten gelben Eiern schlüpfen schon nach 4-5 Tagen die Larven, die sich in 1-2 Monaten viermal häuten und sehr gefräßig sind. Sie besitzen kräftige Mundwerkzeuge, sind sehr beweglich und halten sich vorwiegend in Blattlausansammlungen auf. Hier verzehrt jede Larve während ihrer dreiwöchigen Entwicklung etwa 200 bis 600 Blattläuse. Es liegen aber auch Beobachtungen vor, nach denen eine einzige Larve in 13 Tagen 267 Blattläuse fraß und eine andere während ihrer gesamten Entwicklung bis zu 3100 Schildläuse vertilgte.*

Abbildung unten:
Der hübsche rotbefrackte ***Siebenpunkt*** *ist die mit Abstand bekannteste Erscheinung unter den einheimischen Marienkäferarten. Je nach Gegend führt er so nette Beinamen wie Herrgottskäferchen, Muttergottesschäfchen, Sonnenkälbchen… Insgesamt wurde der Käfer bis heute mit rund 250 Volksnamen und zahlreichen Kinderreimen, Versen und Sprüchen bedacht. Auf unseren Glückwunschkarten stellt der Marienkäfer neben Schornsteinfeger, Hufeisen und vierblättrigem Kleeblatt das häufigste Symbolmotiv dar.*

Mehrere Marienkäferarten sind recht variabel und treten in verschiedenen Farbformen auf.

Abbildungen oben:
Beim bekannten ***Zweipunkt*** *(links) sind 150 Varianten bekannt. In seinem typischen Erscheinungsbild (links) hat dieser Käfer zwei schwarze Punkte auf den roten Flügeldecken.*
Bei der zweithäufigsten Form (Mitte) hat sich die schwarze Farbe soweit über die Flügeldecken ausgebreitet, dass nur ein paar rote Flecken übriggeblieben sind. Die Larven des Zweipunktes ernähren sich ebenfalls von Blattläusen; bisher sind 7 lebensnotwendige Arten bekannt.
Vom ***Vierzehnpunkt*** *Calvia quatuordecimpunctata (rechts) wurden 100 Formen beschrieben. Die Flecken seiner Flügel verbinden sich zu vielen Mustern. Er zählt zu den häufigsten Marienkäferarten und ernährt sich von Blattläusen. Der Vierzehnpunkt überwintert zweimal in trockenem Gras, Streu o. ä.*

Abbildungen unten:
Der ***Sechzehnfleckige Marienkäfer*** *Halyzia sedecimguttata (links) und der* ***Zweiundzwanzigpunkt*** *Thea vigintiduopunctata (rechts) ernähren sich von Mehltaupilzen.*

Abbildung oben:
*Der **Goldglänzende Rosenkäfer** (Cetonia aurata) gehört sicher mit zu den prächtigsten Erscheinungen der heimischen Käferfauna. Am ehesten kann man ihm im Mai, Juni oder Juli auf blühenden Stauden oder Sträuchern begegnen. Die Käfer wühlen sich dabei tief in die Blüten hinein, um die Staubblätter mit deren Pollenkörner zu fressen. Die Weibchen legen ihren gesamten Eivorrat im Mulm alter hohler Laubbäume (Obstbäume, Weiden, Pappeln) ab.*

Abbildung unten links:
*Die ausgewachsen 4-5 cm großen **Larven** leben 2-3 Jahre gesellig und verpuppen sich später am Entwicklungsort. Nur die wenigsten Menschen wissen, dass auch Komposthaufen vom Rosenkäfer als Entwicklungsort gewählt werden. Bei den von Gartenbesitzern darin hin und wieder gefundenen „Engerlingen" handelt es sich meistens um Rosenkäferlarven.*

Abbildung unten rechts:
*Jede Larve fertigt sich aus kleinen Holzpartikeln einen tonnenförmigen **Kokon**. Nach einer Puppenruhe von nur 2-3 Wochen schlüpft der Käfer. Er bleibt aber noch einige Wochen in der schützenden Puppenwiege bis sich sein Chitinpanzer erhärtet und ausgefärbt hat.*

Abbildung oben rechts:
Der nur 2–3 mm große **Kabinettkäfer** *(Anthrenus verbasci) verköstigt sich auf Doldengewächsen mit Pollen, bevor er in menschliche Behausungen eindringt. Seine Larven können als Chitin- und Kreatinfresser in Naturaliensammlungen großen Schaden anrichten. Dies trifft auch für den nahen verwandten Museumskäfer Anthrenus museorum zu, der sich als Vollinsekt ebenfalls von Blütenpollen ernährt.*

Abbildung oben links:
Der hübsche **Gebänderte Pinselkäfer** *(Trichius fasciatus) verdankt seinen Namen der langen zottigen Behaarung von Kopf, Halsschild und Körperunterseite. Er lässt sich mit Vorliebe auf Schirmgewächsen zu einer Pollenmahlzeit nieder. Seine Larven fressen im faulen Holz einiger Laubhölzer und benötigen mindestens zwei Jahre ehe sie sich verpuppen.*

Abbildung unten:
Dem **Immenkäfer** *(Trichodes apiarius) begegnet man im Mai und Juni auf verschiedenen Blüten (Korbblütler, Doldengewächse). Seine Larven entwickeln sich in den Nestern von Wild- und Honigbienen. Als für die Imkerei schädlich kann man den Käfer jedoch kaum bezeichnen, da er sich nur in vernachlässigten und unsauberen Bienenstöcken einnistet.*

Abbildung oben links:
Auf Hangwiesen mit Doldenblütlern kann man dem stellenweise nicht seltenen, metallisch-grünen ***Moschusbock*** *(Aromia moschata) begegnen. Die Fühler des Männchens überragen die Körperlänge, die des Weibchens sind kürzer. Zur Verteidigung spritzen die Käfer mit dem Mund eine ätzende Flüssigkeit mehrere Zentimeter weit. Die Larven leben mehrere Jahre im faulen Holz von Kopfweiden. Die Schädigung des Baumes bleibt jedoch ohne Bedeutung.*

Abbildung oben rechts:
Der ***Gefleckte Schmalbock*** *(Strangalia maculata) zählt zu den häufigsten Arten seiner Familie. Die Schwarzfleckung auf den gelben Flügeldecken ist sehr variabel. Von Mai bis August findet man ihn auf Blüten, speziell auf Doldengewächsen. Die Larven leben im feuchten, faulen Holz verschiedener Laubbäume und Sträucher.*

Abbildung unten:
Auf waldnahen Wiesen und Lichtungen mit Dolden- und Korbblütlern kann man dem ***Rothalsbock*** *(Leptura rubra) begegnen. Die schwarz behaarten Flügeldecken der Männchen sind gelb, die der Weibchen rot gefärbt. Die Larven sind für die Zersetzung von totem Nadelholz im Naturhaushalt von Bedeutung.*

Abbildung oben rechts:
Der ***Echte Widderbock*** *(Clytus arietis) imitiert wie die übrigen Arten seiner Gattung („Wespenböcke") eine stachelbewehrte Wespe. Seine Larven entwickeln sich in den trockenen Ästen von Obstbäumen und anderen Laubgehölzen.*

Abbildung oben links:
Der ***Rotgelbe Weichkäfer*** *(Rhagonycha fulva) verzehrt auf Doldenblütlern Pollen, macht aber auch Jagd auf kleine Insekten. Er ist eine der häufigsten Hochsommer- und Käferarten überhaupt. Seine samtbraunen, überwinternden Larven leben im Boden und ernähren sich räuberisch hauptsächlich von Schnecken.*

Abbildung unten:
Der im Volksmund auch als Soldatenkäfer bekannte und recht häufige ***Gemeine Weichkäfer*** *(Cantharis fusca) tritt von Mai bis Juni auf Wiesen und Feldern sowie an Waldrändern auf. Die Weibchen legen ihre Eier in die oberen Bodenschichten. Die räuberischen Larven überwintern und verpuppen sich im Frühjahr in der Erde.*
Den Namen Soldatenkäfer erhielt diese Art, weil ihre Tracht in Schwarz und Rot den früheren Uniformen ähneln. In Deutschland werden die Käfer „Franzosen" und in Frankreich „Preußen" genannt.

Abbildung oben links:
Der ***Silbrige Purzelkäfer*** *(Hoplia philanthus) fliegt in den Vormittagsstunden im Juli und August. Die Käfer finden sich auf Obstbäumen, Weiden und Blüten. Die Larven leben im Erdreich an Wurzeln. Erst im zweiten Jahr nach dem Schlupf verpuppen sie sich.*

Abbildung oben rechts:
Der ***Seidige Glanzrüssler*** *(Polydrosus sericeus) ist leicht mit ähnlich gefärbten Arten zu verwechseln (in Mitteleuropa gibt es 26 Polydrosus-Arten!). Die wärmeliebenden Käfer fressen an jungen Blütenknospen von Obstbäumen, später an Blättern. Die Weibchen legen ihre Eier direkt im Boden ab. Die Larven fressen an den Wurzeln ihrer Nährpflanzen.*

Abbildung unten:
Der auf feuchten Wiesen lebende ***Grüne Schildkäfer*** *(Cassida viridis) gehört unter den 28 Arten seiner Gattung zu den häufigen Vertretern. Käfer, Larve und Puppe (alle drei Stadien oft gleichzeitig) leben besonders an Minze- und Salbeiarten, Melisse, Ziest und Korbblütlern. Das Larvenstadium dauert, je nach den herrschenden Temperaturen 12-35 Tage. Die Puppenruhe währt nur 4-7 Tage. Die Jungkäfer erscheinen im Hochsommer und überwintern später in den obersten Humusschichten unter Falllaub.*

Abbildung oben rechts:
Der Seidige oder ***Grünblaue Fallkäfer*** *(Cryptocephalus sericeus) sitzt von Mai bis Juli auf gelbblühenden Korbblütlern (Wiesenbocksbart, Habichtskraut, Margerite). Seine Larven fressen Blätter und leben in einem sackähnlichen Gehäuse, das aus ihrem eigenen Kot besteht. Die Verpuppung erfolgt in demselben Futteral, an trockenen Blättern und Gräsern.*

Abbildung oben links:
Den nur 5-6 mm großen ***Prächtigen Blattkäfer*** *(Dlochrysa fastuosa) trifft man von April bis August sehr häufig an Wegen, Wiesen- und Waldrändern auf Brennnesseln, Taubnesseln und Hohlzahn. Flügeldecken und Halsschild leuchten in rotgoldenen oder grüngoldenen Tönen.*

Abbildung unten:
Das Weibchen des ***Blauen Maiwurms*** *(Meloë violaceus) legt mehrere tausend längliche, gelbe Eier im Boden ab. Die nach 4-6 Wochen schlüpfenden, höchstens 3 mm langen, beweglichen Junglarven klettern an Pflanzen empor und sammeln sich auf den Blüten (hauptsächlich gelbe Korbblütler). Von dort lassen sie sich von blütenbesuchenden Honig- und Solitärbienen (Sand-, Pelz- und Mörtelbienen) ins Nest tragen, wo sie sich von Pollen und Nektar ernähren.*

Abbildung oben links:
In morschen Baumstümpfen, Wurzeln und Stämmen von Eichen, seltener von Weiden, Pappeln und Obstbäumen leben die bis zu 11 cm langen, blinden Larven des Hirschkäfers. Zur Verpuppung kriechen sie etwa 20 cm tief ins Erdreich wo sie sich eine feste, faustgroße Kammer bauen, die bei Männchen größer als bei Weibchen ist (Kiefergröße!). Bei der ***Puppe*** *kann man die mächtigen Kieferzangen bereits deutlich erkennen. Die Entwicklung zum Käfer dauert 3-5 Jahre, oft auch länger.*

Abbildung oben rechts:
Nur die ***Hirschkäfer-Männchen*** *besitzen die großen, geweihartigen Oberkiefer. Sie werden ausschließlich bei Paarungskämpfen eingesetzt. Kleine Männchen haben nur kleine, säbelförmige Zangen, bei großen Männchen sind sie überdimensional groß.*

Abbildung unten:
Die ***Weibchen*** *sind zwar kräftig gebaut, aber mit 4 cm Länge viel kleiner als die Männchen, die mit Geweih bis zu 8 cm messen können. Beide Geschlechter ernähren sich von Baumsäften, die sie mit der pinselförmigen Unterlippe aufsaugen. Durch das Entfernen von Wurzelstöcken ist der Bestand der Käfer mittlerweile stark zurückgegangen.*

Abbildung oben rechts:
Der ***Goldlaufkäfer*** *(Carabus auratus), auch Goldleiste, Goldschmied, Goldhenne oder Feuerstehler genannt, ist im Gegensatz zu seinen meist nachts jagenden Verwandten tagaktiv und stellt Würmern, Schnecken, Insekten und deren Larven nach. Mit seinen scharfen Oberkiefern packt er sein Opfer und schlägt ihm eine Wunde, in die er Verdauungssäfte erbricht; diese zersetzen die Eiweißbestandteile in kurzer Zeit.*

Abbildung oben links:
Der flugunfähige ***Lederlaufkäfer*** *(Carabus coriaceus) ist mit 35-40 mm Körperlänge der größte Laufkäfer Mitteleuropas. Käfer und Larve fressen außer Würmern, Schnecken und Insekten auch Aas. Im Juni und Juli hält der Lederlaufkäfer einen Sommerschlaf. Er überwintert als Larve und kann 2-3 Jahre alt werden.*

Abbildung unten:
Der auch als ***Körnerwanze*** *bekannte* ***Kupferfarbene Laufkäfer*** *(Carabus cancellatus) ist tag- und nachtaktiv und zählt zu den schnellsten Laufkäfern (1 m in 6 sek). Die Käfer ernähren sich von Schnecken, Insekten (darunter auch Kartoffelkäfer), Regenwürmern und Aas. Die Käfer überwintern bisweilen gesellig ab Oktober unter Rinde, Baumstümpfen und Strohhaufen.*

Abbildung oben links:
Der nachtaktive, gebietsweise häufige **Feingestreifte Laufkäfer** (*Carabus monilis*) fällt durch seinen flach gewölbten Körper auf. Er ist sehr variabel bronzefarben, grün oder blau gefärbt. Er besiedelt Wiesen, Äcker, feuchte Wälder und Flussauen, aber auch Gärten. Insekten und frisches Aas bilden seine Nahrung. Die Überwinterung erfolgt im Larvenstadium.

Abbildung oben rechts:
Der häufige **Hainlaufkäfer** (*Carabus nemoralis*) ist tag- und nachtaktiv und macht Jagd auf Insekten, vor allem schädliche Schmetterlingsraupen, weshalb die Käfer für die Landwirtschaft sehr nützlich sind. Gelegentlich naschen sie auch an reifem Fallobst. Im Sommer legen sie unter altem Holz oder Steinen eine Ruhepause ein. Die Käfer überwintern in geschützten Bodenverstecken. Die Art steht in Deutschland unter Naturschutz.

Abbildung unten:
Der nachtaktive **Körnige Laufkäfer** (*Carabus granulatus*) erbeutet Würmer, Schnecken und Insekten. Da er gerne Kartoffelkäfer frisst, ist er für die Landwirtschaft sehr nützlich. Die im Herbst geschlüpften Käfer überwintern oft gesellig in Baumstümpfen. Auch diese Art steht in Deutschland unter Naturschutz.

Heuschrecken

In Deutschland leben rund 80 Heuschreckenarten, 30 davon kommen auch in Streuobstwiesen vor. Die Laub- und Feldheuschrecken bilden zwei von sieben europäischen Familien der rund 17 000 Arten umfassenden Ordnung der Springschrecken.
Die Feldheuschrecken sind von den Laubheuschrecken mit einem Blick durch die kurzen Fühler zu unterscheiden. Zu ihnen gehören die vielen Arten der kleinen, unscheinbar bräunlich, grünlich oder grau gefärbten „Grashüpfer“, die in großer Zahl die Wiesen bevölkern. Bei Annäherung flüchten sie vor unseren Schritten in großen Sprüngen nach allen Seiten. Feldheuschrecken sind Pflanzenfresser und meist nur bei Sonnenschein aktiv.
Laubheuschrecken sind Allesfresser, die sowohl von Insekten als auch Pflanzen leben, nur wenige sind ausschließlich Fleischfresser. Ihre Fühler sind genauso lang oder meist länger als der Körper der Tiere. Die Weibchen besitzen außerdem auffällige Legesäbel. Aus den Eiern der Heuschrecken entwickeln sich Larven, die dem späteren Vollinsekt schon recht ähnlich sehen. Sie durchlaufen mehrere Nymphenstadien, ein Puppenstadium fehlt.

Wiesenmusikanten

Nach der zweiten Wiesenmahd betätigen sich beide Gruppen als „Wiesenmusikanten“: Regelrechte Geiger sind die kleinen Feldheuschrecken, die mit den gezähnten Hinterschenkeln wie mit einem Fiedelbogen über die spröden Vorderflügel streichen. Fährt man mit einem Fingernagel über die Zähne eines Kammes, kann man in ähnlicher Weise Töne erzeugen. Auch die Weibchen einiger Arten können stridulieren, doch sind ihre Zähnchen kleiner und die Gesänge meist sehr sanft. Die mehr dämmerungs- und nachtaktiven Laubheuschrecken erzeugen ihr Zirpen, indem sie die aufgestellten Flügel aneinanderreiben: Eine gerillte Schrillader auf der Unterseite der linken Flügeldecke wird in schnellem Rhythmus über die scharfe, aber glatte Schrillkante auf der Oberseite des rechten Deckflügels gestrichen. (Die Grillen streifen in genau umgekehrter Anordnung immer nur mit dem rechten Flügel über die Schrillader des linken Flügels). Jeder der kleinen Musikanten vermag seine Lieder zu modulieren, sich von einem leisen Zirpen zu einem lauten Schrillen zu steigern und wiederum sehr sanft dahinzusäuseln.
Beschreibung der Arten z. T. nach H. Bellmann (1993) „Heuschrecken beobachten – bestimmen“. Eine zu diesem Buch erschienene CD enthält die Heuschreckengesänge heimischer Arten.

Abbildungen Seite 120:
Erwachsenes Weibchen (links) und Larve (rechts) des Grünen Heupferdes.

Das 28-42 mm lange **Grüne Heupferd** *(Tettigonia viridissima) kommt in Wiesen, Gärten, lichten Parkanlagen und an Waldrändern vor. Die Männchen steigen am Abend, um dem Bodentau zu entgehen, auf Büsche und Bäume, von wo aus sie stundenlang singen. Die Weibchen legen am Ende der warmen Jahreszeit ihre Eier in die Erde. Diese überwintern dort und lassen im Frühjahr die kleinen Larven hervorgehen. Das Grüne Heupferd ist durch die moderne Landwirtschaft heute vielerorts seltener geworden.*

Abbildung oben:
Der Name des Grünen Heupferdes leitet sich vom pferdeähnlichen Kopf der Laubheuschrecke ab.

Abbildungen unten:
Dem Grünen Heupferd sehr ähnlich ist der 25-45 mm lange **Warzenbeißer** *(Decticus verrucivorus), doch ist er kräftiger und gedrungener. Als relativ anspruchslose Art bewohnt er trockene Wiesen, aber auch Äcker und Heideflächen. Carl von Linné benannte 1875 das Tier so, weil die Bauern seiner Heimat angeblich ihre Warzen mit den Bissen dieser Schrecke heilten.*

Abbildung links:
Männchen der ***Gemeinen Strauchschrecke****. Die Flügel sind von Halsschildlänge, beim Weibchen winzig.*

Die 13-18 mm lange Gewöhnliche Strauchschrecke (Pholidoptera griseoaptera) zählt ebenfalls zu den Laubheuschrecken. Die Körpergrundfarbe variiert zwischen graubraun und rotbraun, auch gelbbraune Exemplare kommen vor. Die meist häufige Art lebt auf gebüschreichen Trockenrasen, auf Ödland und an Waldrändern. Sie ernährt sich zum einen räuberisch von Fliegen und Blattläusen und zum anderen von pflanzlicher Kost. Die in den Boden abgelegten Eier überwintern, im Mai schlüpfen die Jungschrecken.

Abbildungen unten*:*
Weibchen (links) und Männchen (rechts) des Heidegrashüpfers.

Der ***Heidegrashüpfer*** *(Stenobothrus lineatus) ist mit 15-26 mm Körperlänge die größte Art der Gattung (links Weibchen, rechts Männchen). Die Grundfarbe ist meist grün, seltener braun oder rotviolett. Auch bunt gescheckte Tiere treten auf. Die Art bewohnt warme trockene Wiesen, besonders auf Kalkböden. Auch an Wegrändern und auf Ödland trifft man sie häufig, seltener auf mäßig feuchten Wiesen.*

Der 15-23 mm lange ***Bunte Grashüpfer*** *(Omocestus viridulus) ist einer der zahlreichen Grashüpfer, die im Sommer unsere Wiesen bewohnen. Die Grundfarbe des Körpers variiert sehr stark und kann grün, braun, ocker oder violett sein. Man findet die Art vornehmlich auf mäßig feuchten Wiesen des Hügellandes, doch auch im Flachland und im Gebirge ist sie nicht selten. Die erwachsenen Bunten Grashüpfer treten schon ab Ende Mai auf und werden bis Mitte Oktober angetroffen. Die Eier werden in den Wurzelfilz von Pflanzen oder im Boden abgelegt.*

Bei der 13-26 mm langen ***Kleinen Goldschrecke*** *(Chrysochraon brachyptera) zeigen beide Geschlechter eine meist hellgrüne Farbe mit Metallglanz. Die winzigen, schuppenförmigen Flügel des Weibchens sind leuchtend rosa gefärbt. Die Art besiedelt feuchte und trockene Lebensräume. Sie kommt in sumpfigen Wiesen ebenso vor wie in langgrasigen Trockenrasen. Die Eiablage erfolgt oberirdisch zwischen zusammengefalteten Blättern von Gräsern oder anderen Pflanzen. In jede Tasche wird ein Eikokon mit 5-6 Eiern gelegt.*

Der 15-20 mm lange ***Nachtigall-Grashüpfer*** *(Chorthippus biguttulus) ist eine Feldheuschrecke mit unscheinbarem, kleinem, braunem Körper und sehr kräftigen Sprungbeinen. Seinen Lebensraum bilden extensiv genutzte Wiesen, Wegraine, Waldränder und Feldgehölze. Er ist in Mitteleuropa noch eine der häufigsten Heuschrecken, allerdings nicht mehr auf Fettwiesen. Im Herbst legt das Weibchen seine Eier in einem bräunlichen Kokon ab. Die Eier überwintern. Im Frühjahr schlüpfen die Larven und entwickeln sich bis Juni zum erwachsenen Grashüpfer.*

Der 13-23 mm lange ***Gemeine Grashüpfer*** *(Chortippus parallelus) ist sicherlich die mit Abstand häufigste Heuschreckenart in Deutschland. Sie lebt in mäßig trockenen bis mäßig feuchtem, offenem Gelände und fehlt nur in ganz trockenen oder nassen Gebieten. Die Art ist sehr variabel, so dass bunt gescheckte und einfarbig graue, braune oder grüne Tiere nebeneinander vorkommen. Erwachsene Gemeine Grashüpfer können von Juni bis November gefunden werden. Nach der Paarung legt das Weibchen seine Eier im Boden ab.*

Grillen

Die zur Familie der Grabheuschrecken zählenden Grillen (im engeren Sinne) erweisen sich, obwohl äußerlich ziemlich stark abweichend, doch als nahe Verwandte der schon kurz vorgestellten Laubheuschrecken. Die Feldgrille und das Heimchen sind die beiden populärsten Vertreter der Familie, die mit ihrem dicken Kopf, ihren langen Fühlern und den Schwanzborsten eher an die Schaben erinnern, mit denen das Heimchen ja auch gerne in häuslicher Gemeinschaft (in mindestens 30°C warmen Räumen wie Heizungskeller, Backstuben, Mühlen, Brauereien) zusammenlebt.

Die Feldgrille

Den Lebensraum der Feldgrille (*Gryllus campestris*) bilden neben Feldrainen, Ruderalflächen und Böschungen auch sonnige Mager- und Trockenwiesen, am besten in warmer Hanglage. Hier graben die Tiere ihre etwa fingerdicken Wohnröhren, die ungefähr 20 cm schräg in den Boden hinabführen und stets nur von einer Grille bewohnt werden.

Die Männchen sitzen auf einem sauber gefegten Platz vor ihrer kleinen Höhle, die gegen Rivalen zirpend und in erbitterten Kämpfen verteidigt wird. Auch wechseln die Männchen fast täglich zwischen mehreren Höhlen, wobei sie sich rasch laufend und mit kurzen Sprüngen fortbewegen. Die Hinterflügel sind verkümmert, so dass sie sich nicht fliegend ausbreiten können. In freier Natur sind Feldgrillen sehr scheue Tiere, die schon bei geringster Erschütterung des Bodens blitzschnell in ihre Behausungen flüchten. Man kann sie jedoch mit etwas Geduld und einem Grashalm, in den sie sich verbeißen, wieder aus ihren Löchern kitzeln.

Flügel als Streichinstrument

Die Feldgrille ist die erste im Jahreslauf zu hörende Heuschreckenart, die uns schon im Mai durch ihr melodisches Zirpen erfreut. Zirpapparat und Hörorgan sind im Prinzip wie bei der Grünen Laubheuschrecke beschaffen. Auch in Gefangenschaft tragen die Männchen ihren Gesang am hellen Tage vor, so dass man ihre Art zu musizieren aus nächster Nähe beobachten kann. Der Gesang der Männchen erklingt von etwa 9 Uhr morgens bis spät in die Nacht hinein. Als Schulkinder haben wir vorübergehend gefangene Grillen in kleinen Terrarien gerne unters Bett gestellt, um so in den Genuss eines kleinen Nachtkonzertes ganz besonderer Art zu kommen. In manchen südlichen und orientalischen Ländern hält man in ganz ähnlicher Weise zirpende Grillen wie Singvögel in Käfigen.

Paarung und Überwinterung

Der unermüdlich zu Gehör gebrachte Gesang der Grillenmännchen dient der Revierabgrenzung, aber auch zum Anlocken der stummen Weibchen. Diese können mit ihren „Ohren" in Gestalt kleiner Trommelfelle am Grunde der Vorderbeinschienen den zirpenden Freier schon aus einer Entfernung von 10 m orten und sich dann zielsicher auf ihn zubewegen. Nach der Begattung verbleibt das Weibchen oft noch für mehrere Tage in der Wohnung des Männchens, wo es zu weiteren Paarungen kommt. Während seines etwa zweimonatigen Lebens legt das Weibchen einige hundert Eier in Haufen zu jeweils 20-40 Stück in eine Wohnröhre und hinterlässt sie ohne jegliche Brutpflege. Die nach 2-3 Wochen schlüpfenden Larven ähneln den erwachsenen Tieren, haben aber noch keine Flügel.

*Nur die **Männchen der Feldgrille** erzeugen mit ihren Flügeln das typische Zirpen.*

Sie häuten sich bis zu zehnmal und überwintern im vorletzten oder letzten Stadium in selbstgegrabenen Erdhöhlen. Die Alttiere sterben im Herbst ab. Feldgrillen sind Allesfresser, die neben Blättern und Wurzeln auch kleine Bodentiere verzehren. In vom Verfasser durchgeführten Fütterungsversuchen stand Himbeer-Pudding ganz oben auf der Beliebtheitsskala.

Die Maulwurfsgrille

In mehr feuchten Wiesen mit lehmig-sandigem Boden lebt die sehr lückenhaft verbreitete, aber stellenweise häufige Maulwurfsgrille. Wer diesem kleinen auch als „Werre" bekannten Ungetüm zum ersten Mal begegnet, glaubt eine Mischung aus Maulwurf, Heupferd und Krebs vor sich zu haben. Auch die Maulwurfsgrille zählt zur Ordnung der Springschrecken, doch haben die Hinterbeine ihr Sprungvermögen fast völlig verloren. Die Vorderbeine sind zu mächtigen Grabschaufeln umgewandelt, mit denen die Tiere ihre dicht unter der Erdoberfläche verlaufenden Gänge anlegen. Verbringen doch Maulwurfsgrillen nahezu ihr ganzes Leben unter der Erde in einem Labyrinth kreuz und quer verlaufender, gut fingerdicker Röhren. Sie können darin geschickt vorwärts- und rückwärts laufen. Ist der „Rückwärtsgang" eingelegt, dienen die beiden, weit über das Körperende hinausragenden biegsamen Schwanzborsten als „hintere Fühler". Ihre unterirdischen Verstecke verlassen Maulwurfgrillen meist nur zur Paarungszeit von Mai bis Juni. Besonders abends und nachts kann man dann das schrille Zirpen der Männchen

*Oben: Die **Feldgrillen-Weibchen** besitzen einen langen, dünnen Legebohrer.*

*Unten: **Feldgrillen-Larven** häuten sich bis zu zehnmal und überwintern in Erdhöhlen.*

hören, das in einen leiseren Minnegesang wechselt, sobald sich ein Weibchen nähert.

Ein Blick in die Kinderstube

Zur Eiablage gräbt das begattete Weibchen eine etwa hühnereigroße Höhlung, zu der ein senkrechter, 10-20 cm langer Gang hinabführt. Das aus 200-300 grünlichweißen, etwa hirsegroßen Eiern bestehende Gelege wird vom Weibchen in echter Brutpflege immer wieder beleckt, da die Eier sonst verpilzen und verfaulen würden. Die nach 1-3 Wochen schlüpfenden Nachkommen überwintern gemeinsam bis zu 1m tief in der Erde und häuten sich mehrmals. In verschiedenen, nacheinander gebauten Höhlen, kann ein Weibchen bis zu 500 kleine Werren nachziehen. Als Vollinsekten ernähren sich Maulwurfsgrillen vorwiegend von tierischer Kost, vor allem von Engerlingen, Drahtwürmern, Schmetterlingsraupen und Regenwürmern. Allerdings beißen sie bei ihrer Grabtätigkeit auch Wurzeln durch und bringen dann nicht selten Nutzpflanzen zum Absterben. Dadurch machen sich die Tiere sehr unbeliebt und werden von Gartenbesitzern vielerorts erbittert bekämpft. In freier Natur haben es viele Gegenspieler auf diese urtümliche Erdbewohnerin abgesehen: Raubkäfer, Maulwürfe, Igel, Füchse, Spitzmäuse, Graureiher, Turmfalken, Krähen, Elstern, Grün- und Grauspechte, Neuntöter, Stare, Amseln und andere Vögel. Auch trockenkalte Winter sorgen dafür, dass die Maulwurfsgrille nicht überhandnimmt.

*Abbildung oben: Die bis zu 5 cm lange **Maulwurfsgrille** ist ein sehr urtümliches Insekt, das bereits zu Saurier-Zeiten lebte.*

*Abbildung unten: Die **Vorderbeine** haben sich zu mächtigen, stark gezähnten Grabschaufeln entwickelt, mit denen die Maulwurfsgrillen ihre dicht unter der Erde verlaufenden Gänge anlegen.*

Wanzen und Zikaden

Wanzen, Zikaden und Pflanzenläuse (Blattläuse, Schildläuse, Mottenläuse, Blattflöhe) wurden früher zur großen Insektenordnung der Schnabelkerfe (73 000 Arten) zusammengefasst, deren Hauptmerkmal die zu einem Stechrüssel umgebildeten Mundgliedmaßen sind. Nach dem Bau der Flügel werden heute drei Ordnungen unterschieden: Die Wanzen, die Zikaden und die Pflanzensauger.

Bei dem Wort „Wanzen" denken die meisten Menschen unwillkürlich an die Bettwanze, die ihre gesamte Verwandtschaft in Verruf gebracht hat. Dabei gibt es unter den Baum-, Blatt-, Blumen- und Raubwanzen viele, die zu den farbenprächtigsten und auffälligsten Insekten überhaupt zählen. Nicht wenige sehen bunten Käfern zum Verwechseln ähnlich, haben aber einen Stechrüssel und durchlaufen eine unvollkommene Entwicklung.

Zur Grundausstattung gehören auch Stinkdrüsen zur Verteidigung, doch das Sekret riecht nicht bei allen Arten so unangenehm wie bei den Bett- und Beerenwanzen. Bei einigen Weichwanzen duftet es sogar nach Obst. Das Sekret soll wie die auffälligen Farben und Muster der Feuerwanzen vermutlich Feinde abschrecken.

In verschiedenen Lebensräumen

Unter den 30 000 Arten gibt es Wasserwanzen (leben im Wasser), wasserliebende Wanzen (leben auf der Wasseroberfläche oder am Ufer) und Landwanzen. Letztere umfassen etwa 1000 Arten, die sich auf 15 Familien verteilen: Weichwanzen, Plattwanzen, Blumenwanzen, Sichelwanzen, Raubwanzen, Netzwanzen, Rindenwanzen, Stelzenwanzen, Bodenwanzen, Feuerwanzen, Randwanzen, Dornwanzen Baumwanzen, Erdwanzen, Kugelwanzen. Bis zu 200 Wanzenarten wurden auch für Streuobstwiesen nachgewiesen.

Wenig beachtet: Kleinzikaden

Während die waagrechten Flügel der Wanzen den Rücken flach decken, liegen die beiden Flügelpaare der Zikaden dachförmig über dem Rücken. Die Hinterbeine der Zikaden haben sich zu kräftigen Sprungbeinen entwickelt. Die kleineren, zum Teil winzigen Zikaden sind ein im Allgemeinen wenig beachtetes Sommervolk, obwohl sie in vielen Hunderten von Arten überall, auch in Streuobstwiesen, zahlreich auftreten. Man nennt sie auch Zirpen, obwohl man erst seit kurzem weiß, dass diese kleinen Insekten auch einen Singapparat besitzen, der ähnlich gebaut ist wie bei den großen Singzikaden. Die damit erzeugten Töne sind jedoch so leise, dass sie für das menschliche Ohr kaum wahrnehmbar sind.

Sehr viele dieser Kleinzikaden tragen ein unscheinbar grünlich, gelblich oder bräunlich gefärbtes Kleidchen und werden daher häufig übersehen. Die Entwicklung der Einzeltiere erfolgt (wie bei den Heuschrecken oder Grillen) stets auf dem Weg einer unvollkommenen Verwandlung: Die in der Fachsprache auch als Nymphen bezeichneten Larven sind den erwachsenen Tieren hinsichtlich Form und Lebensweise recht ähnlich, besitzen aber noch keine funktionsfähigen Flügel.

Die ***Streifenwanze*** *(Graphosoma lineatum) ist auf Wiesen und Trockenrasen ziemlich häufig anzutreffen. Sie saugt an verschiedenen Doldengewächsen, lebt gelegentlich aber auch räuberisch. Das Schildchen an der Flügelbasis ist stark vergrößert und bedeckt fast den ganzen Hinterleib. Die Weibchen legen die Eier in kleinen Paketen auf der Blattoberfläche ab. Die geschlüpften Larven werden von der Mutter eine Weile bewacht.*

Abbildung oben rechts:
*Die **Beerenwanze** (Dolycoris baccarum) kommt in Wiesen, Gärten und an Waldrändern auf Disteln, Brombeeren u. a. Pflanzen vor. Hier kann sie vor allem von April bis Oktober angetroffen werden. Sie wird von Laien oft mit einem Käfer verwechselt, ist aber am Saugrüssel leicht als Wanze zu erkennen. Sie saugt an Früchten, die durch den eingespritzten Speichel ungenießbar werden („Wanzengeschmack“). Die Beerenwanze überwintert versteckt am Boden.*

Abbildung oben links:
*Die **Nördliche Fruchtwanze** (Carpocoris fuscispinus) ist eine häufige Art, die vor allem an Korbblütlern, daneben auch auf Doldenblütlern, Königskerze und anderen Pflanzen beobachtet werden kann.*

Abbildung unten:
*Larve der **Purpur-Fruchtwanze** (Carpocoris purpureipennis.) im 5. und letzten Larvenstadium. In Größe, Gestalt und Lebensweise ist sie der erwachsenen Wanze schon recht ähnlich, obgleich ihre Flügel noch stummelhaft sind. Die Art ist leicht mit der nördlichen Fruchtwanze zu verwechseln. Sie hält sich an Waldrändern, auf Lichtungen und Wiesen auf, mit Vorliebe für Dolden- und Korbblütler.*

Abbildung unten:
Die sehr häufige ***Grüne Stinkwanze*** *(Palomena prasina) kommt an Waldrändern, im offenen Gelände und in Gärten vor. Sie lebt auf verschiedenen Laubbäumen, aber auch auf Disteln und Brennnesseln. Mit ihrem Stech-Saug-Rüssel nascht sie gerne an Beeren. Die Art überwintert als Vollinsekt. Im Herbst sind die Tiere oft braun bis bronzefarben, im Frühjahr wieder grün. Der deutsche Name der Wanze bezieht sich auf ein von Drüsenöffnungen an den Seiten der Hinterbrust abgesondertes „Wehrsekret", das Fressfeinde abschrecken soll.*

Abbildung oben links:
Die Grüne Stinkwanze ist im Frühling von Mai an aktiv, Paarung und Eiablage erfolgen im Frühsommer. Die Weibchen legen bis zu 100 grün gefärbte ***Eier*** *ab. Sie werden in dichten Eispiegeln an die Unterseite der Blätter geklebt.*

Abbildung oben rechts:
Die ***Larven*** *durchlaufen 5 Stadien, die sich in der Färbung (grün bis grün-schwarz) unterscheiden. Sie bleiben in Geschwistergemeinschaften zusammen, die sich im Gefahrenfall kurzfristig auflösen können. Die Entwicklung ist im September abgeschlossen.*

Abbildung oben:
Die hübsch gezeichnete, bis 18 mm große ***Wipfel-Stachelwanze*** *(Acanthosoma haemorrhoidale) an Waldrändern und in Feldgehölzen und ernährt sich nur von Pflanzensäften. Sie saugt gerne an Wildkirschen und Vogelbeeren. Beim Auffliegen der Tiere fällt die bunte Färbung des Hinterleibs auf, sie ist im Frühjahr apfel- bis smaragdgrün, im Spätsommer herrschen mehr gelbgrüne oder orange- bis braunrote Töne vor. Die häufige Art überwintert als Vollinsekt am Boden unter vorjährigem Laub. Im Frühjahr erfolgt die Eiablage. Die überwiegend grünen Larven treten von Juni bis August auf und häuten sich fünfmal. Es kommt nur zu einer Generation im Jahr.*
Die Wipfel-Stachelwanze ist die größte Art der Familie der Bauchkiel- oder Stachelwanzen (Acanthosomatidae). Die Familie ist nach dem Bauchkiel benannt, einem Auswuchs ähnlich dem Kiel eines Bootes, der einen stachelartigen Fortsatz trägt.

Abbildung unten:
Die ***Rote Weichwanze*** *(Deraeocoris ruber) ist ein nützliches Insekt, da sie und ihre Larven Jagd auf Blattläuse und andere kleine Insekten machen. Die Art ist in der Färbung sehr variabel: Neben der abgebildeten Form gibt es auch schwarze Tiere mit gelbem Schildchen und rotem Punkt auf den Vorderflügeln. Die Rote Weichwanze lebt auf Disteln, Brennnesseln und Laubgehölzen und erscheint von Juli bis September. Die Eier überwintern.*
Wie bereits der deutsche Name verrät, gehört die Rote Weichwanze zur Familie der Weich- oder Blindwanzen (Miridae). Mit über 6000 beschriebenen Arten ist sie dir größte Wanzenfamilie. Der Name Blindwanze bezieht sich auf das Fehlen von kleinen, punktartigen Nebenaugen, die bei vielen Insekten neben den Komplexaugen im Stirnbereich auftreten.

Abbildung S. 131 oben links:
Die 9-11 mm große ***Blutzikade*** *(Cercopis vulnerata) bewohnt Wiesen, und andere mäßig trockene bis feuchte Standorte in sonnigen bis halbschattigen Lagen mit ausgedehnten Grasflächen und buschreicher Vegetation. Blutzikaden ernähren sich von Pflanzensäften, die sie mit ihrem Rüssel aus Gräsern und Sträuchern ziehen. Die Larven saugen unterirdisch an Pflanzenwurzeln. Ein Großteil des beim Saugen aufgenommenen Pflanzensaftes wird als Wasser wieder ausgeschieden, das durch Eiweiße entspannt und durch Einblasen von Luft aufgeschäumt wird. Der verfestigte Schaum umgibt die Larve als wirksamer Schutz. Die Blutzikade bildet eine Generation im Jahr. In geeigneten Biotopen und warmen Jahren kann sie von Mai bis August sehr häufig beobachtet werden.*

Abbildung oben rechts:
*Die **Blutrote Mordwanze** (Rhinocoris iracundus) ist eine bis zu 1,8 cm lange, kräftige Raubwanze. Sie lebt von Mai bis Juli auf extensiv genutzten Wiesen und Trockenrasen, wo sie gebietsweise häufig vorkommt. Das schwarz-rote Muster variiert außerordentlich. Auf blühenden Pflanzen erbeutet sie andere Insekten bis etwa zur eigenen Körpergröße. Auch wenn diese Tiere nicht von Säugetierblut leben, können sie doch empfindlich stechen.*

Abbildung unten:
*Der **Wiesenschaumzikade** (Philaenus spumarius) kann man von Juli bis Oktober auf etwas feuchten Wiesen begegnen. Die Vollinsekten sind unscheinbare Tiere, die jedoch in Färbung und Zeichnung außerordentlich variieren. Schon auf e i n e r Wiese kann man einfarbige Tiere und solche mit unterschiedlichsten Zeichenmustern entdecken. Ihre Larven leben oberirdisch an Stängeln (vor allem des Wiesenschaumkrautes, das nach dieser Zikadenlarve benannt ist). Sie sondern aus ihrem After eine Flüssigkeit ab, die Eiweiß enthält. Durch Einpumpen von Luftbläschen bildet sich ein dauerhafter Schaum. Das auch als „Kuckucksspeichel" bekannte Schaumgebilde schützt vor Feinden und Austrocknung.*

Spinnen

Als absolute „Ekeltiere" haben Spinnen nur ganz wenige Freunde unter uns Menschen: Nach einer jüngsten Umfrage haben 37 von 100 Frauen Angst vor Spinnen, unter den so mutigen Männern zeigt immerhin noch jeder achte eine Spinnen-Phobie. Jeder fünfte Erwachsene gibt an, Spinnen sofort totzuschlagen.

Dabei gibt es in Deutschland nur zwei Arten, deren Biss beim Menschen Vergiftungserscheinungen hervorrufen kann: Es ist die Wasserspinne, mit der man aber wegen ihrer aquatischen Lebensweise so gut wie nie in Berührung kommt und der nicht häufige, in wenigen Gebieten Süddeutschlands lebende Dornfinger. Die Bisse sind zwar schmerzhaft, doch sind die Symptome (Jucken, Schüttelfrost, Temperaturerhöhung, Erbrechen) aber meist nach kurzer Zeit, längstens nach ein bis zwei Wochen wieder abgeklungen.

Die meisten einheimischen Spinnen vermögen mit ihren kleinen Giftklauen, die menschliche Haut gar nicht zu durchdringen. Selbst wenn dies der Fall ist, wie bei manchen großen Kreuzspinnen, sind die nur nadelstichartigen Bisseffekte doch relativ harmlos: Im schlimmsten Fall kommt es zu Schwellungen und Blasenbildungen, verbunden mit einem Juckreiz, der etwa 15 Minuten anhält.

Nützliche Jäger

In weiten Bevölkerungskreisen ebenso wenig bekannt ist die große Nützlichkeit der ausschließlich räuberisch lebenden Spinnen: 1,3 Millionen von ihnen finden sich etwa auf jedem Hektar Wiese. Und sie verzehren die unglaubliche Menge von 47,5 Tonnen Schadinsekten pro Jahr. Nach einer anderen „vorsichtigen" Berechnung von Wissenschaftlern fressen 500 000 Spinnen auf einem Hektar Waldboden in sieben Monaten Insekten im Gewicht von zwei Zentnern. Jedes Einzeltier hat dann lediglich den fünften Teil eines Gramms verzehrt - das sind 10 Fliegen. Man fand aber schon Netze, in denen sich an einem Tag bis zu 500 kleine Insekten fingen. Manche Forscher vertreten daher die Ansicht, dass die Insekten schon längst die Erde beherrschen würden, wenn die Spinnen nicht wären, die ihre erste Blütezeit lange vor den im Karbon (300 Mill. Jahre) und auch heute noch so vielfältig vertretenen Insekten hatten. Von den 30000 bisher entdeckten Spinnenarten entfallen auf Mitteleuropa etwa 800 Arten, von denen ein beachtlicher Teil auch in Gärten und Streuobstwiesen vorkommt. Streuobstwiesen übertreffen dabei Obstplantagen in der Artenzahl der vorgefundenen Spinnen um 85%, in der Individuenzahl um das Dreifache. Die Unterscheidungsmerkmale dieser Gliedertiere sind aber meist so fein, dass für Laien nur wenige Arten bestimmbar sind.

Abbildung unten:
Die ***Gartenkreuzspinne*** *(Araneus diadematus) ist die bekannteste der etwa 40 einheimischen Kreuzspinnenarten. Immer trägt sie das charakteristische Kreuz sichtbar auf dem Rücken, doch kann die Grundfarbe der Tiere zwischen gelbbraun und schwarzbraun variieren. Die Körperlänge der Weibchen kann bis zu 18 mm betragen, bei den Männchen etwa 10 mm.*
Das senkrechte Radnetz stellt die Spinne in der Regel jeden Tag von neuem her, meist geschieht dies unmittelbar vor Sonnenaufgang. Das alte Netz wird zuvor sorgsam aufgefressen. Die Spinne sitzt tagsüber meist kopfunter in der Nestmitte, oder aber seitlich des Netzes in einem Schlupfwinkel.
Die Paarung findet ab August statt. Im September oder Oktober stellt das Weibchen mehrere, mit gelber Fadenwatte umgebene Eikokons her. Die Jungen schlüpfen im April/Mai, überwintern halbwüchsig und werden erst im darauffolgenden Jahr geschlechtsreif.

Abbildung oben links:
Die 15 mm lange, auch als **Zebraspinne** *bekannte* **Wespenspinne** *(Argiope bruennichi) lebt in besonnten Wiesen und Weiden mit niedriger Vegetation, wo sie ihr senkrechtes Radnetz zwischen Gräsern und Blüten ausspannt. Das Männchen wird während der Paarung vom viel größeren Weibchen meistens eingesponnen und schließlich gefressen.*

Abbildung oben rechts:
Die **Vierfleck-Kreuzspinne** *(Araneus quadratus) kommt am häufigsten auf langgrasigen, verkrauteten Wiesen vor. Ihr Netz ist fast immer dicht über dem Boden ausgespannt. Normalerweise von blasser gelbgrünlicher Farbe, nimmt diese Spinne im Herbst innerhalb weniger Tage mit ihrer Reifehäutung die rostbraune Farbe des herbstlichen Laubes an.*

Abbildung unten rechts:
Die **Kürbisspinne** *(Araneus cucurbitinus) ist eine kleinere Radnetzspinne (Männchen 5 mm, Weibchen 8 mm). Sie lebt auf gebüschreichen Wiesen, wo sie ihr kleines flaches Netz zwischen Blättern und Blüten webt. Die Kürbisspinne kennt kein Lauerversteck am Netz, da sie sich durch ihre grüne Tarnfärbung im Netz aufhalten kann, ohne von den Beuteinsekten entdeckt zu werden.*

Abbildung oben:
*Die **Grüne Huschspinne** (Micromata roseum) ist der einzige deutsche Vertreter einer in den Tropen weit verbreiteten Familie. Die 10 mm großen Männchen schmückt ein leuchtend rotes Mittelband auf dem Hinterleibsrücken. Die Grüne Huschspinne lebt in der niedrigen Vegetation von Waldrändern und dichten Wiesen, kommt aber auch in hohen Sumpfwiesen vor.*

Abbildung unten links:
Die 13 mm großen Huschspinnen-Weibchen sind intensiv grasgrün gefärbt und so in der dichten Vegetation nur schwer zu entdecken. Huschspinnen bauen kein Netz, sondern lauern an Blättern und Blüten Insekten auf. Nach der Paarung im Frühsommer webt das Weibchen mehrere Blätter zu einer Art Kammer zusammen, in die sie den Eikokon ablegt.

Abbildung unten rechts:
*Die **Veränderliche Krabbenspinne** (Misumena vatia) kann ihre Körperfarbe dem jeweiligen Untergrund anpassen. Die nur 4mm großen Männchen sind weiß bis grünlich gefärbt, die Färbung der bis 10 mm großen Weibchen schwankt zwischen leuchtend gelb, gelbgrün und weiß. Als gut getarnte Jäger lauern sie in den Blüten auf Schwebfliegen, Schmetterlinge, Honig- und Wildbienen.*

Abbildung oben:
Die 11-14 mm lange ***Listspinne*** *(Pisaura mirabilis) lebt als häufigste Art ihrer Familie überall in niedriger Vegetation. Bei der Paarung nähert sich das Männchen mit einer eingesponnenen Fliege als „Brautgeschenk", die vom Weibchen während der Begattung gefressen wird. Der Eikokon wird vom Weibchen mit den Giftklauen getragen, bis die Jungen schlüpfen.*

Abbildung unten links:
Die ***Springspinne*** *(Marpissa muscosa) zählt mit bis zu 11 mm Körperlänge zu den größten Arten ihrer Familie. Männchen und Weibchen gleichen sich in Größe und Färbung sehr. Beim Sprung ziehen sie immer einen Sicherheitsfaden hinter sich her, der ein Abstürzen verhindert. Auf Weidepfählen und Baumstämmen sind sie durch ihre braune Färbung gut getarnt und kaum zu entdecken.*

Abbildung unten rechts:
Die etwa 7 mm lange ***Wolfspinne*** *(Pardosa lugubris) ist ein tagaktiver Jäger, der an Waldrändern und auf buschdurchsetzten trockenen Wiesen kleinen Insekten, aber auch anderen Spinnen nachstellt. Die Weibchen tragen ihren Eikokon mit sich herum. Nachdem die Jungen geschlüpft sind, steigen sie auf den Rücken der Mutter, wo sie eine Woche oder länger bleiben.*

Was man über Spinnen wissen sollte

Spinnen sind keine Insekten

Selbst viele Naturfreunde zählen die Spinnen trotz augenfälliger Unterschiede häufig zu den Insekten: Der Körper der Spinnen gliedert sich nicht in drei, sondern nur in zwei Abschnitte: Der hartgepanzerte Vorderkörper (Kopfbrust) und der weichhäutige Hinterkörper sind völlig ungegliedert. Außerdem haben Spinnen vier Paar Beine, bei den Insekten sind es nur drei Paar. Ursprünglich waren am Vorderkörper sogar sechs Paar Beine eingelenkt, von denen sich die beiden ersten zu Mundwerkzeugen umgewandelt haben. Das erste Paar, die klauenartigen Kiefer, sind an ihrem einschlagbaren Endglied durchbohrt und stehen mit Giftdrüsen in Verbindung. Die zweiten Gliedmaßen, die Kiefertaster, werden zum Betasten und Manipulieren gefangener Beutetiere eingesetzt. Bei den Männchen vieler Arten sind diese Taster sehr kompliziert gestaltet und dienen als Begattungsorgan. Die einfachen Augen (keine Komplexaugen!), meist zwei Hauptaugen und sechs Nebenaugen, sitzen vorn oben auf der Kopfbrust. Der Hinterleib enthält das langgestreckte Herz, die Atmungs-, Verdauungs- und Geschlechtsorgane, sowie die Spinndrüsen.

Netz-, Lauf- und Lauerjäger

Die besondere Fähigkeit, aus Spinnseide Fangnetze herzustellen, wird oft als das eigentliche Charakteristikum der Spinnen betrachtet. Das klassische Radnetz, etwa einer Gartenkreuzspinne, ist jedoch keineswegs die einzige oder auch nur die häufigste Form eines Fanggespinstes. Als hochspezialisierte, erst spät entstandene Endform wird das Radnetz nur von etwa 15 % aller Webspinnen gebaut. Im Verlaufe der Stammesgeschichte haben sich verschiedene Netztypen mit entsprechend verschiedenen Fangmethoden entwickelt: So bauen Trichterspinnen und Baldachinspinnen horizontale Deckennetze, während die Haubennetzspinnen und Zitterspinnen eher unregelmäßige und deshalb weniger auffällige Fanggespinste produzieren. Die einfachste und wahrscheinlich ursprünglichste Form sind die Röhrennetze, bei der die Wohnröhre der Spinne durch einzelne Fäden verlängert wird, die bei Berührung Signale an die Besitzerin weiterleiten.

Die zahlreichen frei jagenden oder lauernden Spring-, Wolf-, Krabben- und Laufspinnen verzichten völlig auf einen Netzbau. Ihre Spinnwarzen betätigen sie nur noch zum Spinnen des Eikokons, des Sicherheitsfadens und hin und wieder zum Auskleiden ihres Schlupfwinkels.

Laufspinnen (hier: Flachstrecker Philodromus aureolus) jagen ihre Beute frei umherlaufend oder lauern sie auf.

Spinnen haben viele Feinde

Obwohl selbst Jäger, fallen Spinnen zahlreichen anderen Beutegreifern zum Opfer - die wichtigsten Spinnenfeinde finden sich jedoch in den eigenen Reihen: Viele Laufspinnen greifen sich gegenseitig an, Netzspinnen überwältigen Reviereindringlinge und eine Gattung ernährt sich sogar ausschließlich von Spinnen. Unter den Wirbeltieren kommen Fische, Amphibien, Reptilien, Spitzmäuse, Fledermäuse und Vögel als natürliche Spinnenfeinde in Betracht. Die wirksamsten Gegenspieler der Spinnen bilden jedoch die Insekten: Jagdspinnen können bis zu 20 % des Beutespektrums der Roten Waldameise bestreiten. Schlupfwespen legen ihre Eier an Spinnen oder deren Kokons. Als Kokonparasiten betätigen sich auch einige Fleisch- oder Raubfliegen. Die Familie der solitär lebenden Wegwespen hat sich mit allen Arten (bei uns etwa 80) ausschließlich auf Spinnen als Nahrung für ihre Brut eingestellt. Auch unter den Grabwespen gibt es einige Spinnenjäger, schon ein Weibchen kann während eines Sommers 100 bis 300 Spinnen erbeuten.

Schnecken

Schnirkelschnecken

Die sich an verrotteten Pflanzenteilen, Tierleichen oder Kot delektierenden Nacktschnecken -die Große Rote Wegschnecke ist das wohl bekannteste Beispiel- erregen bei den meisten Menschen Ekel und Abscheu. Schon größerer Beliebtheit erfreuen sich dagegen die vielen kleinen Gehäuseschnecken, die ihr oft eigenwillig geformtes und hübsch verziertes Eigenheim gleichsam als „Wohnmobil" ständig mit sich führen. Mit zu den bekanntesten Arten zählen zwei Vertreter aus der umfangreichen Familie der Schnirkelschnecken: die Gartenbänderschnecke (*Cepaea hortensis*) und die häufigere Hainbänderschnecke (*Cepaea nemoralis*).

Zum Verwechseln ähnlich

Die Hainbänderschnecke bewohnt die vielfältigsten Lebensräume und ist in Wiesen, Gebüschen und Hecken zu finden. Die Gartenbänderschnecke lebt in den gleichen, wenn auch meist etwas feuchteren und kühleren Biotopen und ist nicht selten mit ihr vergesellschaftet. Beide Arten sehen einander zum Verwechseln ähnlich und lassen sich nur an der Farbe des Mundsaums unterscheiden: bei der Gartenbänderschnecke ist er weiß, bei der Hainbänderschnecke schwarzbraun. Die Gehäuse können einfarbig gelb, rosa oder braun und zusätzlich gebändert sein. Die Normalzahl der Bänder ist 5, davon laufen 3 auf der Oberseite und 2 auf der Unterseite des Umgangs. Wissenschaftler haben bei der Kreuzung reinerbiger Exemplare herausgefunden, dass die Erbanlage „ungebändert" dominant ist, also die Erbanlage „gebändert" überdeckt. Die Bänderung selbst ist sehr variabel, d.h. von den 5 Bändern können einzelne fehlen oder zwei oder mehrere zusammenfließen. Insgesamt wurden 89 verschiedene Spielarten festgestellt. Damit wird verständlich, dass die bunten Bänderschnecken vor allem bei Kindern ein beliebtes Sammelobjekt darstellen. Doch wer die Gehäuse an Ort und Stelle belässt und über einen längeren Zeitraum beobachtet, kann mit etwas Glück einen hochinteressanten Nachmieter entdecken: die zu den Solitärbienen zählende Zweifarbige Mauerbiene.

Einzug der Schneckenhaus-Biene

Die schon im zeitigen Frühjahr von März bis Juni fliegende Zweifarbige Mauerbiene (*Osmia bicolor*) legt ihre Brutkammern ausschließlich in leeren Schneckenhäusern mittlerer Größe an. Dabei scheint sie bereits angewitterte Gehäuse zu bevorzugen, die von Vögeln als mögliche Beute unbeachtet bleiben. Nachdem die Biene das Schneckenhaus als brauchbar akzeptiert hat, geht's ans Aufräumen: Schmutz und Müll werden aus dem Inneren heraustransportiert. In das meist nur einzellige Nest wird ein Pollen-Nektar-Gemisch eingetragen (Sammelzeit vier bis sechs Stunden) und mit einem Ei belegt. Die Biene nutzt dazu ein breites Blütenspektrum (bis zu 13 Pflanzenfamilien), darunter auch mehrere Gartenblumen.

Zum Markieren des Schneckenhauses sowie für den Bau von Querwänden wird „Pflanzenmörtel" aus zerkauten und mit Speichel versetzten Blattstücken verschiedener Pflanzen verwendet. Der Abschlusspfropf besteht aus einer oder mehreren mit Steinchen, Erd- und Holzstückchen gefüllten Kammern. Das verschlossene Gehäuse dreht die Schneckenhausbiene anschließend so, dass die Mündung flach dem Boden aufliegt; dazu unterminiert sie es

Die Gehäuse der Bänderschnecken können einfarbig gelb, rosa oder braun und zusätzlich sehr variabel gebändert sein.

Oben: ***Hainbänderschnecke*** *mit dunkelbraunem Gehäusemundsaum.*

Unten: ***Gartenbänderschnecke*** *mit gelblich-weißem Gehäusemundsaum.*

notfalls. Zur Tarnung wird das Bienennest abschließend mit 30 bis 50 trockenen Grashalmen oder Kiefernnadeln zeltförmig abgedeckt. Das oft mehrere Zentimeter lange Material wird im Fluge herbeigeschafft und mit den Beinen festgehalten, wobei die Biene unwillkürlich an eine kleine, auf einem Besen reitende Hexe erinnert. Diese Transportarbeiten können zwei volle Tage in Anspruch nehmen - warmes, sonniges Wetter vorausgesetzt. Werden die Arbeiten durch Schlechtwetterperioden unterbrochen, zieht sich die Biene ins Innere ihres „Eigenheimes" zurück; den nötigen Regenschutz bietet die zuvor nach unten gezogene Gehäusemündung. Die Nestmutter hat ihr ausgewähltes Eigenheim offenbar auch nach der Fertigstellung der Inneneinrichtung noch unter Kontrolle, denn das Schneckenhaus wird von ihr nach künstlicher Entfernung des Streuhaufens erneut sorgfältig zugedeckt. Ende August liegt die voll entwickelte Biene in einem Kokon im Schneckenhaus. Sie überwintert dort wohlgeschützt und befreit sich ab Ende März aus ihrer Enge, um sich zu paaren. Die Männchen erscheinen 14 Tage vor den Weibchen und patrouillieren zwischen den in ihrem Revier herumliegenden Schneckenhäusern auf der Suche nach einem frischgeschlüpften Weibchen. Die leeren Gehäuse werden zum Übernachten und Überdauern schlechten Wetters von beiden Geschlechtern genutzt.

Häuschenbesitzer mit vielen Feinden

Nicht am Gehäuse, sondern an den Schnecken selbst ist eine Vielzahl natürlicher Feinde interessiert. An erster Stelle muss

*Die **Zweifarbige Mauerbiene** (Osmia bicolor) nistet in leeren Schneckenhäusern und trägt als Larvenproviant Pollen und Nektar ein.*

Zum Nestbau verwendet die Mauerbiene zerkaute Blätter, mit denen sie die Zwischen- und Abschlusswände fertigt.

Ein Blick ins Schneckenhaus: In der rechten Hälfte liegt die Bienenlarve auf einem Futterbrei aus Pollen und Nektar.

Nach dem Verschließen des fertiggestellten Nestes wird das Schneckenhaus mit Grashalmen und Kiefernnadeln getarnt.

hier die Singdrossel genannt werden, die mit einem bewohnten Schneckenhaus zu einem Stein („Drosselschmiede“) fliegt, um es durch wiederholtes Aufschlagen zu zertrümmern und so an den Inhalt zu gelangen. Bei genauer Untersuchung der umherliegenden Schalenreste kann man eine aufschlussreiche Entdeckung machen: Im Frühsommer finden sich um den „Drosselamboss“ herum vorwiegend Schalenreste der gebänderten Formen, da die gelben Gehäuse in dem noch jungen, grünen Gras besser getarnt sind. Später, wenn das Gras abgemäht oder abgeweidet ist, sind die gebänderten Formen besser getarnt. Auch andere Vögel fressen Schnecken, wobei kleine Arten ganz verschluckt werden, so dass sich die Gehäusereste im Kot wiederfinden. Spitzmäuse, Igel und verschiedene Nager stellen ebenfalls den Schnecken nach. Unter den Insekten gehören vor allem die Larven von Leuchtkäfern, Kurzflügelkäfern und parasitischen Fliegen zu den Gegenspielern des Schneckenvolkes.

Neben anderen Schneckenfeinden sorgt auch der stattliche ***Lederlaufkäfer*** *(links) dafür, dass für die Zweifarbige Mauerbiene genügend leere Schneckenhäuser zur Verfügung stehen.*

Weinbergschnecke

Sie ist die größte landbewohnende Gehäuseschnecke Europas. Auf ihrem Rücken trägt sie ein bis 5 cm hohes und ebenso breites, kugeliges Kalkgehäuse, in dem die Schnecke auch die kalte Jahreszeit übersteht. Sie wühlt sich in lockeren, laub- oder moosbedeckten Boden ein und verschließt ihr Gehäuse mit einem kalkigen Deckel. Erstaunlich, dass die Tiere die Kälte des kommenden Winters meist „vorausahnen". Vor strengen Wintern wird ein wesentlich dickerer Gehäuseverschluss gebildet und die als Luftkissen („Winterfenster-Effekt") dienenden Schleimhäutchen dahinter werden viel dichter angelegt. Trotz dieses Verdunstungsschutzes verliert die Schnecke etwa 10 bis maximal 15 % ihres Ausgangsgewichtes. Dieser Gewichtsverlust wird in den ersten beiden Tagen nach Verlassen des Winterquartiers durch die Aufnahme von Wasser und Nahrung zu 50 % ausgeglichen. Bei gutem Nahrungsangebot hat sie nach vier bis fünf Wochen ihr altes Gewicht wieder.

Wichtige Glieder im Ökogefüge

Die in der Bevölkerung nicht besonders beliebten Schnecken sind keine überflüssige oder zumindest unerfreuliche Zugabe der Schöpfung, sondern wichtige, ja unentbehrliche Glieder im Ökogefüge:
Weinbergschnecken finden sich in zahlreichen Nahrungsketten, während sie selbst als Konsumenten kleinere Schnecken und Schneckeneier verzehren. Bedingt durch ihre Größe unterstützen und beschleunigen sie den Abbau unvorstellbarer Mengen organischer Stoffe und tragen so wirksam zur Humusbildung bei.

*Die Paarung der **Weinbergschnecken** findet von Mai bis Juli statt (oben rechts). Vor Einbruch der kalten Jahreszeit verschließt die Weinbergschnecke ihr Gehäuse mit einem Kalkdeckel (unten).*

Eine weiterer Nachmieter

Wie die schon vorgestellte Zweifarbige Mauerbiene nistet noch eine weitere Art dieser Gattung in mittelgroßen bis großen Schneckenhäusern: Die als „Schneckenhausbiene" bekannte Mauerbiene *(Osmia aurulenta, S. 140 unten)*. Sie nistet auch in den geräumigeren Gehäusen von Weinbergschnecken. Die Weibchen dieser Art drehen ihr vorgefundenes Schneckenhaus jedoch nicht und verzichten auf eine abschließende Tarnung. Die Nester können bis zu 17 Brutzellen enthalten, die in den Gehäusen von Weinbergschnecken bei größerer Gangweite nicht linienförmig hinter-, sondern nebeneinander liegen.

Nacktschnecken

Alle Landschnecken sind, entwicklungsgeschichtlich gesehen, aus flachmeerbewohnenden Weichtieren hervorgegangen, die schon seit etwa 500 Millionen Jahren unsere Erde besiedeln. Noch heute vermögen sich Landschnecken nur fortzubewegen, indem sie aus ihren Fußdrüsen gleichsam ein „kleines Meer" vor sich ausgießen: eine schleimige zu 98 % aus Wasser bestehende Flüssigkeit, auf der sie dahingleiten. Auch die Schnecken selbst bestehen zu 85 % aus Wasser. Damit sie nicht austrocknen, ist ihre Haut mit einem Schutzmantel aus Schleim umgeben, der sie allerdings nur begrenzt schützen kann. Bei längerer, direkter Sonneneinstrahlung gehen diese Weichtiere unweigerlich ein.
Besonders gefährdet sind die „unbehausten" Nacktschnecken. So ist es nicht verwunderlich, dass sie nur bei feuchtem Wetter aktiv sind, weil sie dann die für sie idealen Lebensbedingungen vorfinden. Meist sind die Schnecken nachts unterwegs, einigen besonders auffälligen oder sehr häufigen Nacktschnecken können wir aber auch am Tage begegnen.

Die Genetzte Ackerschnecke

Ihre Grundfärbung variiert zwischen cremefarben, den verschiedensten Brauntönen bis oliv und schiefergrau. Die Netzzeichnung besteht aus feinen dunkelbraunen oder schwärzlichen Flecken. Die Art lebt an offenen Stellen in Kulturbiotopen, wo sie sich in feuchten Verstecken unter Laub, Steinen oder Holz aufhält. Nasse Jahre begünstigen eine Massenvermehrung. Diese kann große Schäden in Gärten und landwirtschaftlichen Kulturen zur Folge haben, zumal Ackerschnecken -obwohl Allesfresser- lebende Pflanzen anderen Nahrungsstoffen vorziehen.

Die Große Wegschnecke

Mit 10-15 cm Länge ist die Große Wegschnecke *(Arion rufus)* nach der Großen Egelschnecke unsere größte Nacktschnecke. Die Art weist eine beträchtliche Farbvariabilität auf. An kalten Standorten überwiegen die dunklen Formen, in wärmeren Lebensräumen die helleren Formen. Ansonsten findet die Große Wegschnecke in den verschiedensten Biotopen (feuchte Wälder und Wiesen, schattiges Busch- und Kulturland) ihr Auskommen. Als Nahrung dienen grüne, welke oder verrottete Pflanzen, Pilze und Aas.

Ein gefürchteter Schädling ist die ***Genetzte Ackerschnecke*** *(Dericeras reticulatum)*

Abbildungen unten: Neben völlig schwarzen, ziegelroten und orangefarbigen ***Wegschnecken*** *treten auch graue, rot- und dunkelbraune Exemplare auf.*

Amphibien

Mit ihrem kleinräumigen Wechsel aus besonnten und (halb-)schattigen, trockenen und feuchten Stellen, Holz- und Schnittgutplätzen, Gras- und Staudenfluren, Buschwerk und Hecken sind Streuobstwiesen wertvolle Sommer- und Überwinterungshabitate für verschiedene Amphibien- und Reptilienarten. Die von den wandernden Amphibien als Land- oder Sommerlebensräume aufgesuchten Streuobstwiesen können dabei in größerer Entfernung zu den Laichgewässern liegen.
Beim Laubfrosch betragen die zurückgelegten Wegestrecken in der Regel höchstens 500 m. Bei Grasfröschen sind Wanderdistanzen bis zu 800 m belegt. Von Einzeltieren liegen jedoch auch Funde in 2 km Entfernung (und mehr) von der nächsten Wasserstelle vor. Markierte Erdkröten wurden meist in Distanzen von 500 bis1500 m wiederentdeckt. Es konnten jedoch auch Nachweise von Erdkröten (meist Weibchen) erbracht werden, die sich bis zu 3000 m und darüber hinaus vom Gewässer entfernt hatten.

Der Laubfrosch

Während Frösche und Kröten bei den meisten Menschen auf nicht viel Gegenliebe stoßen, ist das beim Laubfrosch anders: Er erfreut sich einer dieser Tiergruppe sonst seltenen Attraktivität und ist wie keine andere heimische Lurchart bekannt. Dennoch kennen ihn die meisten Menschen heute nur noch von Bildern, da er in vielen Landstrichen mittlerweile verschwunden ist. Der Laubfrosch zählt daher zu den stark gefährdeten Arten der Roten Liste. Die Ursachen für die auffallenden Bestandsrückgänge liegen in der fortschreitenden Lebensraumzerstörung:
Umbruch von Grünland in Ackerland, Beseitigung feuchter Gräben und Hecken, Einebnung von Laichgewässern oder deren Umwandlung in Fischteiche. Hinzu kommen Wasserverschmutzung durch übermäßige Düngung und der starke Einsatz von Pestiziden, auf die Laubfrösche besonders empfindlich reagieren.

Kletter- und Verwandlungskünstler

Der Laubfrosch ist, wie bereits sein deutscher und wissenschaftlicher Name *(Hyla arborea)* andeutet, ein Baumfrosch. Winzige Haftscheiben an den klauenförmig gebogenen Fingern und Zehen verleihen dem Froschfuß eine erstaunliche, sogar für Glasscheiben taugliche Haftfestigkeit. Laubfrösche besitzen noch eine weitere er-

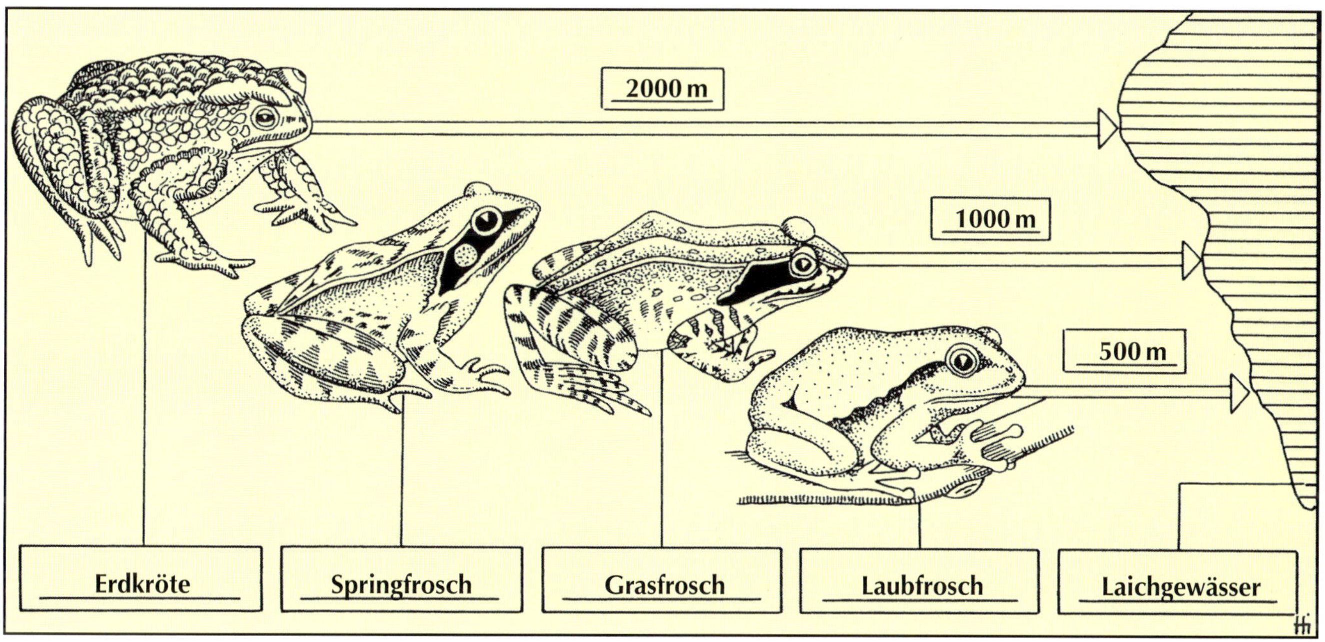

Links: Der nur 5 cm lange ***Laubfrosch*** *ist der kleinste Frosch Mitteleuropas. Er liebt die Sonnenwärme, so dass man ihn oft verschlafen auf einem Blatt klebend antreffen kann.*

Unten: Laubfrösche sind ausgezeichnete Kletterer. Ihre zu Haftscheiben verbreiterten Zehen- und Fingerspitzen leisten dabei gute Dienste.

staunliche Fähigkeit: Wie ein Chamäleon können sie ihre Körperfarbe der jeweiligen Umgebung weitgehend anpassen. Die Farbe Grün kann dabei nach Gelb, Weißgrau oder Braun wechseln.

Vielstimmige Chöre

Laubfrösche lieben die Wärme, deshalb erscheinen sie auch erst Mitte April aus ihren Winterquartieren in feuchten Erdlöchern. Zunächst sind es die Männchen, die eiligst zum nächsten Gewässer hasten, um dort sogleich ihre nächtlichen „Quäk-quäk"-Konzerte anzustimmen. Männchen über vier Jahre quaken am lautesten, da sie ihren Kehlsack am stärksten aufblasen können. Die jüngeren, noch nicht geschlechtsreifen „Halbstarken" quäken in diesem vielstimmigen Chor nur leise vor sich hin.

Hochzeit auf dem Wasser

Die Weibchen verlassen eine Woche später ebenfalls ihre Winterquartiere und folgen den Balzrufen der Männchen. Die Männchen umklammern die Auserwählte dicht hinter den Vorderbeinen. Jedes Weibchen stößt etwa 30 bis100 Eier aus, die als walnussgroße Laichklümpchen auf den Gewässergrund sinken oder an Wasserpflanzen kleben. Die später daraus hervorgehenden, goldgrün schimmernden Quappen werden 5 cm lang, tragen einen weit nach vorne reichenden Flossensaum und wandeln sich von Juni bis September in kleine Frösche um.

Der Grasfrosch

Der auch als Tau-, Bach- oder Märzfrosch bekannte Grasfrosch (*Rana temporaria*) ist eine recht anpassungsfähige Amphibienart mit einem riesigen Verbreitungsgebiet. In Deutschland ist er die häufigste und veränderlichste Froschart: Man kann auf einer Wiese hell- und dunkelbraune, mehr oder weniger schwarze und dann wieder ocker bis orange gefärbte Exemplare finden. Als jahreszeitlicher „Frühaufsteher" erwacht der Grasfrosch, zusammen mit dem nahe verwandten Springfrosch, als Erster von allen Froschlurchen aus der Winterstarre.

Erstaunliche Kälteresistenz

Die Paarung erfolgt noch ehe die Gewässer vom Eis befreit sind, und die Eier sind bereits geschlüpft, bevor die übrige Verwandtschaft die ihrigen gelegt hat. In milden Gegenden Deutschlands laichen Grasfrösche von Mitte Februar bis Ende März. Wie auf Verabredung treffen alle geschlechtsreifen Tiere einer Population in den seichten Uferzonen der Gewässer ein. Auf welche Weise sie sich dabei exakt auf einen gemeinsamen Zeitpunkt abstimmen, ist noch immer ein Rätsel. Eine stimmliche Kontaktnahme und Verständigung scheidet als Erklärung aus, da Grasfrosch-Männchen nicht so weithin schallende Konzerte veranstalten wie der allbekannte Wasserfrosch, sondern aus ihren inneren Schallblasen nur ein dumpfes, relativ leises Knurren oder Grunzen hervorbringen. Die in der Fachsprache als „Explosiv-Laichen" bezeichnete gemein-

*Oben: Der **Grasfrosch** ist der jahreszeitliche „Frühaufsteher" unter den Lurchen.*

Unten: Grasfrosch-Pärchen auf dem oft langen Weg zum Laichgewässer.

same Fortpflanzung der Paare ist in spätestens drei Nächten erledigt. Die Muskulatur der Vorderbeine und die Daumenschwielen der Männchen sind zu dieser Zeit überentwickelt. Die Weibchen werden damit von hinten unter den Achseln umklammert. In dieser Stellung verharren die Paare, bis das Weibchen ein Hohlkreuz macht und dem Männchen damit signalisiert, dass es nun seine 1000 bis 4000 Eier ablegt. In diesem Augenblick ergießt sich der Same des Männchens darüber.

Entwicklung vom Ei zum Frosch

Die befruchteten Laichballen sinken zunächst auf den Grund, um nach einigen Tagen, wenn die Gallerthüllen gequollen sind, wieder an die Wasseroberfläche zu steigen. Die durchsichtigen Eiweißhüllen schützen die Eier nicht nur vor Stoß und Druck, sondern lenken wie Brenngläser die Sonnenstrahlen zur 2-3 mm großen Dotterkugel, die sich wegen ihrer dunklen Farbe besonders rasch erwärmt, manchmal um zehn Grad mehr als das umgebende Wasser. Die Gallerthüllen bilden auch die erste Nahrung der -je nach Witterung- nach 20 Tagen oder etwas später schlüpfenden Larven. Danach ernähren sie sich von Algen, Plankton und vermoderten Pflanzen- und Tierresten.
Zur Sicherung ihrer Ernährungsgrundlagen haben Grasfrosch-Kaulquappen eine erstaunliche Überlebensstrategie entwickelt: Sie sind nicht nur die ersten im Tümpel, sondern können durch Ausscheidung nicht

*Oben: Die sehr großen, an der Wasseroberfläche schwimmenden **Laichballen** umfassen 1000 bis 4000 Eier.*
*Unten: Wie bei allen Froschlurchen erscheinen auch bei den **Kaulquappen** des Grasfrosches zuerst die Hinterbeine.*

näher bekannter Substanzen das Aufwachsen der späteren Quappen anderer Arten (Erdkröten, Grünfrösche) hemmen. Von der Laichablage bis zur Umwandlung der zunächst kiemenatmenden Kaulquappen zum lungenatmenden Jungfrosch vergehen etwa zwei bis vier Monate. Die alten Grasfrösche haben inzwischen längst die Gräben und Teiche verlassen und die Landlebensräume aufgesucht, wohin ihnen im Frühsommer auch ihre Jungen folgen.

Eroberung neuer Lebensräume

Die Prägung auf ein ganz bestimmtes Laichgewässer wird bei erwachsenen Grasfröschen meist zeitlebens beibehalten, wenngleich nicht alle Individuen zu ihrem Geburtsort zurückkehren. An der Eroberung neuer Lebensräume sind daher in erheblichem Maße die Jungtiere beteiligt. Nach der Geschlechtsreife werden von ihnen auch Gartenteiche als potenzieller Laichplatz aufgesucht. Dort sollte eine frostsichere, etwa 1 m tiefe Winterkuhle vorhanden sein, da Grasfrösche häufig und oft gruppenweise im Bodenschlamm stehender, gelegentlich auch fließender Gewässer überwintern und hierzu nur selten geeignete Landverstecke aufsuchen.
Grasfrösche haben viele natürliche Gegenspieler. Amphibienfeind Nr. 1 ist jedoch auch hier der Mensch: Durch Straßenbau und die fortschreitende Ausdehnung der Siedlungsbereiche werden die Lebensräume des Grasfrosches verkleinert und die Bestände zunehmend voneinander isoliert.

Oben: Mit der Rückbildung des Ruderschwanzes erfolgt die Wandlung zur endgültigen Froschgestalt.

Unten: Nach zwei bis vier Monaten hat sich die kiemenatmende Kaulquappe in einen lungenatmenden Jungfrosch verwandelt.

Die Erdkröte

Die Erdkröte (*Bufo bufo*) ist nicht nur der bekannteste, sondern auch imposanteste Vertreter unserer heimischen Kröten und Unken. Die Männchen erreichen eine Länge von 8 cm, die wesentlich plumperen Weibchen messen dagegen bis zu 15 cm. Neben der mit zahlreichen Warzen bedeckten Oberseite bilden die großen, fast halbmondförmigen Ohrdrüsen am breiten Kopf und die goldfarbene Iris der Augen unverkennbare Artmerkmale. Erdkröten sind sehr anpassungsfähig und bewohnen nahezu alle Lebensräume. Tagsüber verstecken sie sich unter Steinen, Holz oder Laub sowie in Erdlöchern, Kompost- oder Misthaufen. Nachts machen sie sich durch das Vertilgen zahlreicher Insekten, Asseln, Tausendfüßer, Spinnen, Würmer und vor allem von Schnecken außerordentlich nützlich.

Liebestolle Freier

Wie alle Amphibien benötigen auch Erdkröten zur Fortpflanzung ein Laichgewässer, auf das sie von Geburt an „geprägt" sind, d. h. die Tiere suchen ihr bis zu zwei Kilometer und mehr entferntes „Heimatgewässer" über Jahre hinweg immer wieder auf. In den ersten wärmeren Frühjahrsnächten mit ca. 4 °C in Bodennähe machen sich die „Frühaufsteher" unter den Krötenmännchen auf den Weg, während der Haupttross erst bei mindestens 8 °C in Bewegung kommt. Manche Nachzügler versuchen schon auf dem Weg zum Laichplatz sich ein Weibchen zu reservieren, indem sie sich von diesem „huckepack" zur nassen Örtlichkeit ihrer Hochzeit tragen lassen. Irrtümer sind dabei nicht ausgeschlossen, denn die liebestollen Freier bespringen so ziemlich alles, was entfernt an ein Weibchen erinnert: Erdklumpen, Holzstücke, Schuhspitzen, hingehaltene Finger ... Die größte Ähnlichkeit mit dem weiblichen Geschlecht haben natürlich die Männchen selbst. Da aber gleichgeschlechtliche Liebe im Tierreich biologisch sinnlos ist, hat die Natur bereits vorgesorgt: Will ein Männchen einen Geschlechtsgenossen umklammern, macht Letzterer durch heftige Abwehrbewegungen mit den Beinen und gleichzeitiges Ausstoßen von „Befreiungsrufen" auf das Versehen aufmerksam. Das Gros der Männchen erreicht zuerst den Laichplatz und wartet auf die einige Tage später eintreffenden Weibchen.

Kröten sind keine „Ekeltiere", selbst Kinder können sie ruhig in die Hand nehmen.

Gewaltiger Männerüberschuss

Das weibliche Geschlecht ist in den Laichgesellschaften der Erdkröten zahlenmäßig stark unterrepräsentiert. Das Verhältnis Männchen : Weibchen beläuft sich im Allgemeinen zwischen 3:1 und 8:1, in ungünstigen Fällen kann die Anzahl der Männchen sogar mehr als das Zehnfache der anwesenden Weibchen betragen. Mit ein Grund für dieses Missverhältnis ist darin zu sehen, dass nicht alle, sondern nur die laichbereiten Weibchen einer Population am Gewässer erscheinen. Ferner setzt bei den Männchen die Geschlechtsreife mit frühestens drei Jahren ein, bei den Weibchen erst ein Jahr später. In diesem Jahr sterben aber viele von ihnen - eine weitere Erklärung für den Männerüberschuss. Als Mangelware werden die Weibchen nicht selten von mehreren Männchen gleichzeitig geklammert, da sich nicht alle Interessenten von den strampelnden und in hohen Tönen knurrenden „Ehemännern" abwimmeln lassen, die schon zuvor ihre Besitzansprüche angemeldet hatten. Es entstehen so regelrechte Konglomerate aus Krötenleibern, sogenannte „Krötenzöpfe", die durch ihr Gewicht auf den Gewässergrund sinken, wo die Tiere dann ersticken.

Am Ziel: Paarung und Eiablage

Nach einigen Tagen Wasseraufenthalt, manchmal aber auch schon früher, beginnen die Weibchen mit dem Ablaichen. Aus der Kloake des Weibchens treten 3000 bis 8000 mattschwarze Eier in Form von 3 bis 5 m langen Doppelschnüren aus. Die Eier sind darin je nach Dehnungsgrad der Gallertschnüre in 2 bis 4 Reihen angeordnet. Die in mehreren Schüben alle 15 bis 30 Minuten ausgestoßenen Laichschnur-Abschnitte werden vom Männchen sofort besamt. Durch Ausstrecken der Hinterbeine und Durchbiegen des Rückens signalisiert das Weibchen ihrem Partner den Zeitpunkt für die Besamung. Die so entstehenden „Laichgirlanden" werden zwischen Schilfstängeln, anderen Wasserpflanzen, Ästen oder dgl. aufgehängt. Diese Befestigung verhindert ein Absinken in den Bodenschlamm, wo sich die Eier schlecht oder nicht mehr entwickeln können. Etwa eine Woche nach der Befruchtung schlüpfen die schwarzen Kaulquappen, die gesellig leben und in der flachen Uferzone meist große Ansammlungen bilden. In Gruppen von Hunderten von Tieren ziehen sie in strenger Schwimmordnung durchs Wasser, um gemeinsam zu fressen oder bei Störungen wie auf Kommando gemeinsam zu flüchten. Die Tierchen atmen zunächst durch äußere, dann durch innere Kiemen. Nach etwa 10 Wochen erscheinen die Hinterbeine, während die Vorderbeine erst kurz vor dem Ende der Metamorphose her-

Bereits in den ersten wärmeren Frühjahrsnächten verlassen die ***Erdkröten*** *ihre Winterquartiere und wandern zu ihren oft weit entfernten Laichgewässern.*

Einige der stets in der Überzahl vorhandenen Männchen suchen bereits auf dem Weg zum Laichplatz ein Weibchen zu reservieren.

vorbrechen. Um diese Zeit sind auch die Lungen ausgebildet. Nach 2 bis 3 Monaten haben sich die Kaulquappen in winzige Kröten verwandelt, die in gewaltiger Zahl fast gleichzeitig ihr Laichgewässer verlassen und in die Umgebung abwandern.

Anlegen neuer Laichgewässer

Erdkröten kommen in vielen Landstrichen noch recht häufig vor, doch lassen mehrere Gefährdungsfaktoren auch hier ihre Bestände immer mehr schrumpfen. Neben der Beseitigung, Zerstörung oder Entwertung von Laichgewässern bewirken vor allem verkehrsreiche Straßen einen großen Aderlass bei den Populationen. Erfreulicherweise nehmen Erdkröten auch eigens für den Amphibienschutz angelegte Tümpel oder Teiche als Laichplatz an. Diese Gewässer sind als Kröten-Laichstätte aber nur dann geeignet, wenn sie ein gefahrloses Anwandern der meist 500-1500 m, bisweilen aber noch weiter entfernten Sommerlebensräume der Kröten ermöglichen. Abweichend von anderen Froschlurchen verschlafen Erdkröten den Winter ab Ende September in fern vom Wasser gelegenen, trockenen Erdhöhlen. Man kann den Kröten auch dadurch helfen, dass man das Falllaub nicht beseitigt und Trockenmauern aus großen Steinen oder Totholzhaufen errichtet, unter denen sich die Tiere frostsichere Winterquartiere graben können. Erdkröten halten übrigens mit bemerkenswerter Treue an dem einmal gewählten Unterschlupf

*Oben: Die Abwanderung der **Jungkröten** erfolgt bei günstiger Witterung fast gleichzeitig, so dass es in der Umgebung der Laichgewässer von Jungtieren wimmelt.*

Unten: Da Erdkröten keine Brutpflege betreiben, sind die fertig entwickelten, etwa zwei Zentimeter großen Jungtiere völlig auf sich selbst gestellt.

fest: Verfrachtet man eine Kröte nicht allzu weit von ihrem Versteck, so wird man sie schon innerhalb kurzer Zeit dort wieder vorfinden.

Maßnahmen gegen den Verkehrstod

Überqueren die Tiere auf ihrem Weg zwischen Sommerlebensraum, Überwinterungsquartier und Laichplatz eine Straße, sterben viele den Verkehrstod. Neuere Untersuchungen haben ergeben, dass 15 bis 20 Automobile in der Stunde genügen, um fast die gesamte Kröten-Population eines Landstriches zu töten. Von Naturschutzverbänden und Einzelpersonen praktizierte Schutzmaßnahmen sind:

Krötentunnels: Durch Fangzäune aus Plastik oder Maschendraht von ca. 40 cm Höhe werden die Tiere nach dem Trichterprinzip zu Unterstraßendurchlässen (Betonröhren von 40-60 cm Durchmesser) geleitet, wobei für 1 km etwa 20 Tunnels erforderlich sind. Zäune und Tunnels müssen allerdings ständig überwacht und gegebenenfalls repariert werden.

Ersatzteiche: Die Umprägung der ortstreuen Kröten auf Ersatzteiche stellt die beste Lösung dar: Die auf dem Weg zum früheren Laichgewässer an den Zäunen gefangenen Tiere werden in einen vorbereiteten Ersatzteich diesseits der Straße gebracht und zum Ablaichen gezwungen. Dieses „Laichgefängnis“ ist zunächst von einem Krötenzaun umgeben. Später wird er wieder entfernt, damit die nun auf dieses Gewässer lebenslänglich geprägten Jungkröten ausziehen können.

Verkehrsreiche Straßen werden vielen Kröten bei der Laichwanderung zum Verhängnis.

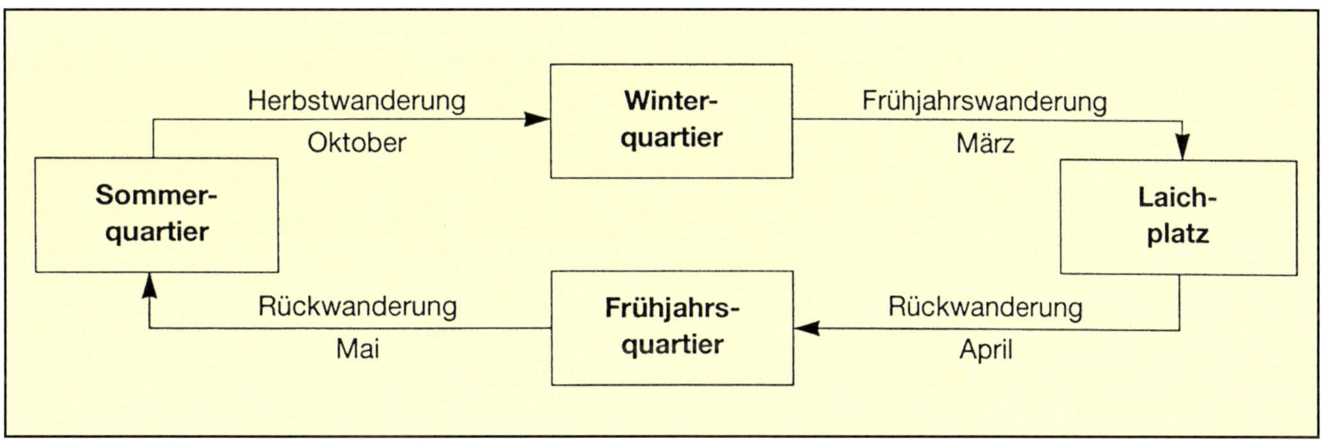

Reptilien

Die Reptilien sind im mitteleuropäischen Raum durch eine Schildkrötenart (Europäische Sumpfschildkröte), fünf Eidechsen- und zehn Schlangenarten vertreten.
In Streuobstwiesen wurden, je nach Lage, Bodenfeuchtigkeit und Vegetationsdichte, bisher folgende Arten beobachtet: Die Zauneidechse findet in Streuobstwiesen einen ihr zusagenden Lebensraum, wenn südexponierte Hanglagen sowie ein Mosaik aus Büschen, Grasbewuchs und vegetationsfreien Stellen gegeben sind. Die lebendgebärende Waldeidechse hat einen geringeren Wärmebedarf und bewohnt auch verhältnismäßig feuchte Stellen. Ihre Biotopansprüche sind denen der Blindschleiche sehr ähnlich, die alle nicht trockenen Geländeformen im Flach- und Bergland besiedelt. Seltener begegnet man der Ringelnatter auf Streuobstwiesen, da amphibienreiche Feuchtgebiete einen ganz entscheidenden Teil ihres Lebensraumes bilden. Doch vor allem alte Tiere werden oft weitab vom Gewässer angetroffen, wo sie Jagd auf Grasfrösche und Kleinsäuger machen.

Die Zauneidechse

Die noch vielerorts -wenn auch nicht mehr so häufig wie früher- vorkommende Zauneidechse (*Lacerta agilis*) zeigt uns in der Wahl ihrer Aufenthaltsorte, wie sehr sie als „Heid-Echse" auf die wärmenden Sonnenstrahlen angewiesen ist. Heidegebiete, Mager- und Trockenrasen, Bahndämme, Böschungen, Steinbrüche, Feldraine, Weg- und Heckenränder, aber auch naturnahe Gärten bilden ihren bevorzugten Lebensraum. An Baumstämmen, Sträuchern und Zäunen kann sie meterhoch klettern, um auch noch am späten Nachmittag mit ihrem abgeplatteten Körper die letzten Sonnenstrahlen zu genießen. Diese von außen kommende Wärme ist für die Eidechse geradezu lebensnotwendig, denn wie bei allen wechselwarmen Tieren steigt und fällt ihre Körpertemperatur je nach Witterung der Umgebung. Das während der Sommermonate alle vier bis sechs Wochen abgestreifte, hornartige Schuppenkleid des Tierchens schützt zwar gegen Austrocknung und Verletzung, nicht aber vor Wärmeverlust. In der Sonne nimmt die Eidechse jedoch rasch die Strahlung auf und wird „heißblütig". Dann entpuppt sie sich als äußerst gewandter Jäger, der sich blitzschnell auf vorbeikommende Fliegen, Käfer, Heuschrecken, Grillen, Spinnen, Asseln und sonstiges Kleingetier stürzt. Vor allem Heuschrecken nehmen einen wichtigen Platz auf der Speisekarte ein und können im Spätsommer nicht selten mehr als drei Viertel des Mageninhalts bestreiten.
Das Gebiss des kleinen „Raubsauriers" besteht aus zahlreichen gleichlangen spitzen Zähnchen, die lediglich zum Zerquetschen der erhaschten Tiere dienen, selbst kleine Stücke können damit nicht abgebissen werden. Lange Beine oder sperrige Flügel werden durch Wischen des Mäulchens am Boden entfernt. Der Rest wird unzerkaut hinuntergewürgt.

Fortpflanzung und Überwinterung

Während der Fortpflanzungszeit bewohnen beide Geschlechter oft gemeinsam einen Bau, von dem sie sich nicht mehr als 10-20 m entfernen. Im Mai oder Juni legt das Weibchen in eine selbst gegrabene Höhle ca. 10-14 weißliche, weichschalige Eier, die von der Sonne ausgebrütet werden. Die bei warmem Wetter nach etwa zwei Monaten schlüpfenden Jungen sind völlig auf sich selbst gestellt und ernähren sich von kleinsten Würmern und Insekten. Bereits im Oktober begeben sie sich zur Winterruhe, während sich die Alttiere bereits einige Wochen früher in ihre Wohnlöcher zurückgezogen haben. Hier verfallen sie während der kalten Jahreszeit in eine Winterstarre, wobei ihre Körpertemperatur bis nahe null Grad absinken kann. Dies ist jedoch für die Tiere nicht lebensgefährlich, da sie durch den höheren Salz-

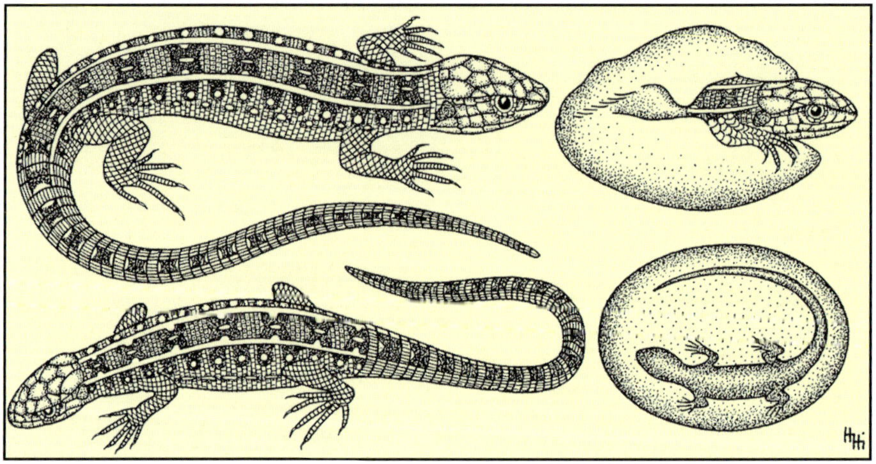

Die Jungen der Zauneidechse schlüpfen aus weichschaligen Eiern, denen eine Luftkammer fehlt. Dotter und Eiweiß sind nicht wie beim Vogelei getrennt.

gehalt ihres Blutes eine Art „Frostschutzmittel“ im Leib haben. Noch ehe der Winter hereinbricht, legen die wechselwarmen Tiere rechtzeitig Fettreserven in ihrem Körper an, die den stark eingeschränkten Stoffwechsel während der kalten Jahreszeit aufrechterhalten.

Die sehr dunklen Jungtiere der Bergeidechse verlassen schon im Mutterleib die Eihüllen und führen die für Eidechsen typischen „Schlängelbewegungen“ aus.

Die Bergeidechse

Die Bergeidechse (*Lacerta vivipara*) ist trotz ihrer größeren Kälteresistenz in vielen Teilen Deutschlands seltener als die Zauneidechse. Zwar teilen beide Arten vielerorts den gleichen Lebensraum, halten aber gewöhnlich etwas Abstand voneinander, da die kräftigere Zauneidechse ihrer kleinen Verwandten nicht selten nachstellt und kannibalische Gelüste entwickelt. Durch ihre Vorliebe für kühlere und feuchtere Orte, wie Waldgebiete, vegetationsreiche Bachränder, verbuschte Böschungen oder Hochmoore ist die Bergeidechse auch unter dem Namen Wald- oder Mooreidechse bekannt. Obgleich diese Eidechsenart schattigere Stellen und eine weithin geschlossene Vegetationsdecke liebt, sonnt sie sich gerne auf Lichtungen, an Waldrändern und Böschungen, auf Baumstümpfen und gestrüppreichen Geröllhalden. Sie ist in ihren Bewegungen nicht minder schnell oder wendig als ihre größere Verwandte und kann sich bei Verfolgung darüber hinaus noch rasch in ein nahegelegenes Gewässer flüchten, um sich minutenlang auf dessen Grund zu verstecken.

Lebendgebärend

Eine weitere Besonderheit dieser Echsenart besteht darin, dass sie wie die Kreuzotter lebende Junge zur Welt bringt. Aufgrund der niedrigen Temperaturen ihres Lebensraumes müssen sich die jungen Bergeidechsen bereits im Muttertier vollständig entwickeln, da dieses stets wärmer als die Umgebung ist und zum begehrten Sonnenbad jeweils die wärmsten Stellen gezielt aufsuchen kann. Trächtige Weibchen haben daher ein besonders hohes Sonnenbedürfnis. Die Jungtiere kommen nach einer Tragzeit von etwa drei Monaten als fix und fertige Geschöpfe gewöhnlich nachts zur Welt. Sie sind noch von einem zarten, glasig-durchsichtigen Häutchen umschlossen, das sie durch heftiges Hin- und Herwinden sofort sprengen. In den nördlichsten Regionen ihres Verbreitungsgebietes paaren sich die Eidechsen als Anpassung an den kurzen Sommer im Herbst und ihre Nachkommen erblicken erst im Frühjahr des folgenden Jahres das Licht der Welt. Es muss ja den Jungen für den Rest der Sommerperiode noch genügend Zeit verbleiben, so weit heranzuwachsen und sich die nötigen Körperreserven anzufressen, dass sie ohne Gefahr den kommenden langen Winter überstehen können. Die Vorteile des Lebendgebärens ließen die kleine Waldeidechse von allen europäischen Echsen am weitesten nach Norden, bis zum Polarkreis, vordringen. Aber auch im Gebirge kann sie noch in Höhen über 2000 m leben. Diese Anpassungsleistung ist geradezu ein Schulbeispiel dafür, wie sich einst in grauer Vorzeit aus fortschrittlichen Kriechtieren die ersten Säugetiere entwickelt haben mögen, deren besonders erfolgreiche Überlebensstrategie neben ihrer Warmblütigkeit ja darin besteht, dass sie die Entwicklung ihrer Jungen von den wechselnden äußeren Umweltbedingungen weitestgehend unabhängig gemacht haben.

Bestandsabnahmen

Wurde einst die Ausbreitung der in Mitteleuropa heimischen Kriechtiere durch den Wälder rodenden und Ackerbau treibenden Menschen nachhaltig gefördert, so hat die moderne Landwirtschaft durch maschinelle Großflächennutzung und allzu rigorosen Chemieeinsatz in den letzten Jahrzehnten diese Entwicklung ins krasse Gegenteil verkehrt. Selbst Zaun- und Bergeidechse gehören trotz nicht sehr hoher Biotopspezialisierung mittlerweile zu den in ihrem Bestand abnehmenden Tierarten.

Blindschleiche

Dieses schöne, glatte Tier sieht nur auf den ersten Blick wie eine Schlange aus, ist aber eine beinlose, echte Echse. Zwar fehlen äußerlich sichtbare Beine, doch finden sich im Knochengerüst Reste davon. Die Blindschleiche besitzt bewegliche Augenlider, so dass ihr der „starre Blick" der Schlangen fehlt. Letztere müssen durch die durchsichtigen, miteinander verwachsenen Lider hindurchsehen. Die Blindschleiche ist also keineswegs blind - ihr Name bezieht sich vielmehr auf das glänzende Schuppenkleid, das „blendet" oder „plint" (wie es im Althochdeutschen hieß).

Das Sehvermögen dieser Echse ist allerdings nur schwach entwickelt. Sie ist farbenblind und besitzt ein schlechtes Unterscheidungsvermögen für Grautöne. Die Blindschleiche züngelt daher nach Art der Schlangen relativ oft und verlässt sich zusätzlich auf ihren Tast- und Geschmackssinn. Die Grundfärbung der erwachsenen Tiere ist sehr variabel. Das Schuppenkleid kann oberseits hellgrau, bleigrau, graubraun, braun, zimt-, bronze- und kupferfarben sein, während die Unterseite meist schwarzgrau bis blaugrau gefärbt ist.

Lebensraum, Nahrungserwerb, Feinde

Blindschleichen bevorzugen schattige und mäßig feuchte Lebensräume. Sie mögen weder Kälte, noch zu große Wärme, auch wenn vor allem die Weibchen gerne ein Sonnenbad nehmen. Wir finden die Tiere im Grasland, an buschigen Hängen und Waldrändern. Den Tag verbringen Blindschleichen meist versteckt unter flachen Steinen oder Holzscheiten sowie in Erdlöchern und gehen erst am Spätnachmittag und Abend oder bei feuchtem Wetter auf Jagd nach Nacktschnecken und Regenwürmern, die ihre Hauptnahrung bilden. „Langsame Futtertiere werden meist längere Zeit aus nächster Nähe betrachtet. Dann wird die Beute langsam und bedächtig gepackt, mit den kleinen, spitzen, nach hinten gerichteten Zähnchen sicher festgehalten und ebenso langsam verzehrt. Das Verschlingen kann 10-15 Minuten beanspruchen" (Diesener/Reichholf 1985). Die Blindschleiche selbst wird wiederum Beute vieler natürlicher Feinde: Wildschweine, Füchse, Dachse, Marder, Iltis, Igel, Störche, Reiher, Raben- und Greifvögel, aber auch Glattnattern stellen ihr nach. Die Jungtiere können von Spitzmäusen, Erdkröten, Drosseln und jungen Kreuzottern aufgespürt werden. Blindschleichen sind äußerst friedfertig und versuchen niemals, den Menschen zu beißen, wenn er sie in die Hand nimmt. Trotzdem werden viele als vermeintliche Schlangen erschlagen. Erhebliche Verluste verursacht vor allem der Straßenverkehr.

Überwinterung und Paarung

In Tallagen begeben sich Blindschleichen oft erst im November zur Winterruhe in frostgeschützte, Bodenverstecke. Mitunter versammeln sich dort bis zu 100 Blindschleichen, weil es nur wenige günstige Plätze für sie gibt. Im März verlassen die Blindschleichen ihr Winterquartier und wenig später findet die Paarung statt. Nach einer ungewöhnlich langen Trächtigkeit von etwa 12 Wochen kommen meist erst im August oder später 8-12 (maximal 25) Junge in einer transparenten Eihülle zur Welt, die bei der Geburt oder schon vorher aufreißt. Die Jungtiere häuten sich drei- bis viermal im Jahr und werden erst nach vier Jahren geschlechtsreif. In Gefangenschaft können Blindschleichen bis zu 30 Jahre alt werden. Im Zoologischen Museum von Kopenhagen brachte es ein Exemplar sogar auf 54 Jahre.

Ringelnatter

Dieses prächtige und gänzlich ungefährliche Tier ist in unserem reptilienarmen Land die einzige noch einigermaßen häufig anzutreffende Schlange. Im Gegensatz zu Blindschleiche und Kreuzotter ist die Ringelnatter (*Natrix natrix*) überwiegend tagaktiv und daher leichter zu beobachten.
Die Männchen sind mit einer Körperlänge von 70 cm bis 1 m oft bedeutend kleiner und schlanker als die besonders im Alter sehr dicken und breitköpfigen Weibchen, die eine Länge von 85 bis 130 cm (in Ausnahmefällen bis 2 m) erreichen können. Arttypisch sind die gut sichtbaren gelben oder weißlichen Halbmonde beiderseits des Hinterkopfes. Die übrige Färbung ist sehr variabel: oben asch- oder schiefergrau, manchmal auch bräunlich mit vier bis sechs Längsreihen schwarzer Punkte, an der Bauchseite bläulichschwarz und weiß gewürfelt.

In verschiedenen Lebensräumen

Ringelnattern besiedeln ein breites Spektrum unterschiedlicher Biotope. Mit Vorliebe halten sie sich an den verkrauteten Ufern stehender oder langsam fließender Gewässer auf, kommen aber auch an wasserabgelegenen Stellen vor. In feuchten Wiesen, verlassenen Steinbrüchen und Kiesgruben, an Waldrändern und Berghängen kann man ihr ebenso begegnen wie in der unmittelbaren Nähe menschlicher Ansiedlungen. Die Jungtiere sind stärker an das Wasser gebunden als adulte Exemplare.

Oben: Ein wichtiges Erkennungsmerkmal bilden die hellen bis leuchtend gelben Mondflecken im Nackenbereich.

*Unten: Vor allem in den Vormittagsstunden suchen die wechselwarmen **Ringelnattern** gerne trockene Sonnenplätze auf.*

Jägerin zu Wasser und zu Land

Die Ringelnatter ernährt sich hauptsächlich von verschiedenen Lurchen, wobei Grasfrösche an erster Stelle stehen. Auch Laubfrösche werden sehr gerne verzehrt, Erdkröten nur gelegentlich, Unken dagegen abgelehnt. Hin und wieder werden auch Fische und ausnahmsweise Kleinsäuger erbeutet. Die Jungtiere jagen zunächst Kaulquappen und wirbellose Tiere, am häufigsten Regenwürmer. Die wendige Ringelnatter kann geschickt schwimmen und tauchen, gerne versteckt sie sich im Pflanzengewirr unter Wasser und lauert dort auf Beute. Sie jagt und verfolgt diese also nicht wie auf dem Lande. Das erhaschte Tier wird an Land geschleppt und dort gefressen. Da das Beutetier meist bedeutend größer ist als der Kopf der Schlange und beim Fressen nicht zerkleinert wird, müssen beim Schlingakt, Maul und Schlund außerordentlich stark gedehnt werden.

Ringelnattern haben viele Feinde

Auf die Ringelnatter und ihren Nachwuchs haben es zahlreiche natürliche Feinde abgesehen: Hechte, Igel, kleine Raubsäuger, Graureiher, Störche, Greif- und Rabenvögel. Manchmal gelingt der sehr scheuen und wachsamen Natter die unverzügliche Flucht. Wird sie von einem Feind gestellt, versucht sie durch verschiedene Abwehrstrategien ihr Leben zu retten: Sie zischt, bläht sich auf, beißt aber nur selten, obwohl sie eine Giftdrüse besitzt, doch fehlen ihr die entsprechenden Giftzähne. Zur weiteren Einschüchterung des Angreifers schwingt und schleudert die Ringelnatter ihren Schwanz hin und her und entleert dabei den übelriechenden Inhalt ihrer „Stinkdrüsen", die ihren Sitz in der Schwanzwurzelgegend haben.

Überwinterung und Paarung

Ringelnattern überwintern an frostfreien Stellen im Erdboden, in Baumstubben, Torfstichen u. ä. Plätzen. Je nach Witterung kommen sie im März/April wieder zum Vorschein, um sich nach der Häutung zu paaren. Acht bis zehn Wochen nach der Begattung werden vom Weibchen etwa 20 bis 30 weichschalige, knapp taubengroße Eier abgelegt. Die Brutplätze müssen durchgängig feucht und möglichst warm sein, hohle Baumstubben, Laub-, Kompost- und Misthaufen bieten sich dafür an. Die Jungtiere schlüpfen nach acht bis zehn Wochen aus ihren Eihüllen.

Harmlos und gefährdet

Ringelnattern greifen Lebewesen, die größer als ihre Beutetiere sind und somit auch den Menschen nie an, es sei denn sie fühlt sich in die Enge getrieben und unmittelbar bedroht. Doch erstaunlich viele Menschen besitzen eine „geradezu atavistische Scheu, Abneigung und Angst gegenüber allem, was nur irgendwie schlangenähnlich aussieht. Diese allgemein verbreitete Grundeinstellung des Menschen, gekoppelt mit der meist ebenso verbreiteten Unkenntnis, ob die Schlange, der man gerade begegnet, giftig oder ungiftig sei, veranlassen ihn, alles, was Schlange heißt, blindlings totzuschlagen" (Boeckh 1968).
Hinzu kommt die fortschreitende Lebensraumzerstörung: Vor allem der Verlust amphibienreicher Feuchtgebiete und die Intensivierung der Teichwirtschaft bringen nicht nur für die Lurche, sondern auch für die Ringelnatter erhebliche Überlebensprobleme mit sich.

Die nach zwei bis zweieinhalb Monaten schlüpfenden Jungtiere sind sehr dünn und 15 bis 20 cm lang.

Vögel

Landschaftsprägende, d. h. große zusammenhängende Streuobstgebiete gehören zu den artenreichsten Vogelbiotopen innerhalb einer heute weitgehend ausgeräumten, strauch- und baumleeren Kulturlandschaft. Wissenschaftler haben in Direktbeobachtungen ausgezählt, wie häufig und welche Vögel Obstgrundstücke in einer festgelegten Zeit überflogen oder dort landeten. Dabei ergaben sich erhebliche Unterschiede zwischen Obstwiesen und Plantagen mit gleichförmigen Niederstämmen. Von 326 direkt beobachteten Vögeln landeten 209 auf der Obstwiese, suchten dort Nahrung, ruhten sich aus oder brüteten sogar. Bei der Obstplantage landeten nur 22, während 158 sie überflogen. Ergebnis: Obstwiesen werden von Vögeln dreizehnmal so häufig besucht wie die Plantage. Wertet man die einzelnen Vogelarten aus, die in die untersuchten Gebiete einflogen, so übertrifft die Obstwiese die Plantage mit 17:5 Arten. Die Gründe:

Reiches Nahrungsangebot

Für eine kaum vermutete Zahl von Vogelarten bilden alte Streuobstbestände ideale Nisthabitate und zugleich überaus ergiebige Nahrungsbiotope. So weisen Streuobstwiesen gegenüber Intensiv-Obstanlagen einen zwei- bis sechsmal höheren Insektenbestand auf. Sämtliche Stockwerke halten ein reichhaltiges Angebot an pflanzlicher

Der vom Aussterben bedrohte ***Wiedehopf*** *(Upupa epops) bewohnt offene Landschaften mit trocken-warmem Klima. Er nistet in Astlöchern, verlassenen Spechthöhlen, auch in großen Nistkästen. Seine Nahrung bilden Insekten und deren Larven (Maulwurfsgrillen, Mist- und Dungkäfer) ferner Spinnen und Schnecken.*

*Der **Steinkauz** (Athene noctua) liebt offenes baumbestandenes Gelände, wie Obstgärten, Parkanlagen, Feldgehölze, Steinbrüche, ist aber auch regelmäßig in Dörfern und Städten vertreten. Allerdings hängt die Siedlungsdichte weitgehend vom Vorhandensein geeigneter Tagesruhe- und Brutplätze ab. Normalerweise kommt es jährlich nur zu einer Brut. Das Weibchen brütet allein und wird vom Männchen mit Futter versorgt. Bei der Aufzucht der Jungen bilden Käfer, Nachtfalter, Ohrwürmer, Heuschrecken, Asseln und Regenwürmer wichtige Anteile neben Kleinsäugern und Kleinvögeln.*

Durch die umfangreiche Rodung von hochstämmigen Obstbäumen, alten Kopfweiden, sowie die großflächige Umwandlung von Dauergrünland in Ackermonokulturen wurde das Nahrungs- und Brutplatzangebot des Steinkauzes drastisch reduziert. Mit dem Aufhängen spezieller Steinkauz-Brutröhren versucht man die Wohnungsnot des Steinkauzes etwas zu lindern - vorrangiges Ziel muss jedoch die Erhaltung vorhandener natürlicher Brutstätten und Nahrungsbiotope innerhalb noch intakter Lebensräume sein.

und tierischer Kost bereit: Im Luftraum zwischen und über den Bäumen jagen Schwalben, Grau- und Halsbandschnäpper nach Insekten. Spechte, Baumläufer und Kleiber finden an den dicken Stämmen allerlei Kleintiere. Meisen, Finken, Grasmücken, Laubsänger und Stare suchen zur Brutzeit Raupen und andere Insekten im dichten Blattwerk. Exponierte Äste sind wichtig für Wartenjäger (z. B. Mäusebussard), während Wiedehopf, Grünspecht, Rotkehlchen und Zaunkönig am Boden ihre Nahrung suchen. Zu Boden gefallene Äpfel und Birnen stellen im Spätherbst und Winter eine willkommene Nahrungsquelle für Amsel, Mistel- und Wacholderdrossel dar. Zu ihnen gesellen sich in manchen Jahren durchziehende Rot- oder Weindrosseln, deren Heimat die einsamen Birkenwälder des hohen Nordens bilden. Noch an den Zweigen hängende Äpfel werden mit Vorliebe von einem weiteren Wintergast, dem schmucken Seidenschwanz, verzehrt, der in den Nadelwäldern Finnlands, aber auch in den weiten Einödgebieten Lapplands und Sibiriens zu Hause ist.

Reiches Nistplatzangebot

Das Baumalter, in dem sich auf natürliche Weise für Singvögel (Bilche und Fledermäuse eingeschlossen) geeignete Höhlen bilden, bzw. Spechte Höhlen zimmern, ist bei Obstbäumen deutlich niedriger als bei Waldbäumen. Davon profitieren vor allem bedrohte Höhlen- und Halbhöhlenbrüter wie Steinkauz, Wiedehopf, Gartenrotschwanz u. a. Mit der rapiden Abnahme von Althölzern in den Wirtschaftswäldern sind Streuobstwiesen mit Altbaumbeständen auch wichtige Refugien für nahezu alle Spechtarten geworden, wie Mittelspecht, Großer und Kleiner Buntspecht, Grünspecht, Grauspecht und Wendehals. Streuobstwiesen sind jedoch nicht nur die spechtreichsten, sondern zugleich die höhlenreichsten Lebensräume überhaupt: Auf einer 10 ha großen Probefläche (Dachsbühl bei Bissingen/Teck) fand sich ein erstaunlich reiches Angebot an Spechthöhlen (Sp) und natürlichen Höhlen (Na): Apfelbäume (18 Sp, 31 Na), Birnbäume (18 Sp, 19 Na), Kirschbäume (3 Sp, 3 Na). Zu den z. T. hochgradig gefährdeten Freibrütern in Streuobstwiesen (auf Bäumen, im Buschwerk, am Boden) zählen u. a. Raubwürger, Schwarzstirnwürger, Rotkopfwürger, Neuntöter, Pirol, Ortolan, Braunkehlchen, Dorngrasmücke, Rebhuhn.

Fast fünf Dutzend Vogelarten

Insgesamt wurden rund fünf Dutzend Vogelarten als ständige Bewohner oder vorübergehende Gäste in Streuobstwiesen festgestellt. Auf einer 1,5 km² großen Probefläche mit überwiegendem und zusammenhängendem Streuobstbau an der Limburg bei Weilheim/Teck im Mittleren Albvorland fanden sich folgende Brutvogelarten (n. Ullrich 1987):

Mäusebussard, Turmfalke, Rebhuhn, Fasan, Ringeltaube, Türkentaube, Kuckuck, Steinkauz, Wiedehopf, Grünspecht, Grauspecht, Buntspecht, Mittelspecht, Kleinspecht, Wendehals, Bachstelze, Baumpieper, Neuntöter, Rotkopfwürger, Raubwürger, Zaunkönig, Heckenbraunelle, Gartengrasmücke, Mönchsgrasmücke, Klappergrasmücke, Dorngrasmücke, Zilpzalp, Grauschnäpper, Halsbandschnäpper, Gartenrotschwanz, Hausrotschwanz, Braunkehlchen, Rotkehlchen, Wacholderdrossel, Amsel, Sumpfmeise, Blaumeise, Kohlmeise, Kleiber, Gartenbaumläufer, Goldammer, Buchfink, Girlitz, Grünling, Stieglitz, Bluthänfling, Kernbeißer, Gimpel, Haussperling, Feldsperling, Star, Pirol, Eichelhäher, Elster, Rabenkrähe.

Der auffallend schwarzweiß gefärbte ***Raubwürger*** *(Lanius exubitor) ist unser größter einheimischer Würger. Sein wissenschaftlicher Gattungsname leitet sich vom lateinischen lanarius = Metzger ab und bezieht sich auf die räuberische Lebensweise des Vogels: Raubwürger sind schneidige Jäger und ernähren sich von kleinen Tieren wie Vögeln, Mäusen, Fröschen, Eidechsen und Großinsekten, die aber nicht auf Dornen gespießt, sondern zum Zerlegen in Astgabeln eingeklemmt werden. Im Winter wandern nördliche Raubwürger bei uns ein, während die bei uns heimischen etwas südlicher ziehen.*
Für seine sehr großen Brutreviere (über 1,5 km²) benötigt der heute selten gewordene Raubwürger offenes Gelände mit Einzelbäumen, Feldgehölzen und Hecken. Das jahrelang benutzte und später ausgebesserte Nest, ein festgefügter, flachmuldiger, großer Bau aus dürren Reisern und Halmen, findet sich meist über 5 m hoch auf Einzelbäumen. Das Brüten wird hauptsächlich vom Weibchen besorgt, nur selten wird es vom Männchen abgelöst. Die Nestlinge werden von beiden Eltern mit Futter versorgt.

Der ***Rotkopfwürger*** *(Lanius senator), einer der buntesten und schönsten Würgerarten, zählt zu den vom Aussterben bedrohten Vogelarten. In Deutschland ist er nur noch in fünf Bundesländern mit schätzungsweise 450 Brutpaaren vertreten. Der Rotkopfwürger liebt offenes, trockenes Gelände an Waldrändern, Obstgärten, Hecken und Feldgehölzen, die an Wiesen und Triften grenzen. Er nistet bevorzugt an regelmäßig und lang besonnten Südhängen. Als sehr wärmeliebende Art kommt der Rotkopfwürger erst Anfang Mai aus seinem in Afrika, südlich der Sahara gelegenen Winterquartier zurück. Das Nest für nur eine Jahresbrut wird auf Bäumen (3-6 m hoch) errichtet. Das Weibchen brütet allein und wird vom Männchen gefüttert. Rotkopfwürger ernähren sich in der Hauptsache von größeren Insekten, hin und wieder auch Jungvögel und Mäuse erbeutet.*

Der auch als ***Neuntöter****, Dornwürger oder Dorndreher bekannte* ***Rotrückige Würger*** *(Lanius collurio) liebt offenes Gelände mit dornigem Buschwerk in Hecken und Feldgehölzen. Auch das von beiden Partnern gebaute Nest findet sich in dorntragenden Gehölzen (Wildrose, Weißdorn, Schwarzdorn), gelegentlich auch auf Obstbäumen oder Holunder. Die von einer Warte aus erspähten, vom Boden oder aus der Luft ergriffenen Beutetiere werden zur Vorratshaltung sowie zum bequemen Zerlegen auf Dornen oder Stacheldraht gespießt: Hummeln, Honigbienen, Käfer, Schmetterlinge, Heuschrecken, auch kleine Wirbeltiere wie Mäuse, Eidechsen, Jungvögel und Jungfrösche. Der Neuntöter ist ein Langstreckenzieher, der im Unterschied zu den meisten Zugvögeln über das östliche Mittelmeer in seine Winterquartiere nach Ost- und Südafrika gelangt.*

Der zu den Spechtvögeln zählende ***Wendehals*** *(Jynx torquilla) besiedelt lichte Laub- und Mischwälder, wobei er deren Randpartien bevorzugt, größere Obstgärten, Parkanlagen sowie Baumreihen an Straßen und Wasserläufen. Als Bruthöhle dienen alte Spechthöhlen und Nistkästen. Beide Partner säubern die Höhle, Niststoffe werden nicht eingetragen. Meist kommt es nur zu einer Jahresbrut, beide Eltern brüten vom vorletzten oder letzten Ei an. Der Wendehals ist ein Nahrungsspezialist, der sich hauptsächlich von kleineren Ameisenarten (Wiesen- und Wegameisen) und deren Puppen ernährt. Bei der Nahrungsaufnahme bedient er sich seiner klebrigen Zunge, die er wie eine Leimrute weit vorstrecken kann. Der Wendehals ist ein Langstreckenzieher (Wegzug im September), der im tropischen Afrika überwintert. Der Wendehals ist in letzter Zeit auffallend seltener geworden.*

Der nur etwa spatzengroße ***Kleinspecht*** *(Dendrocopos minor) ist mit Abstand unser kleinster Kletterspecht. Seinen Lebensraum bilden lichte Laub- und Mischwälder, Auwälder, Parks mit alten Bäumen sowie Obstgärten. Die von beiden Altvögeln gezimmerte Bruthöhle findet sich im toten oder morschen Holz von Kopfweiden oder anderen Bäumen. Es kommt nur zu einer Jahresbrut, wobei das Männchen den Hauptanteil der Bebrütung bestreitet. Auch zur Fütterung der Jungen erscheint das Männchen häufiger am Nest. Das Nahrungsspektrum umfasst Insekten und deren Larven, besonders Käfer, Pflanzenläuse, Ameisen, Zweiflügler, gelegentlich Spinnen, im Winter auch Sämereien. Der Kleinspecht ist bei uns Standvogel, der im Winter mehrere Kilometer weit umherstreicht und sich dann auch am Futterhäuschen einstellt, wenn er dort fetthaltige Nahrung vorfindet.*

Der **Grünspecht** (*Picus viridis*) lebt in lichten Laub- und Auwäldern, Obstbaumlandschaften und offener Kulturlandschaft mit Baumgruppen und Feldgehölzen. Er sucht seine Nahrung fast ausschließlich am Boden und hackt viel weniger an Bäumen als die anderen Spechte. Von allen mitteleuropäischen Spechten ist der Grünspecht am meisten auf bodenbewohnende Ameisen spezialisiert. Diese holt er aus ihren Gängen mit seiner 10 cm langen Zunge, die in ein verhorntes und mit Widerhaken versehenes Ende ausläuft. Grünspechte meißeln ihre Höhle relativ niedrig in Laubbäume. Ende April oder im Mai werden innerhalb von 14 Tagen 6-7 Eier ausgebrütet. Die Jungen verlassen die Höhle nach drei Wochen, werden aber noch eben solange von den Eltern betreut. Durch Düngung von Magerwiesen werden die Wiesenameisen seltener und damit auch die Grünspechte.

Der **Kernbeißer** (*Coccothraustes coccothraustes*) ist unser größter europäischer Finkenvogel. Auffälligstes Merkmal des „Finkenkönigs" ist sein großer, kräftiger Kegelschnabel. In Verbindung mit starker Muskulatur können Kernbeißer mit diesem „Brechwerkzeug" einen erheblichen Druck auf Kirsch- oder Zwetschgenkerne ausüben. Die aufgewendete Kraft beträgt bei Kirschkernen 270-430 N., bei Zwetschgen- und Olivenkernen etwa 480-730 N. Auch die Samen von Hainbuche, Rotbuche, Feldahorn stehen auf der Speisekarte dieser stattlichen Vögel, ferner Schlehen, Mehlbeeren, Hagebutten, Traubenkirschen und Eschensamen. Das Nest findet sich meist 2-10 m über dem Boden auf Laub-, oft auch Obstbäumen. Meist brütet das Weibchen, in den Mittagsstunden das Männchen. Die 5-6 Jungen werden in den ersten Tagen fast nur mit Raupen und anderen zerkleinerten Insekten gefüttert.

Der erst im 17. Jahrhundert in Mitteleuropa eingewanderte ***Ortolan*** *(Emberiza hortulana) zählt zu den stark gefährdeten Vogelarten. Als Rückgangsursachen werden in erster Linie die großflächige Ausräumung der Landschaft, die Intensivierung der Ackernutzung sowie die Anwendung von Pestiziden angeführt. Der Ortolan bewohnt warme, offene Landschaften, die mit Büschen und Bäumen durchstanden sind. In unseren Breiten kommt es nur zu einer Jahresbrut. Das vom Weibchen sorgfältig gebaute Bodennest findet sich unter Büschen im Gras oder zwischen hochragenden Stauden. Das Weibchen brütet auch die meiste Zeit. Es wird nur selten vom Männchen abgelöst. Zur Jungenaufzucht dienen Insekten und deren Larven. Als Kurz- und Langstreckenzieher überwintert der Ortolan im Mittelmeerraum und im Savannengürtel südlich der Sahara.*

Die auch als Gelbling, Gelbfink oder Kornvogel bekannte ***Goldammer*** *(Emberiza citrinella) ist stets im halboffenen, mit Büschen und Bäumen durchsetzten Gelände anzutreffen. Die Männchen benutzen als Singwarte gerne erhöhte Stellen auf Bäumen oder Leitungsmasten. Das Nest findet sich gelegentlich am Boden, kniehoch in Stauden oder bis zu 3 m hoch im dichten Gebüsch. Es kommt in der Regel zu zwei Jahresbruten. Das Gelege wird allein vom Weibnchen ausgebrütet. Beide Eltern füttern, zunächst mit Insekten, später mit Sämereien aus dem Kropf. Die Altvögel verzehren auch Beeren, Getreide und im Sommer viele Insekten: Käfer, Heuschrecken, Ohrwürmer, Zweiflügler, Blattwespenlarven, Raupen. Die Goldammer ist ein Stand- und Strichvogel, der im Herbst in größeren Gesellschaften umherzieht, die sich im Frühjahr bis spätestens Ende März wieder auflösen.*

Der **Zilpzalp** (Phylloscopus collybita) liebt als Brutgebiet unterholzreiche Laub- und Mischwälder, bewohnt aber ebenso häufig Obstgärten, Anlagen und Parks. Im Frühjahr saugt der Zilpzalp gerne Nektar an Weidenkätzchen, seine Hauptnahrung bilden jedoch Kerbtiere, deren Eier und Entwicklungsstadien, vor allem Blattläuse zur Jungenaufzucht. Der recht zierliche Vogel ist ständig in Bewegung. Häufig mit Schwanz und Flügel zuckend, turnt er durch die Baumkronen, mustert Blatt um Blatt auf der Suche nach Kleininsekten und Spinnen. Das Nest steht meistens in einer Höhe von 20-80 cm über dem Boden in dichtem Strauchwerk oder Rankengewirr. Es ist ein rundlicher, unauffälliger Haufen aus Blättern, Halmen, Moos und Fasern, oben überwölbt mit seitlichem Einschlupf, innen ausgepolstert mit weichen Federn. Das Gelege enthält 4-7 Eier, die allein vom Weibchen zwei Wochen lang erbrütet werden. Nach 13-16 Tagen sind die Jungen flügge. Es kommt meistens zu zwei Bruten, die erste im Mai, die zweite Ende Juni/Juli. Das Weibchen schafft alleine Nahrung herbei. Die Jungen der ersten Brut verlassen schnell das Revier, die der zweiten Brut bleiben bis zum September beisammen. Der Zilpzalp ist bei uns hauptsächlich Kurzstreckenzieher. Seine Winterherbergen liegen in den Mittelmeerländern und in Südwesteuropa.

Der **Fitis** oder Fitislaubsänger (Phylloscopus trochilus) bevorzugt als Brutgebiet gebüschreiche Waldränder, Feldgehölze, Obstwiesen und Parkanlagen. Von seiner Zwillingsart, dem bereits vorgestellten Zilpzalp ist er nur schwer zu unterscheiden, denn die beiden Arten gleichen sich beinahe bis auf die Feder. Nur wenn man sie zufälligerweise einmal gleichzeitig nebeneinander sieht, bemerkt man vielleicht, dass der Fitis etwas heller und gelblicher ist als der Zilpzalp, der außerdem dunklere Beine hat. Bestes Unterscheidungsmerkmal ist jedoch der Gesang: Der Fitis trägt eine perlende Gesangsstrophe, der Zilpzalp seinen klaren Wechselschlag vor. Doch gibt es beim Fitis individuelle Unterschiede im Gesang. Das Nest wird am Boden unter Gebüsch und Ranken errichtet. Es wird überwölbt gebaut mit seitlichem Einschlupf, aus dürren Blättern, Fasern, Moos und Flechten, mit Gespinsten verklebt, gut ausgepolstert mit Hälmchen, Pflanzenwolle und vielen Federchen. Die 5-7 Eier werden vom Weibchen in 13 Tagen allein erbrütet. Beide Eltern füttern und entsorgen die Kotballen. Die Jungen verbringen 18-19 Tage im Nest, werden aber auch danach noch einige Tage mit Futter versorgt und bleiben als Familie zusammen. Die Winterherberge des Fitis liegt im tropischen und südlichen Afrika bis Kapland. Der Wegzug aus den Brutgebieten erfolgt ab August.

Von den bei uns heimischen vier Grasmückenarten begegnen wir der im Volksmund auch als Schwarzplättchen, Plattmönch oder Schwarzkopf bezeichneten **Mönchsgrasmücke** *(Sylvia atricapilla) am häufigsten. Ihre Namen beziehen sich auf die schwarze Kopfkappe des Männchens, beim Weibchen und den Jungvögeln ist sie rostbraun. Die Mönchsgrasmücke fühlt sich überall dort wohl, wo es Baumbestände mit Unterholz gibt. So findet man sie im Laubwald ebenso wie in Feldgehölzen, Parks und Gärten. Das kleine, napfförmige Nest wird meist dicht über dem Boden im Gebüsch und Dorngestrüpp angelegt. Es ist ein kleiner, fest mit Raupengespinsten verfilzter Bau aus Halmen, Stängeln, Wurzeln und Fasern, Flechten und Pflanzenwolle. Beide Partner brüten auf dem Gelege von 4-6 Eiern, das Männchen aber nur kürzer. Länger, fester und über Nacht sitzt das Weibchen auf den Eiern. Nach 13-14 Tagen schlüpfen die Jungen. Das Männchen singt während der ganzen Brutzeit, auch noch wenn es mit dem Weibchen die Jungen füttert. Die erste Brut beginnt gewöhnlich Mitte Mai. Manche Paare brüten Ende Juni noch einmal. Mönchsgrasmücken ernähren sich von allerlei Insekten, im Spätsommer und Herbst auch von Beeren u. a. kleinen Früchten. Ihre Winterquartiere liegen in Westeuropa, den Mittelmeerländern und in Afrika südlich der Sahara.*

Die **Gartengrasmücke** *(Sylvia borin) trägt ein unscheinbar braungraues Federkleidchen ohne jedes auffallende Farbmerkmal. Der Name „Grasmücke" hat ohnehin etwas mit „grau" und „schmiegen" zu tun und bezeichnet einen „grauen Vogel, der sich durchs Gebüsch drückt". Um so auffälliger ist der herrliche Gesang - ein typisches Grasmückengeplauder, aber mit lauter und klangschöner Stimme vorgetragen. Anders als der Name zunächst vermuten lässt, scheinen gebüschreiche Auen der bevorzugte Lebensraum der Gartengrasmücke zu sein, doch besiedelt sie auch Feldgehölze, große Friedhöfe, Parks und Gärten. Das locker gebaute, dünnwandige Nest steht im Halbschatten auf den Außenzweigen eines Strauches, meist niedriger als 1m über dem Boden. Kennzeichnend für das Nest sind die zahlreichen nach außen ragenden Halmenden, die man bei anderen Grasmücken kaum findet. Das Gelege enthält 4-5 Eier, die von beiden Eltern bebrütet werden. Männchen und Weibchen füttern die nach 12-14 Tagen schlüpfenden Jungen mit kleinen, weichen Insekten. Die Altvögel verzehren im Spätsommer und Herbst viele Beeren. Die Gartengrasmücke ist ein ausgesprochener Zugvogel: Sie erscheint bei uns frühestens Ende April und zieht Ende Juli bis Anfang Oktober wieder in ihre Winterherberge im tropischen Afrika.*

Die auch als Zaungrasmücke bekannte ***Klappergrasmücke*** *(Sylvia curruca) ist die kleinste mitteleuropäische Grasmücke. Ihr etwas eigenartiger Name bezieht sich auf ihren typischen Gesang: Er besteht aus einer leisen, schwätzenden Vorstrophe, an die sich ein lautes, hohes Klappern anschließt. Wegen der wie mit Mehl überpuderten Graufärbung des Gefieders heißt diese besonders anmutige und gewandte Grasmücke auch Müllerchen. Die Klappergrasmücke ist ein Vogel dichter, nicht zu niedriger Gebüschgruppen und Hecken, besonders wenn diese von einzelnen höheren Bäumen beschattet werden. Meistens kehrt das Männchen vor dem Weibchen aus der Winterherberge zurück, besetzt das Revier und fertigt mehrere Nester im Rohbau. Eines davon wird dann gemeinsam mit dem Weibchen ausgebaut. Das kunstlose, locker gebaute Nest steht im Innern von allerlei Dorngestrüpp. Es ist ein sehr hinfälliger Bau aus dünnen Halmen, durch den man oft hindurchsehen kann. Beide Eltern erbrüten die 4-6 Eier und füttern die Brut mit weichschaligen und zarten Insekten (gern Blattläuse). Im Spätsommer verköstigen sich die Vögel auch mit Beeren (z. B. von Holunder). Als Zugvogel überwintert die Klappergrasmücke vornehmlich in Nordostafrika. Der Frühjahrszug findet von Mitte April bis Mai statt, der Herbstzug von Ende Juli bis Anfang Oktober.*

Die recht schmucke ***Dorngrasmücke*** *(Sylvia communis) wählt als Brutgebiet gerne Dornhecken in Feldgehölzen, Gebüsche an Wiesen- und Grabenrändern. Dorngrasmücken sind lebhafte Vögel, die sich dem Beobachter sofort durch ihre Stimme verraten. Doch ist ihr Gesang rauer und nicht so klangschön wie bei anderen Grasmücken. Die Nester stehen nicht selten gut versteckt im Brennnessel- oder Brombeerdickicht, meist niedrig über dem Boden bis höchstens 0,5 m darüber. Das Nest ist ein fester Napf aus Halmen, Würzelchen, Pflanzen- und Tierwolle, außen und am oberen Rand mit Raupengespinsten und Spinnweben verfestigt. Von Anfang Mai bis Juli kommt es zu zwei Bruten. Beide Eltern brüten, aber den Hauptanteil bestreitet das Weibchen. Doch beteiligt sich das Männchen beim Füttern der Brut mit Insekten, deren Larven und Spinnen. Die Dorngrasmücke überwintert in Afrika, südlich der Sahara. Bei uns erscheint sie im April/Mai und zieht ab Ende Juli bis September wieder weg. Die Dorngrasmücke gehörte einst zu den häufigsten Brutvögeln Mitteleuropas, doch sind bereits seit den 1970er Jahren Bestandsrückgänge zu verzeichnen. Da in diesem Zeitraum auch mehrere andere Singvogelarten auffallend seltener wurden, nimmt man an, dass chemische Giftstoffe in den Überwinterungs- und Durchzugsgebieten dafür verantwortlich sind.*

Das ***Rotkehlchen*** *(Erithacus rubecula) zählt wegen seines melodischen Gesanges und seiner Zutraulichkeit sicher mit zu den bekanntesten und beliebtesten Singvögeln. Seinen Lebensraum bilden Laub- und Mischwälder mit dichtem Unterholz, dichte Hecken und Feldgehölze, buschreiche Obstwiesen, Gärten und Parkanlagen. Sein Revier sichert sich das Männchen schon im Herbst mit Singen, Kämpfen und Imponieren mit dem Rot der aufgeplusterten Brustfedern. Das vom Weibchen alleine gebaute Nest findet sich stets in einer Halbhöhle, meist in Bodenvertiefungen, an Böschungen, unter Wurzeln, in ausgefaulten Stubben oder Baumhöhlen. Von April bis Juli kommt es zu zwei Jahresbruten. Das Weibchen erbrütet allein das 5-7 Eier umfassende Gelege. Das Männchen verteidigt heftig das Brutrevier, bleibt im eigenen Revier aber stets Sieger gegen Artgenossen. Die Nestlinge werden von beiden Eltern versorgt. Zur Brutzeit erbeuten Rotkehlchen allerlei Bodeninsekten, Spinnen, Würmer, Nacktschnecken, später stehen auch Beeren von Holunder, Faulbaum und Eibe auf ihrer Speisekarte. Die Altvögel sind sehr partnertreu: Ein Pärchen hatte sich und seinem Revier fünf Jahre lang die Treue gehalten. Rotkehlchen sind teils Stand-, teils Zugvögel. Ältere Männchen, aber auch Weibchen, die ein Herbstrevier singend verteidigen, bleiben im Winter bei uns.*

Der auch als Sonnenzeisig, Gartenzeisig oder Italienischer Kanari bekannte ***Girlitz*** *(Serinus serinus) ist unser kleinster heimischer Finkenvogel. Ursprünglich nur im Mittelmeerraum beheimatet, hat sich der Girlitz erst im 19. Jahrhundert in Deutschland ausgebreitet. Gärten, Parks, Friedhöfe, Obstanlagen und Waldränder bilden seinen bevorzugten Lebensraum. Wegen seiner Kleinheit wird der Girlitz häufig übersehen. Nur das Männchen erregt Aufsehen, wenn es von einer erhöhten Stelle, einer Fernsehantenne oder einem Baumwipfel sein Lied vorträgt. Der Girlitz ist ein reiner Vegetarier, auch bei der Aufzucht der zwei Jahresbruten (Kropffütterung mit allerlei Sämereien und zarten Trieben). Die Auswahl des Nistplatzes und der Nestbau sind allein Sache des Weibchens. Das fest gefügte Nest (es ist das kleinste aller mitteleuropäischen Vogelarten) findet sich auf Bäumen und Sträuchern. Das Weibchen brütet vom letzten Ei an alleine, wird aber vom Männchen alle Stunden gefüttert. Die Nestlinge werden von beiden Eltern mit Futter versorgt. Die Altvögel erscheinen dabei oft gemeinsam am Nest, doch füttert das Weibchen im allgemeinen eifriger als das Männchen. Der Girlitz ist in seiner ursprünglichen Heimat Standvogel, in nördlichen Gebieten Zugvogel, der in West- und Südeuropa sowie in Nordafrika überwintert.*

Das heute stark bedrohte ***Braunkehlchen*** *(Saxicola rubetra) bewohnt ausgedehnte, hochgrasige, auch feuchte Wiesen, sowie Weidekoppeln mit Büschen und Pfählen als Ausschau- und Singwarte. Das Nest wird auf dem Boden in einer kleinen Mulde und gut versteckt zwischen dichtem Pflanzenwuchs errichtet. Das Weibchen brütet allein, das Männchen verteidigt das Revier und warnt das Weibchen bei Gefahr. Es kommt nur zu einer Jahresbrut, deren Junge von beiden Eltern gefüttert werden. Mit etwa zwei Wochen sind die Jungen flügge. Braunkehlchen ernähren sich nur tierisch von allerlei Insekten, die im Flug von erhöhter Warte aus erbeutet oder vom Boden aufgenommen werden: Schmetterlinge, Raupen, Wiesenschnaken, Käfer, kleine Heuschrecken, Fliegen, Spinnen, Würmer, Schnecken. Braunkehlchen überwintern als Langstreckenzieher im tropischen Afrika.*

Der Graue ***Fliegenschnäpper*** *(Muscicapa striata) brütet nicht nur im offenem Gelände mit einigen Bäumen und Büschen, sondern auch in Parkanlagen und Gärten. Der unscheinbar gefärbte Vogel fällt vor allem durch sein Verhalten auf: Häufig kann man ihn in aufrechter Haltung auf Zweigen oder Zaunpfählen sitzen sehen. Von diesen Spähwarten aus unternimmt er kurze Jagdflüge auf vorbeifliegende Insekten (seiner Hauptnahrung), um sogleich wieder zum Ausgangspunkt zurückzukehren. Das Nest wird in Halbhöhlen oder Astgabeln, an Mauern hinter Efeustämmen, Spalieren und Gesimsen errichtet. Meist kommt es nur zu einer Jahresbrut, an deren Aufzucht sich beide Eltern mit Eifer beteiligen. Der Grauschnäpper ist ein ausgesprochener Zugvogel, dessen Winterquartier in Afrika von den Tropen bis zur Südspitze reicht. Schon Ende April tritt er die Rückreise an.*

Der **Gartenbaumläufer** *(Certhia brachydactyla)* ist in Laubwäldern, Parks und Obstgärten zu Hause, wo er bevorzugt an Bäumen mit tiefer Rinde klettert. Mit seinen spitzen Krallen rutscht er ruckweise und spiralförmig den Stamm aufwärts und fliegt dann an den Fuß des nächsten Baumes. Mit seinem dünnen gebogenen Schnabel, der an eine Operationszange erinnert, stochert der Baumläufer in den Rindenritzen nach allerlei Insekten, deren Eier, Larven und Puppen. Im Winter stehen wohl auch feine Sämereien auf seiner Speisekarte. Das Männchen verteidigt ein 1-2 ha großes Revier. Das Weibchen baut sein Nest ohne Mithilfe des Männchens hinter abstehender Rinde, in Spalten, Halbhöhlen und Höhlen. Auch Baumläufernistkästen mit schlitzförmigem, seitlichem Eingang werden bezogen. Normalerweise kommt es nur zu einer Jahresbrut, die von beiden Eltern versorgt wird.

Laubwälder, Obst- und Parkanlagen mit hohen, alten Bäumen bilden das Brut- und Nahrungsrevier des **Kleibers** *(Sitta europaea)*. Er ist eine ganz außergewöhnliche Vogelgestalt. Mit seinen kräftigen Zehen kann er sich ohne Schwanzstütze so geschickt an der Borke festhalten, dass er an senkrechten Stämmen auch kopfunter abwärts klettern kann, ja sogar an der Unterseite waagrechter Äste kann er sich fortbewegen. Kleiber sind Höhlenbrüter, die vor allem Spechthöhlen beziehen. Deren Eingang wird von dem stämmigen Vogel mit feuchter Erde soweit verklebt (Name!), dass nur noch das Kleiberpaar einschlüpfen kann. Auf diese Weise hält sich der Kleiber andere Höhlenkonkurrenten vom Leibe. Die eine Jahresbrut wird von beiden Partnern betreut. Kleiber ernähren sich sehr vielseitig mit pflanzlicher und tierischer Kost (allerlei Sämereien, Insekten, Spinnen).

Säugetiere

Von der reichhaltigen Flora und Fauna in Streuobstwiesen sowie den guten strukturellen Bedingungen zur Aufzucht von Jungtieren profitieren auch kleine und größere Säugetiere. Rund zwei Dutzend Arten wurden als ständige Bewohner oder gelegentliche Gäste von Streuobstwiesen festgestellt, vor allem wenn diese von früchtetragenden Sträuchern oder ganzen Heckenzügen umgeben sind. Bleiben die beim Auslichten der Obstbäume anfallenden Äste und Zweige auch während des Winters am Boden liegen, bildet deren nahrhafte Rinde eine willkommene Winteräsung für Feldhasen. Die Knospen enthalten Vitamine, Mineralstoffe, Flavonoide, Saponine.
Das Aufschichten des Schnittgutes an geeigneten Stellen ermöglicht zugleich die Anlage einer „Benjes-Hecke". Das Verfahren ist verblüffend einfach und kostenlos dazu: An passender Stelle wird eine Barriere aus Gestrüpp errichtet, drei bis vier Meter breit und etwa einen Meter hoch. Den Rest besorgt der „Plumpsklo-Effekt" der Vögel: Mit dem dort abgesetzten Kot gelangen die Samen der späteren Heckensträucher ins Gestrüpp. Schon im ersten Sommer entwickelt sich eine Krauthecke, die je nach Bodentyp und Grundwasserstand mehr oder weniger schnell in eine Hochstaudenhecke übergeht. Vor Verbiss geschützt, erscheinen schon bald danach die ersten Sträucher.
Sowohl Pflanzen- und Fleischfresser als auch Gemischtköstler finden in Streuobstwiesen zu jeder Jahreszeit die ihnen zusagende Nahrung: Gräser, Kräuter, Obst, Wildfrüchte, Insekten, Spinnen, Regenwürmer und Kleinsäuger für Feldhase, Feldmaus, Waldmaus, Wühlmaus, Gelbhalsmaus, Zwergmaus, Hamster, Eichhörnchen, Hausspitzmaus, Gartenspitzmaus, Feldspitzmaus, Großer und Kleiner Abendsegler, Fransenfledermaus, Bechstein-Fledermaus, Breitflügel-Fledermaus, Braunes Langohr, Mausohr, Maulwurf, Igel, Gartenschläfer, Siebenschläfer, Haselmaus, Iltis, Mauswiesel, Großes Wiesel, Steinmarder, Fuchs, Dachs und Waschbär.

Der Feldhase

Den meisten Menschen ist der Feldhase eine so vertraute Erscheinung, dass nur die wenigsten wissen, dass dieser Feld- und Wiesenbewohner ursprünglich nicht bei

In strukturreichen Streuobstwiesen finden Feldhasen ganzjährige Deckung und Äsung.

uns heimisch war. Wie Rebhuhn, Wachtel und Hamster ist der Feldhase als Steppentier erst mit den Getreidearten, die ja ursprünglich Steppengräser waren, bei uns eingewandert.

Reiner Vegetarier

Gräser bilden jedoch keineswegs die alleinige Nahrung des Feldhasen. Basierend auf 566 Magenanalysen haben Wildbiologen folgendes Nahrungsspektrum des Hasen erstellt: 90 % Grünäsung, 5,5 % Holz und verholzte Pflanzen, 2 % Hackfrüchte, 2 % Körnerfrüchte, 0,5 % Waldfrüchte (Eicheln). Allerdings variiert diese Zusammensetzung in den einzelnen Monaten, auch ist sie vom jeweiligen Nahrungsangebot im Biotop abhängig. Etwas vereinfacht lässt sich folgende Übersicht erstellen.

Winter/Frühjahr: Wintersaaten (Roggen, Wintergerste, Weizen, Raps), dürre Kräuter und Gräser, überwinterte Kohlgewächse, Zuckerrüben, Zweige, Knospen, Rinde (besonders von Ahorn, Weiden, Weißdorn, Obstbäumen).

Sommer/Herbst: Süßgräser, Sommergetreide, Luzerne, Kleearten, Korbblütler, Kreuzblütler, Felderbse, Pferdebohne, Zuckerrübenblätter, Kartoffeln, ausgefallenes Getreide, Mais, Sonnenblumen, Eicheln, Bucheckern, Beeren, Pilze.

Von Natur aus Einzelgänger

Feldhasen sind ausgesprochene Einzelgänger. Nur zur Paarungszeit -bei mildem Wetter beginnt sie bereits im Februar- kann man eine ganze Schar Hasenmänner beobachten, die in wilder Jagd um die Gunst der Häsin streiten. Der erste Wurf erfolgt gewöhnlich zwischen Mitte und Ende März und besteht aus nur 1-2 Jungen (zweiter Satz 3-5, dritter Satz 3 Junge). Sie kommen in einer ausgescharrten Sasse ohne Nistmaterial zur Welt und werden kurz nach der Geburt mit sehr nahrhafter Milch gesäugt, die 23-24 % Fett enthält (bei Kuhmilch und menschlicher Milch sind es nur 3-5 %). Über die Fütterungszeiten gehen die Meinungen auseinander, da Beobachter von ein- bis dreimaligem Säugen innerhalb von 24 Stunden berichten. Die übrige Zeit bleiben die Kleinen in ihrem Versteck sich selbst überlassen und werden sogar bei Regen und Schneefall von der Mutter nicht gewärmt. Auch den erwachsenen Tieren genügt als Wohnstatt eine flache Bodenmulde, die etwas Deckung, vor allem Windschutz bietet. Erst in 2. Linie spielt der Schutz gegen Sicht eine Rolle.

Dreimal im Jahr bringt die Häsin Junge zur Welt, die mit offenen Augen, behaart und schon mit Zähnchen geboren werden. Schon kurz nach der Geburt werden sie mit sehr nahrhafter, fettreicher Milch versorgt.

Fluchttier mit erdfarbenem Tarnanzug

Der Hase ist in der Fellfärbung so gut an seine Umgebung angepasst, dass er weitgehend damit „rechnen“ kann, übersehen zu werden. Wer schon einmal erlebt hat, wie ein Feldhase erst dann aus seiner Sasse herausschießt, wenn man beinahe auf ihn getreten ist, der hat eine eigene Anschauung darüber gewonnen, welch hervorragenden „Tarnanzug“ das erdfarbene Fell darstellt. Auf der Flucht kommt dem Hasen neben seinem so typischen Hakenschlagen auch noch seine sprichwörtliche Schnelligkeit zugute. Als Langstreckenläufer ist er bei einem Spitzentempo von 80 km/h doppelt so schnell wie ein Kaninchen und sein Hochleistungsherz ist mit 60 Gramm Gewicht im Schnitt sechsmal so groß wie ein Kaninchenherz.

Für die meisten der sehr zahlreichen Beutegreifer ist der Feldhase nur Gelegenheitsbeute - eine noch nicht ausgeräumte Landschaft vorausgesetzt. Hasenfeind Nr. 1 ist auch hier der nur an Höchsterträgen interessierte Mensch, der die reich gegliederte

Junge, verletzte Feldhäschen aufzuziehen ist äußerst schwierig – doch manchmal gelingt es.

Kulturlandschaft von einst immer mehr zu einer monotonen landwirtschaftlichen Produktionswüste verkommen lässt.

Rückgang durch Lebensraumzerstörung

Die Schutzgemeinschaft Deutsches Wild e. V. hat den Feldhasen zum Tier des Jahres 2001 gewählt. Anlass ist der schon seit Jahrzehnten vielerorts festgestellte Rückgang der Hasenbestände in Deutschland. Dabei haben schon viele Jäger die Hasenjagd freiwillig eingeschränkt oder sogar ganz auf sie verzichtet.

Herrschte vor einigen Jahren noch allgemeines Rätselraten über die Ursachen des plötzlichen Schwundes, so weiß man heute, dass es vor allem die Verschlechterung seines Lebensraumes durch Intensivlandwirtschaft ist, die dem Hasen das Leben schwer macht. Im Zuge früherer Flurbereinigungen verschwanden viele Feldraine, Altgrasinseln, Hecken und Feldgehölze, die den Tieren ausreichende Deckung boten und bei Verfolgung als lebensrettende „Fliehburgen" aufgesucht wurden. Hinzu kommt, dass die Nahrungsbasis dieses Feldbewohners mittlerweile durch über 50 Umweltchemikalien drastisch geschmälert wurde: Hasen ernähren sich von etwa 100 verschiedenen Wildkrautarten und können keineswegs nur von angebauten Nutzpflanzen leben. Unter den Wildkräutern befinden sich viele vom Feldhasen gezielt genutzte „Heilkräuter". Verschwindet diese „natürliche Apotheke", raffen Krankheiten, z. B. die Kokzidiose, vor allem bei nasskalter Witterung viele Jungtiere dahin. Experten schätzen, dass derzeit etwa 39 % aller Hasen durch Krankheiten und Biozide, 20 % durch landwirtschaftliche Maschinen und 11 % durch den Straßenverkehr zugrunde gehen. 18 % entfallen auf Beutegreifer und 12 % auf die Jagd. 40 bis 90 % aller neugeborenen Hasen erleben die Herbstjagd nicht.

Wichtigste Schutzmaßnahme: Die Erhaltung oder Wiederherstellung einer möglichst strukturreichen Gesamtlandschaft mit ganzjährig gesicherten Deckungs- und Nahrungsbedingungen (s. Strukturbild).

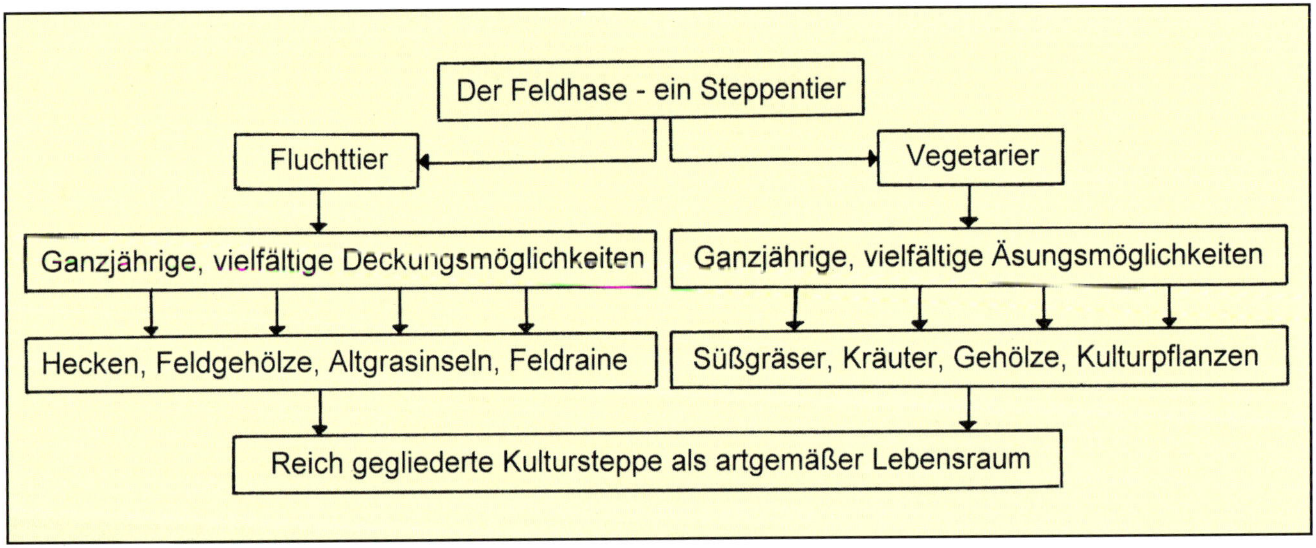

Waldmaus

Anders als ihr Name vermuten lässt, bewohnt die Waldmaus (*Apodemus sylvaticus*) neben Waldrändern auch Feldgehölze, Hecken, Streuobstwiesen, Parks und größere, naturnahe Gärten. Auffällig sind neben dem gelbbraunen Fell die großen Augen und Ohren. Auch die Fortbewegungsart der Waldmaus ist typisch: Sie hüpft in bis zu 80 cm spannenden Bogensprüngen dahin, daher der volkstümliche Name „Springmaus". Zum keineswegs nur vegetarischen Speisezettel der Waldmaus gehören Sämereien, Eicheln, Bucheckern, Nüsse, Beeren, Grasspitzen, Triebe, ferner Würmer, Kerbtiere, ja selbst Vogeleier und Jungvögel.

Nistkästen als Sommerquartiere

Als ausgezeichnete Kletterer verstehen Waldmäuse auch Nistkästen als Sommerquartiere zu nutzen. Die Mäusedichte in solchen Vogelwohnungen kann im Herbst auf 10 bis 15 Tiere je Hektar ansteigen, da der intensive Mäusegeruch am Stamm aufwärts und in den Nistkästen immer wieder neue Mäuse aus den Erdlöchern zu den warmen, trockenen Behausungen in luftiger Höhe hinauflockt. Im Durchschnitt kommt es zu 2-3 Würfen im Jahr mit jeweils 4-6 Jungen. Diese hängen sich bei Gefahr so fest an die Zitzen der Mutter, dass sie regelrecht mitgeschleift werden. Waldmäuse halten keinen Winterschlaf, kommen aber oft tagelang nicht zum Vorschein. Sie bauen sich für die kalte Jahreszeit Nester aus zerbissenem Laub und Gras im Erdboden, in die während des Herbstes ein Vorrat (500 g und mehr!) an Eicheln, Bucheckern, Hasel- und Walnüssen, Kirsch- und Pflaumensteinen eingetragen wird. Aus der Entfernung der Vorratskammern zu den nächsten Bäumen ist zu schließen, dass oft Wege von 50-80 m zurückgelegt werden und der Lebensraum dieser Tiere einen Durchmesser von 125 m haben kann.

Untermieter im Siedlungsbereich

Daneben wandern Waldmäuse recht verbreitet in menschliche Siedlungen ein, sollen aber Örtlichkeiten, an denen die Hausmaus lebt, dem Anschein nach meiden. In Wohnungen können sie durch das Verschleppen kleinerer Nahrungsmittel, wie Bohnen, Erbsen, Reis oder Graupen recht lästig werden. Amüsant ist ein Fall, in dem Waldmäuse während der Notzeit des letzten Kriegsjahres ihre Ration von den spärlichen Zuteilungen an Hülsenfrüchten und Teigwaren aus der Speisekammer fortschleppten und in den Skistiefeln des Hausherrn verbargen, worin man sie nach Wochen fand, Nudeln in dem einen, Sojabohnen im anderen. Dass die ungebetenen Gäste auch einen „guten Tropfen" zu schätzen wissen, zeigt ein von Lenz mitgeteiltes Beispiel. Er entdeckte im Keller eine Waldmaus, die neben einer Flasche Malaga saß. Bei genauerem Hinsehen zeigte sich, dass die Flasche etwas undicht war und um den Fleck, wo die Tropfen herausliefen, ein ganzer Kranz Mäusemist lag - ein untrüglicher Hinweis, dass die als Trunkenbold entlarvte Maus hier schon länger ihre Gelage gefeiert haben musste. Neben Dachböden, Wirtschaftsgebäuden, Holz- und Geräteschuppen, Bienen- und Gartenhäusern, werden auch Garagen als mögliche Winterquartiere inspiziert. Selbst während der Wintermonate stillgelegte Kraftfahrzeuge sind vor Waldmäusen nicht sicher. Im Auto des Verfassers hatte sich ein Tierchen im Motorraum zwischen Kotflügel und Batterie aus dürrem Laub ein Lager errichtet und über 1 Dutzend Zwetschgenkerne eingetragen.

Waldmaus, Gelbhalsmaus, Brandmaus, Zwergmaus und Hausmaus gehören zu den Langschwanzmäusen.

Feldmaus

Die Feldmaus (*Microtus arvalis*) aus der Familie der Wühler (*Cricetidae*) ist das in Mitteleuropa häufigste Säugetier. In Südeuropa kommt sie nur in nördlichen Landesteilen von Spanien, Italien und Griechenland vor.

In verschiedenen Lebensräumen

Nach Europa gelangte die Feldmaus offenbar erst mit der Verbreitung der Landwirtschaft und besiedelte dank ihrer Anpassungsfähigkeit bald alle geeignete Biotope vom Tiefland bis ins Gebirge: Ackerland, Weiden und Wiesen mit kurzer Vegetation, Heidelandschaften, Feldraine, Obstgärten. Die Feldmaus ernährt sich von Sämereien, Getreidekörnern, Feldfrüchten, Wurzeln, Gräsern und Kräutern, gelegentlich werden auch Gliederfüßler aller Art gefressen.

Drei bis sieben Würfe jährlich

Feldmäuse leben in komplexen Bauten mit einem Nestkessel, Vorratskammern und Fluchtröhren. Die Eingänge sind über ein verzweigtes System oberirdischer Laufgänge (oft viele Meter lang) miteinander verbunden. Bei hohem Schnee werden diese Tunnel mit Erde ausgekleidet. Feldmäuse sind bereits mit zwei bis drei Wochen geschlechtsreif. Die Tragzeit beträgt im Mittel 21 Tage. Die frisch geborenen, nackten Jungmäuse wiegen etwa 1,4 g, ihre Augen öffnen sich im Alter von 11 Tagen. Die Säugezeit beträgt 17-19 Tage. Die Paarungszeit erstreckt sich von März bis Oktober. Doch schon im Februar kann man die ersten Feldmaus-Würfe finden, und ein erwachsenes Weibchen bringt es bei guten Bedingungen (vor allem reichliches Nahrungsangebot, günstige Witterung) auf drei bis sieben Würfen jährlich bei einer Wurfgröße von vier bis dreizehn Jungen.

Zyklischer Massenwechsel

Meist alle drei Jahre kommt es in Mitteleuropa zu einer Massenvermehrung der kleinen Nager, so dass pro Hektar mehr als 1000 Individuen leben. Da die einzelnen Reviere zu klein werden, schließen sich zwei bis vier, oder auch fünf Weibchen zu Nestgemeinschaften zusammen. Im Zentrum vereinigen sich bis zu 90% der Weibchen, an den Rändern nur noch 50%. Die Jungen aller Würfe einer Nestgemeinschaft werden von allen beteiligten Müttern wahllos gesäugt und betreut, so dass die Jungtiere auch nach dem Tode einer Mutter überleben. Die dadurch bewirkte abnorme Bevölkerungsdichte und explosionsartige Bestandsvergrößerung sind fördernde Faktoren im Massenwechsel. Allerdings brechen diese Maximalbestände durch Hunger, Stress und Erschöpfung meist sehr schnell zusammen. Im Normalfall folgt auf ein Gradationsjahr ein sogenanntes Latenzjahr mit sehr niedriger Bestandsdichte.

Nahrung für Beutegreifer

Feldmäuse und Echte Mäuse (z. B. Waldmaus) haben viele Fressfeinde, vor allem Greifvögel, Eulen, Fuchs, Iltis, Marder, Hermelin und Mauswiesel. In „guten" Mäusejahren finden sich die Nager in hohen Prozentsätzen im Nahrungsspektrum der Beutegreifer: Schleiereule 95%, Turmfalke 95% Waldohreule 91%, Mäusebussard 90%, Steinkauz 88%, Waldkauz 68%. Das Mäuseangebot wirkt sich auch auf die Vermehrungsrate der Jäger aus: So ziehen Schleiereulen in Gradationsjahren mehr Junge auf, es kommt bei etwa 65% zu Zweit- und Drittbruten, während in Latenzjahren bis zu 60% der Paare überhaupt nicht brüten.

Feldmaus-Massenvermehrungen treten besonders ausgeprägt in monotonen, ausgeräumten, baum- und strauchlosen Agrarlandschaften auf. In vielfältiger strukturierten Landschaften sind die Schwankungen erheblich geringer.

Eichhörnchen

Hochstämmige, trockene und schattige Wälder bilden den bevorzugtesten Aufenthaltsort des Eichhörnchens (*Sciurus vulgaris*). Während der Reife des Obstes und der Nüsse besucht es mit Vorliebe auch die Gärten der Dörfer und Streuobstwiesen, sofern sich vom Wald aus eine Verbindung durch Feldgehölze, Alleen, Hecken oder wenigstens Gebüsch findet. Eichhörnchen sind sehr bewegungsfreudig und gewandt: Mit einem Sprung können sie mühelos Entfernungen von 4-5 m überbrücken.

Ein Gemischtköstler

Eichhörnchen sind im Grunde Allesfresser. Die überaus reichhaltige Speisekarte des Eichhörnchens variiert je nach Jahreszeit. Sie besteht in erster Linie aus Nüssen, Samen, Beeren und anderen Früchten. Daneben werden auch Knospen, Rinde, Baumsaft, Blüten, Flechten, Pilze sowie Obst verzehrt. Von Birnen und Äpfeln schält es meist das ganze Fleisch ab, um zu den Kernen zu gelangen. Den animalischen Nahrungsanteil bilden Würmer, Insekten, Larven und Schnecken, gelegentlich aber auch Vogeleier und Jungvögel.

Wochenstube in luftiger Höhe

Jedes Eichhörnchen bewohnt ein eigenes Revier mit mehreren Nestern im Kronenbereich der Bäume, von denen es jeweils eines als Hauptnest zum Schlafen oder zur Aufzucht des Nachwuchses benutzt. Oft werden alte Krähen-, Elstern- oder Greifvogelnester zu einem kugelförmigen „Kobel“ mit seitlichem Einschlupf umgebaut. Der Bau besteht aus Reisig und ist innen mit Moos, Blättern und trockenem Gras gut ausgepolstert. Meist kommt es zu zwei Würfen im Jahr. Nur 20 bis 25 Prozent aller Jungtiere werden ein Jahr alt. Eichhörnchen haben zahlreiche natürliche Feinde: Fuchs, Wiesel, Baum- und Steinmarder, Habicht, Sperber und verschiedene Eulenarten.

Winterruhe mit Unterbrechungen

Den Winter „verschläft“ das Eichhörnchen größtenteils in seinem Kobel, den es zuweilen verlässt, um von den im Sommer angelegten Vorräten zu fressen. Man hat bisher das erstaunliche Ortsgedächtnis der Tiere beim Wiederauffinden der Verstecke bewundert. Aufgrund neuerer Untersuchungen weiß man, dass Eichhörnchen über einen ausgezeichneten Geruchssinn verfügen, der es ermöglicht, vergrabene Nüsse bis in eine Tiefe von 30 cm zu wittern.

Erwachsene Eichhörnchen wechseln zweimal jährlich, im Frühjahr und Herbst, ihr Fell. Bei Ohren und Schwanz findet der Haarwechsel nur einmal im Jahr statt. Die typischen Ohrpinselhaare (linkes Foto) wachsen vom Sommer bis in den Winter. Das Winterkleid ist allgemein etwas heller, glänzender und grauer als das Sommerfell.

Siebenschläfer

Dieser possierliche Kleinsäuger aus der Familie der Schlafmäuse oder Bilche gehört zu den Tieren, die dem Namen nach weit mehr bekannt sind, als von Gestalt und Ansehen. Noch am ehesten kann man dem Siebenschläfer *(Glis glis)*, unserem größten einheimischen Bilch, bei der allherbstlichen Reinigung der Vogelnistkästen begegnen. Aufgrund seines langen buschigen Schwanzes und seiner außerordentlichen Kletterfertigkeit wird er bisweilen auch als die kleine „Nachtausgabe" des Eichhörnchens bezeichnet. Aber während dieser rote Waldkobold auch in Fichtenwäldern anzutreffen ist, bevorzugen Siebenschläfer in erster Linie ausgereifte Laub- und Mischwälder mit dichter Unterholzdecke und einer beerentragenden Strauchschicht. Auch Obstgärten werden als Lebensraum angenommen, wenn sie eine ausreichende Zahl von Verstecken, wie natürliche Baumhöhlen oder Nistkästen, beherbergen. Hier bringen die Weibchen nach ungefähr fünfwöchiger Tragzeit im August/September 3-5 nackte, blinde Junge zur Welt, die außerordentlich rasch heranwachsen, nur kurze Zeit an der Mutter saugen und sich dann selbst ihre Nahrung beschaffen. Waldnahe Wochenendhäuser, Jagd- und Skihütten werden ebenfalls vom Siebenschläfer als Sommerquartiere genutzt.

Siebenschläfer sind Gemischtköstler mit gewaltigem Appetit. Im Herbst steht reifes, saftiges Obst ganz oben auf ihrer abwechslungsreichen Speisekarte.

Heimliche Untermieter

Auch das am Rand einer Streuobstwiese gelegene Bienenhaus des Verfassers wird schon seit nahezu 30 Jahren von Siebenschläfern bewohnt. Die Weibchen richten hier ihre Wochenstuben in dem zwischen Decke und Dach verbliebenen Hohlraum ein. Das Dach erreichen die gewandten Kletterer über einen hereinragenden Ast, wobei sie meterweit springen können. Als Rückweg zur Erde wird von den heimlichen Untermietern gerne die Fallröhre der Dachrinne benutzt. Sie mündet in eine Regenwassertonne, die mit einem engmaschigen Drahtgitter abgedeckt ist, da die Tiere nach ihrer famosen Rutschpartie sonst jämmerlich ertrinken. Siebenschläfer haben zwar lange, gelenkige Kletterzehen und Haftballen mit einem klebrigen Sekret an den Füßen, glatte Blech- oder Plastikwände werden jedoch auch für sie zum unüberwindbaren Hindernis. Ansonsten sind Siebenschläfer recht beherzte Luftakrobaten: Ein aufgeschrecktes Jungtier sprang vom 2,5 m hohen Dachrand nach Art eines Flughörnchens kurzerhand in die Tiefe und ergriff unversehrt die Flucht.

Wohlgenährt in den Winter

Siebenschläfer sind Gemischtköstler mit gewaltigem Appetit, den schon Tiervater Brehm trefflich zu schildern wusste: „Wenige Nager dürften es dem Bilch an Gefräßigkeit zuvortun. Er frisst, solange er fressen kann. Eicheln, Bucheckern, Haselnüsse bilden vielleicht seine Hauptnahrung, Walnüsse, Kastanien, süßes und saftiges Obst werden aber auch nicht verschmäht, und tierische Kost scheint ihm geradezu Bedürfnis zu sein; wenigstens überfällt, mordet und verzehrt er jedes kleinere Tier, das er erlangen kann, plündert Nester aus, würgt junge Vögel ab, tritt überhaupt nicht selten als Raubtier auf… Bis Herbstbeginn strotzt er bereits vor Fett, frisst aber noch so lange wie möglich.“ Den Winter verbringen Siebenschläfer nie in ihren Sommerquartieren, sondern in zum Teil selbst gegrabenen Erdhöhlen, in Verstecken zwischen Baumwurzeln oder in altem Gemäuer. Für den bevorstehenden, langen Winterschlaf (sieben Monate!), legen sich die Tiere einen regelrechten Speckmantel zu, wobei sich ihr Gewicht von etwa 100 g mehr als verdoppelt. Ohne diese Fettreserve werden Siebenschläfer nicht wintermüde: Eine biologische Sicherung, die verhindert, dass nicht ausreichend genährte Tiere sich den Entbehrungen der überlangen Schlummerperiode aussetzen. Mit 35 Herzschlägen und 6 bis 8 Atemzüge pro Minute sowie einer Körpertemperatur von nur 3 °C verharren die zu einer Pelzkugel zusammengerollten Schläfer in tiefer Ruhe, bis Wärme und steigende Tageslichtlänge sie wieder zu neuem Leben erweckt.

Geräumige Baumhöhlen sind neben Nistkästen begehrte Wochenstuben.

Gefährdung und Schutz

Während des Winterschlafes sind Siebenschläfer verschiedenen Kleinraubtieren wie Marder, Iltis und Wiesel fast wehrlos ausgeliefert. Auch Hauskatzen können den Schlafmäusen recht gefährlich werden. Noch bis in die 1950er Jahre stellten auch Menschen in vielen Teilen Europas dem Siebenschläfer nach, nicht nur wegen seines schönen, wollig-weichen Pelzchens: Begehrt waren die fetten Bilche des Spätsommers. Galten doch schon bei den alten Römern in tonnenartigen Gefäßen gemästete Siebenschläfer als wahre Delikatesse. Heute genießen Siebenschläfer ganzjährigen Schutz, da auch sie vielerorts Überlebensprobleme haben: Durch die Umwandlung von Laub- und Mischwäldern in Fichtenmonokulturen wird den Kleinsäugern die Lebensgrundlage entzogen. Natürliche Baumhöhlen sind vielfach zur Mangelware geworden, so dass von den sehr ortstreuen Bilchen in manchen Gegenden bereits bis zu 80 % der Vogelnistkästen in Beschlag genommen werden. Die Erhaltung alter Wald-, Park- und Obstbäume (am besten ganzer Streuobstwiesen) stellt daher eine vordringliche Schutzmaßnahme dar. Wurden sie bereits beseitigt, sollte ein größeres Angebot an Nistkästen bereitgestellt werden. Am günstigsten hat sich eine Verteilung solcher Kästen in Fünfergruppen im Abstand von 10 bis 20 m erwiesen, da dann nur ein Teil dieser Wohnungen von Vögeln besetzt wird und gleichzeitig der Vorliebe des Siebenschläfers zum Quartierwechsel Rechnung getragen werden kann.

Gartenschläfer

Von den bei uns heimischen Bilcharten stellt der Gartenschläfer *(Eliomys quercinus)* die seltenste aber zugleich hübscheste Ausgabe dar. Von der rötlichen Oberseite seines Fellchens hebt sich das Weiß von Bauch und Flanken kontrastreich ab. Von der Oberlippe bis zum Hals zieht sich eine schwarze Gesichtsmaske und der fast körperlange Schwanz trägt eine buschige Endquaste mit weißer Spitze.

Früher als Obstschädling verfolgt

Als wärmeliebende Art ist der Gartenschläfer vorwiegend in klimatisch begünstigten Obst- und Weinbaugebieten anzutreffen, aber gerade hier wurde er als angeblicher Obstbaumschädling früher mit vor Spalieren aufgestellten Drahtschlingen eifrig verfolgt und vernichtet. Genauere Beobachtungen haben jedoch ergeben, dass der Gartenschläfer als einziger Bilch tierische Nahrung der pflanzlichen vorzieht und Insekten aller Art, von der kleinen weichen Fliege und Mücke bis zum harten Mist- und Maikäfer, sowie Maulwurfsgrillen und Schnecken verzehrt, wodurch der von ihm verursachte Schaden sicher wieder wettgemacht wird. Aber auch ungeachtet solcher ohnehin nicht ganz unproblematischer Nützlichkeitserwägungen sollte diese seltene Bilchart unseres uneingeschränkten Schutzes sicher sein - auch in Gebäuden, in denen manche Tiere überwintern. Dazu zählen nicht nur waldnahe Forst-, Garten- und Bienenhäuser, sondern auch Scheunen, ja selbst Wohngebäude. Doch leider werden dort angetroffene Bilche von Unkundigen immer noch als „Ratten" erschlagen.

Nistkästen als Höhlenersatz

Im Unterschied zum Siebenschläfer überwintern Gartenschläfer auch in Nistkästen.

Gartenschläfer ziehen tierische Nahrung (z. B. Insekten) der pflanzlichen Kost vor.

Am besten sind Holzbetonkästen geeignet, die an Bäumen mit nicht zu glatter Rinde und mit einem Marder-, Katzen- und Spechtschutz versehen, angebracht werden. Sie bieten zugleich einen gewissen Ersatz für verlorengegangene Naturhöhlen. Das Weibchen wirft hier von Ende Mai bis Juli drei bis fünf Junge, die rasch heranwachsen und bei der Nistkastenkontrolle im September nahezu ausgewachsen angetroffen werden können. Gartenschläfer überwintern auch in gut ausgepolsterten Baum- und Erdhöhlen. Im Sommer beträgt ihr Normalgewicht 65 bis 80 g. Ein kurz vor dem Winterschlaf gewogenes Exemplar brachte 210 g auf die Waage, wovon 35 g reines Fett waren - eine wichtige Energiereserve für den langen Winterschlaf.

Haselmaus

Die hübsche fuchsrotgelbe Haselmaus *(Muscardinus avellanarius)* stellt mit 14 cm Gesamtlänge und einem Gewicht von nur 15-25 g die kleinste Ausgabe unserer heimischen Bilche oder Schlafmäuse dar. Das Tierchen hat zwar auf den ersten Blick die Größe und Gestalt einer Maus, die großen dunklen Augen und der kürzere, nur etwa die Hälfte der Körperlänge einnehmende, dicht behaarte Schwanz verraten bei genauem Hinsehen aber doch die eindeutige zoologische Zugehörigkeit zur Familie der Bilche. Als tags verborgenes Nachttier ist die Haselmaus uns Menschen nur wenig bekannt, obwohl sie in der Ebene wie im Gebirge vorkommt.

Bewohner trocken-warmer Lebensräume

In Mitteleuropa nimmt die Häufigkeit dieser wärmeliebenden Art von Norden nach Süden zu. Hier treffen wir sie in erster Linie in trockenen Wäldern mit viel Unterwuchs, an Waldsäumen mit dichten Gebüschen, vor allem von Brombeere, Hainbuche und Haselnuss, deren Früchte für ihre Ernährung von entscheidender Bedeutung sind. Gerne siedelt sie sich in der Nähe von Waldpfaden oder Lichtungen an, kann aber auch auf Obstbaumgelände, in Parks und auf Brachflächen mit viel Buschwerk und Gestrüpp angetroffen werden. Ihre kunstvollen Kugelnester von 6 bis 12 cm Durchmesser (kleine Sommernester oder halbfertige, flüchtige Spielnester) aus Gras, Laub und Moos baut sie entweder an einer geschützten Stelle am Erdboden, in Heidelbeer- oder Himbeersträuchern oder in ein bis zwei Metern Höhe im Gezweig. Nicht selten bewohnt sie auch Nistkästen und da Haselmäuse recht ortstreu sind, suchen sie jedes Frühjahr diese sicheren und trockenen Quartiere mit Vorliebe wieder auf. Dieses geradezu hartnäckige Festhalten am einmal gewählten Nistplatz wird auch von den Jungtieren übernommen: Markierte Exemplare wurden über einen Zeitraum von fünf Jahren hinweg alljährlich während der Nistkastenkontrolle stets im selben oder in einem Nachbarkasten wieder angetroffen.

Dämmerungs- und nachtaktive Akrobaten

Zur Fortpflanzung schreiten Haselmäuse erst im Hochsommer, selten findet eine Paarung der Geschlechtstiere vor Juli statt. Nach einer Tragzeit von etwa 25 Tagen wirft das Weibchen meist 3 bis 4 nackte, blinde Junge, die mit 18 Tagen die Augen öffnen. Sie wachsen außerordentlich rasch heran, saugen aber doch einen vollen Monat an der Mutterbrust. Den Tag verschlafen Haselmäuse in ihrem Nest und werden erst mit Beginn der Dämmerung munter. Sie sind wahre Kletterkünstler, die sich selbst in dünnstem Gezweig noch mit erstaunlicher Behändigkeit fortbewegen, wobei sie sich

Haselmäuse sind dämmerungs- und nachtaktiv. Die großen kugeligen Augen verraten es.

oft nur mit ihren Hinterbeinen an einem Zweig aufhängen, um eine tiefer hängende Nuss zu erlangen und zu bearbeiten. Kleinen Äffchen gleich, können sich Haselmäuse auch an der Unterseite der Äste mühelos und sicher fortbewegen. Wie bereits aus ihrem Namen deutlich wird, verzehren diese niedlichen Kobolde am liebsten Haselnüsse, die sie gleich am Strauch kunstreich öffnen und entleeren, ohne sie abzupflücken oder aus der Hülse zu sprengen. Daneben gehören auch Bucheckern, Eicheln, harte Samen, saftige Früchte, Beeren, Jungtriebe und Knospen zu ihrer alltäglichen Mahlzeit, die sie ab und zu noch durch kleinere Mengen Insekten und verschiedene andere wirbellose Tiere bereichern. Durch solcherlei Speisen wohlgenährt, rüsten sich die Haselmäuse Mitte Oktober zum Winterschlaf, der bis zum Mai oder April andauert. Sie verbringen die kalte Jahreszeit jedoch nie in Nistkästen, sondern in einem besonders warm ausgepolsterten Winternest zwischen Baumwurzeln oder ganz unterirdisch.

Tiefschläfer mit hohen Winterverlusten

Den Winter überstehen Haselmäuse in einem 6 bis 7 Monate währenden Schlaf, der noch tiefer und intensiver ist als der ihrer Verwandten: Man kann die Tierchen in die Hand nehmen und darin herumkugeln, ohne dass sie auch nur das geringste Lebenszeichen von sich geben. Während der Tiefschlafphase sinkt die Blutwärme dieser kleinen Bilche auf 0,5–0,25 °C. In strengen, langen Wintern und bei ungenügenden Fettreserven können bis zu 80 % einer Population sterben. Milde Winter bringen wesentlich geringere Verluste mit sich, doch sorgen nasskalte Sommer sowie Wiesel, Marder, Fuchs und Eulen dafür, dass die Vermehrung der Haselmäuse in Grenzen gehalten wird. Auch kommt es in der Regel nur zu einem einzigen Wurf von nicht einmal einem halben Dutzend Jungtieren, was im Vergleich zu den vielen Gefahren doch eine recht geringe Fortpflanzungsrate darstellt. Wir sollten uns daher freuen, wenn sich diese netten Kleinbilche in unserer Umgebung, nicht selten sogar in unmittelbarer Nähe menschlicher Behausungen zeigen und hier ihre Ansiedlung durch das Aufhängen von Nistkästen, das Schaffen sicherer Tagesverstecke in Form von Altgras- oder Gestrüpprefugien, sowie durch das Anpflanzen beeren- und haselnussreicher Hecken unterstützen.

Unten rechts: Die Haselmaus ist die kleinste Ausgabe der bei uns heimischen Bilche. Ein Jungtier hat bequem auf einem Daumen Platz.

Unten links: Haselmäuse überstehen den Winter im intensiven Tiefschlaf, bei dem sie sich zu einer Kugel zusammenrollen.

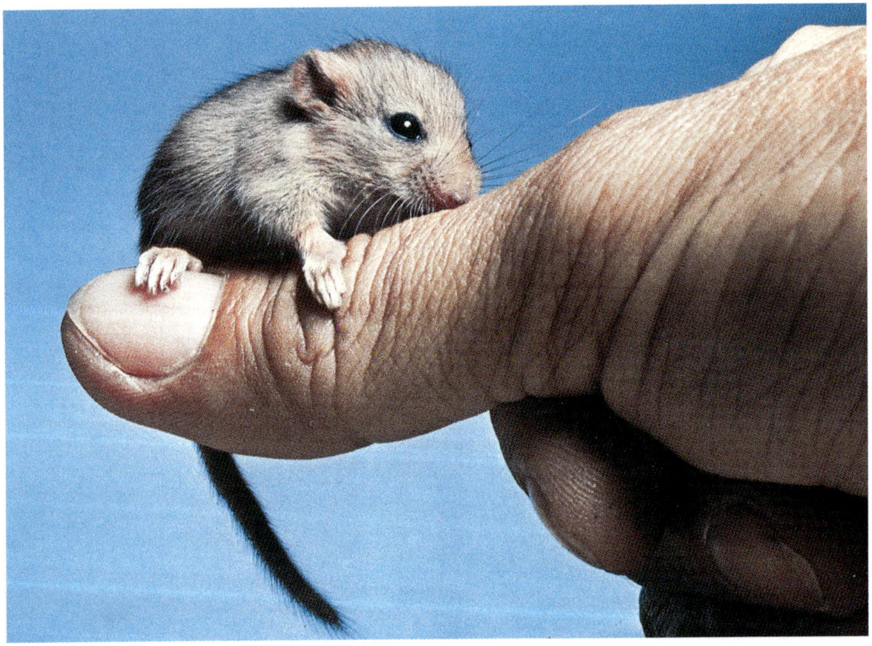

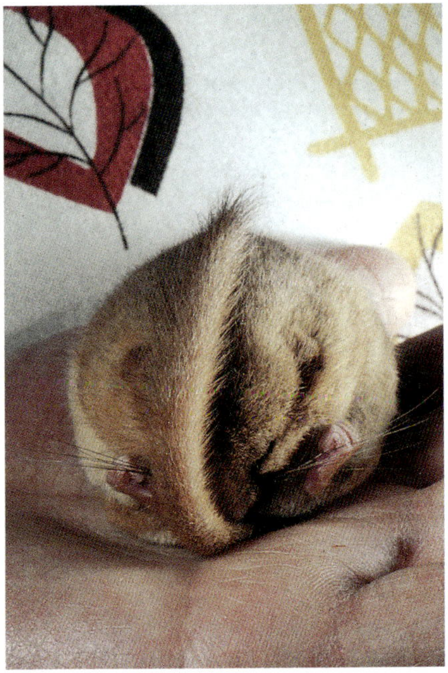

Spitzmäuse

Auch wenn Spitzmäuse auf den ersten Blick eine gewisse Ähnlichkeit mit den „echten" Mäusen zeigen - in verwandtschaftlicher Beziehung sind sie zumindest ebenso weit voneinander entfernt wie Pferd und Flusspferd. Zusammen mit Igel und Maulwurf gehören die Spitzmäuse zur Ordnung der Insektenfresser, deren größte Familie sie bilden. Was die Marder unter den Raubtieren, sind die Spitzmäuse unter den Insektenfressern. Wie jene besitzen sie alle Fähigkeiten, die ein echtes Räuberleben möglich machen.

Nur wenige Arten in Deutschland

Spitzmäuse sind mit rund 170 Arten über die ganze Welt verbreitet, wovon in Deutschland nur acht vertreten sind. Mit etwas Glück kann man neben der Hausspitzmaus auch der Feld-, Wald- und Wasserspitzmaus begegnen:

Die **Hausspitzmaus** *(Crocidura russula)* hält sich vorwiegend in der Nähe menschlicher Siedlungen, in Scheunen, Ställen oder an Dungstätten auf.

Einer kleinen Hausspitzmaus ähnelt die **Gartenspitzmaus** *(Crocidura suaveolens)*. Sie lebt an ähnlichen Orten, ist aber noch wärmeliebender und seltener.

Die **Feldspitzmaus** *(Crocidura leucodon)* zieht unbewohntes Gelände, wie Brachen, Kartoffeläcker oder Wiesen vor. Zu feuchtes Gelände meidet sie.

Die **Waldspitzmaus** *(Sorex araneus)* ist keineswegs an den Lebensraum Wald gebunden, sie kommt auch in Wiesen und in der Feldmark mit Gebüsch vor.

Die größte bei uns heimische Spitzmaus ist die **Wasserspitzmaus** *(Neomys fodiens)*. Ihren Lebensraum bilden Bäche, Teiche, Tümpel und buschreiches Gelände in Wassernähe. Manchmal kann man ihr auch auf Wiesen und Feldern begegnen, die weit vom Wasser entfernt sind.

Die vorwiegend dämmerungs- und nachtaktive ***Feldspitzmaus*** *errichtet ihr Nest aus dürrem Gras häufig in den verlassenen Höhlen anderer Kleinsäuger.*

Ständig auf Nahrungssuche

Spitzmäuse sind Kleinsäuger mit Riesenappetit: Sie verzehren täglich mehr Nahrung als ihr Körper wiegt. Säugende Mütter brauchen oft sogar mehr als das Doppelte. Denn je kleiner ein warmblütiges Tier ist -vor allem wenn es ständig auf Achse ist- desto höher ist sein Energieverbrauch. Spitzmäuse besitzen daher einen auf Hochtouren laufenden Stoffwechsel, wobei die Pulsfrequenz jagender Spitzmäuse bis auf 1000 Schläge pro Minute ansteigen kann. Die Hauptbeute der Spitzmäuse bilden Insekten, daneben stehen auch Spinnen, Würmer, Schnecken und andere Wirbellose auf ihrem Speiseplan. Diese kleinen „Fressmaschinen" schrecken selbst vor der „stechenden Zunft" nicht zurück: Ein vom Verfasser in einen Nistkasten umquartiertes Wespennest wurde von einer Spitzmaus restlos ausgeplündert. Größere Arten überwältigen sogar Frösche, Fische, Vögel und Mäuse. Wo sich eine Hausspitzmaus eingenistet hat, flüchten die Hausmäuse in die oberen Stockwerke, werden aber auch hier von ihr gestellt. Im Gegensatz zu anderen Raubtieren töten Spitzmäuse ihre Opfer nicht erst, sondern fressen sich mit ihren nadelspitzen Zähnchen buchstäblich in ihre zuckenden Leiber hinein oder mitten durch sie hindurch. Die Spitzmäuse selbst werden von Eulen, Krähen, Eichelhähern, Störchen und Kreuzottern in Schach gehalten. Hunde, Katzen, Marder und Wiesel töten zwar Spitzmäuse, aber fressen sie nicht wegen ihres beißenden Moschusgeruches. Spitzmäuse sind, von der kurzen Paarungszeit abgesehen, recht unverträgliche Einzelgänger.

*Die **Wasserspitzmaus** dehnt ihre Jagdzüge auch in die neben den Bächen liegenden und weiter entfernten Wiesen aus.*

*Die **Waldspitzmaus** ist die bei uns häufigste Art. Sie kommt nicht nur in Wäldern vor, sondern lebt auch auf Wiesen und Feldern, in Gärten, im Gebüsch und in Hecken. Sie bezieht gerne die Gänge des Maulwurfes oder verlassene Mäuselöcher.*

Im Gänsemarsch der Mutter nach

In unseren Breiten bringen Spitzmausweibchen vom Frühjahr bis zum Herbst drei bis fünf Würfe von je fünf bis zehn Jungen zur Welt. Die Tragzeit ist mit zwei bis vier Wochen bei den einzelnen Arten unterschiedlich lang. Die nackt und blind geborenen Jungen sind winzige Geschöpfe, denen die inneren Organe durch die dünne Haut schimmern und die nicht mehr als ein Gramm wiegen. Sie werden etwa drei Wochen lang gesäugt und bleiben als Familie bis zu einem Monat zusammen. Droht Gefahr, wird der Nachwuchs von der treusorgenden Mutter ins Maul genommen und in ein neues Versteck getragen. Nach sieben Tagen ändert das Weibchen seine Vorgehensweise: Bei Beunruhigung oder beim Umzug in ein neues Nest werden die Jungen jetzt gleichsam „an die Leine“ genommen: Durch Schnauzenstupser und ermunternde Bisse wird ein Junges von der Mutter angeregt, sich bei ihr dicht neben der Schwanzwurzel festzubeißen. Hat das Junge begriffen, so folgen die anderen oft schon von ganz alleine seinem Beispiel und beißen sich nun ihrerseits an der gleichen Stelle ihres Vorgängers fest. Die Kinderschar bildet auf diese Weise eine lange Kette, die im Gänsemarsch hinter der führenden Alten dahintrippelt. Der Griff ist so fest, dass die Karawane nicht abreißt, wenn die Kette an einem der Tiere hochgehoben wird. Diese hier kurz skizzierte „Karawanenbildung“ wurde bisher nur bei der Feld-, Haus- und Gartenspitzmaus beobachtet.

Schutzmaßnahmen

Da Spitzmäuse keinen Winterschlaf halten, sind sie auch in der kalten Jahreszeit ständig auf der Suche nach Fressbarem. Haus-, Feld- und Waldspitzmäuse gehen dann auch in Kellern, Scheunen und Ställen auf Jagd. Man kann den so überaus nützlichen Kleinsäugern mit Laub- und Reisighaufen oder einer „wilden Ecke“ aus dichtem Brombeergestrüpp günstige Unterschlupfmöglichkeiten schaffen. Auch im Komposthaufen finden diese kleinen Insektenfresser reichlich Nahrung und gute Verstecke. Wenn beim Umsetzen oder Abtragen eines Komposthaufens plötzlich „Mäuse“ ans Tageslicht kommen, sollten sie nicht gleich totgeschlagen werden - in den meisten Fällen handelt es sich um Spitzmäuse.

Fledermäuse

Wie so viele Tiere der Nacht werden auch die Fledermäuse von manchen Menschen als unheimlich empfunden. Sie existieren in einer Sinneswelt, in die wir uns nicht annähernd hineinversetzen können. Alles ist anders, als wir Augen- und Tagesmenschen es gewohnt sind: Fledermäuse sind die einzigen Säugetiere, die über die aktive Fähigkeit zum Fliegen verfügen. Sie sind nur in tiefer Dämmerung und nachts unterwegs, wenn wir uns zur Ruhe gebettet haben. Orientierung und Beutefang geschieht -für uns unhörbar- mit Hilfe eines Ortungssystems im Ultraschallbereich. Auch durch ihre bizarr anmutende Gestalt erscheinen diese Flattertiere (als Nachklang abergläubischer Vorstellungen früherer Zeiten) vielen Menschen noch heute unheimlich und fremdartig und keineswegs schützenswert. Dabei zählen Fledermäuse mit zu den interessantesten, aber auch nützlichsten Lebewesen überhaupt.

Sie fliegen mit den Händen

Fledermäuse sind keine fliegenden „Mäuse“, sondern eine eigenständige Ordnung unter den Säugetieren mit dem wissenschaftlichen Namen Chiroptera (= die mit den Händen fliegen, also Handflügler). Als lange, dünne Stützstreben durchziehen die verlängerten Fingerknochen die Flughaut. Schwanz und Hinterbeine helfen mit, die Tragflächen aufzuspannen. Nur ein Finger, der Daumen, endet in einer gebogenen Kralle, mit der die Tiere ausgezeichnet klettern und hangeln können. Die Zehen der Hinterfüße sind freigeblieben, an ihnen hängen die Fledermäuse zum Ruhen kopfüber. Der Handflügel der Fledermaus bilden somit das direkte Gegenteil vom Armflügel des Vogels. Bei den Vögeln verkümmerte die Hand bis zum Verschwinden, wurde der Arm zum alleinigen Träger des Fächerflügels.

Sie sehen mit den Ohren

Bei ihren Nachtflügen orientieren sich Fledermäuse als die ersten „Blindflieger“ der Welt mit Hilfe von Ultraschall und Echopeilung. Die von den Fledermäusen im Kehlkopf erzeugten, durch Mund oder Nase ausgesendeten Ultraschall-Laute liegen im Bereich von 60 bis 100 kHz. Das zurückkehrende Echo wird von dem außerordentlich leistungsfähigen Hörvermögen so perfekt ausgewertet, dass Fledermäuse selbst bei absoluter Dunkelheit nicht nur Distanz und Richtung, sondern auch Form, Größe, Struktur und Eigenbewegung des reflektierenden Zielobjektes wahrnehmen, also gleichsam mit den Ohren „sehen“ können. Die durch Ultraschall-Echoortung ausgemachten Nachtinsekten werden von den Fledermäusen im Fangkorb ihrer Flughäute ergriffen und in mundgerechter Lage dem kräftigen Gebiss aus nadelspitzen Zähnen zugeführt.

Kleinsäuger mit großem Appetit

Fledermäuse jagen schon seit 50 Millionen Jahren nachtfliegende Insekten und haben in dieser ökologischen Nische (außer der Nachtschwalbe) keine Konkurrenz. Als Hochleistungstiere haben Fledermäuse einen überaus hohen Nahrungsbedarf. Schon ein einziger Abendsegler vermag bis zu 100 Maikäfer kurz hintereinander zu vertilgen und eine Kolonie von 100 Mausohren schafft in einer Nacht bis zu 4000 mittelgroße Laufkäfer. Fledermäuse wählen ihre Beute nicht nur entsprechend ihrer Körpergröße aus,

*Unten: **Braunes Langohr** (Plecotus auritus). Sommerquartiere (Wochenstuben) in Baumhöhlen, Fledermaus- und Vogelnistkästen, auf Dachchböden. Einzeltiere auch in Gebäudespalten. Winterquartiere in Höhlen, Stollen, Kellern (Angaben nach Gebhard 1985, Schober/Grimmberger 1987, Richarz 1992).*

Abbildung oben rechts:
Fransenfledermaus *(Myotis nattereri). Sommerquartiere meist in Baumhöhlen und Fledermauskästen, auch in Spalten an oder in Gebäuden (Dachstuhl, seltener im First). Einzeltiere auch hinter Fensterläden, in Spalten unter Brücken. Winterquartiere in feuchten Höhlen und Stollen. Fliegt in später Dämmerung aus, Flug niedrig, langsam, doch sehr wendig*

Abbildung oben links:
Bechsteinfledermaus *(Myotis bechsteini). Sommerquartiere in Baumhöhlen, Vogel- und Fledermauskästen (keine Flachkästen), seltener in Gebäuden. Einzeltiere auch in Felshöhlen. Winterquartiere in Höhlen, Kellern, Stollen, evtl. vereinzelt auch in Baumhöhlen. Fliegt erst nach Einbruch der Dunkelheit aus, Flug gaukelnd, langsam mit rudernden Flügelschlägen.*

Abbildung unten:
Wasserfledermaus *(Myotis taubendoni). Sommerquartiere in Baumhöhlen, Nistkästen, in engen Spalten unter Dächern, hinter Fensterläden, in Mauerspalten. Winterquartiere in Stollen, Bunkern, Kellern, alten Brunnen. Dort frei hängend oder in Spalten und Ritzen versteckt. Fliegt noch in der Dämmerung aus, Flug schnell, kurvenreich und wendig.*

sondern jagen auch in unterschiedlicher Höhe: Abendsegler fangen größere Fluginsekten am freien Himmel. Mausohren schnappen ihre mittelgroße Beute auch im Tiefflug, nur wenige Zentimeter über dem Boden oder nehmen sie von dort auf. Im Rüttelflug verharrende Langohren lesen Falter von Baumstämmen, ja sogar von beleuchteten Fenstern ab. Fransenfledermäuse schnappen sich Spinnen und Raupen von Blättern weg, an denen sie ganz nahe vorbeifliegen. Wasserfledermäuse jagen knapp über dem Wasserspiegel oder nehmen ihre Beute von der Wasseroberfläche auf.

Haus- und Baumfledermäuse

Die 21 in Deutschland lebenden Fledermausarten lassen sich nach ihrer Lebensweise in zwei Gruppen einteilen:
Die Hausfledermäuse sind mehr oder weniger an den menschlichen Siedlungsraum gebunden. Typische Arten sind: Breitflügelfledermaus, Großes Mausohr, Graues Langohr, Kleine Bartfledermaus, Kleine Hufeisennase, Zwergfledermaus und einige andere Arten. Sie sind Bewohner alter Kirchtürme, Keller- und Speicherräume oder hängen hinter alten Fensterläden. Mitte Oktober verschwinden sie plötzlich und suchen ihre Winterschlafplätze auf. Meist in frostsicheren unterirdischen Höhlen (Stollen, Bunker, Brunnenschächte usw.) hängen sie dann über ein halbes Jahr, um erst wieder im April zu neuem Leben zu erwachen.
Zu den in Südeuropa vorwiegend als Höhlen- oder Felsfledermäusen lebenden Arten zählen alle Hufeisennasen, das Mausohr und die Langflügelfledermaus. Ihre Wochenstuben finden sich dort in Höhlen und Stollen.
Zur Gruppe der Baum- oder Waldfledermäuse zählen Großer und Kleiner Abendsegler, Rauhaut-, Bart-, Bechstein-, Fransen-

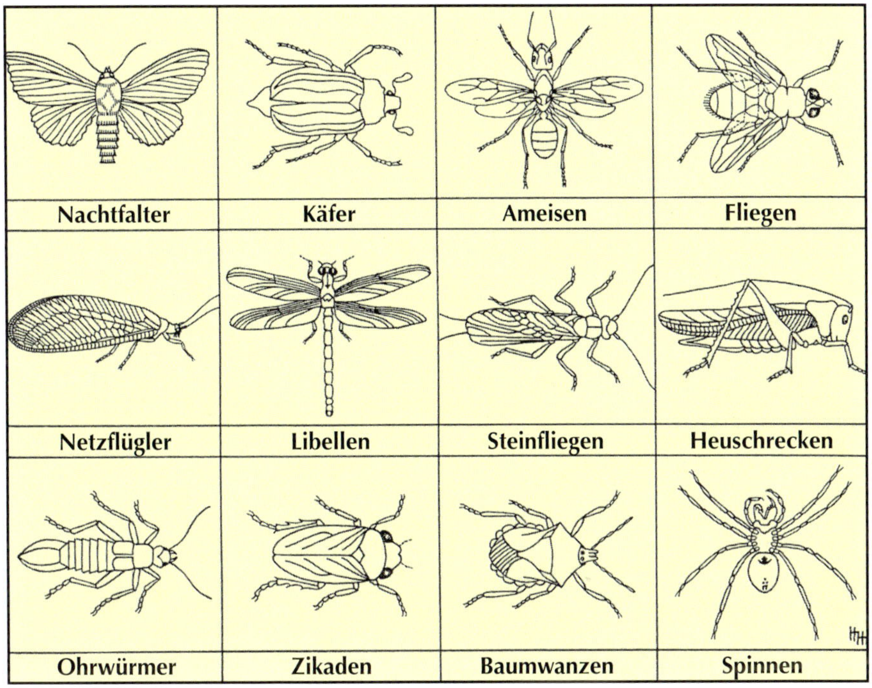

Beutetiere der Fledermäuse.

und Wasserfledermaus. Ihre Wochenstuben befinden sich in geräumigen Baumhöhlen. Einige Arten nutzen dickwandige Baumhöhlen auch als Winterquartier.

Sommerquartiere als Wochenstuben

Im Mai oder Juni treffen sich die schon im Spätherbst begatteten und inzwischen trächtigen Weibchen in besonders günstigen Schlupfwinkeln ihrer Sommerquartiere, die als „Wochenstuben" bezeichnet werden. Je nach Art können sich ein Dutzend (z. B. Langohren) bis über 1000 Tiere (z. B. Mausohren) in solchen Aufzuchtkolonien versammeln.
Bei den meisten unserer Fledermäuse haben die Weibchen nur ein Junges, das sich gleich nach der Geburt ins Brustfell der Mutter klammert und sich an einer Zitze festbeißt. Hier bleibt das Junge etwa 14 Tage lang hängen und wird von der Mutter in dieser Zeit selbst auf die Jagd mitgenommen. Sobald das schnell heranwachsende Junge als Flugpassagier zu schwer wird, bleibt es in der Wochenstube zurück, um sich mit anderen Artgenossen zu größeren Gruppen zusammenzuhängen. In der fünften Woche wagen die Jungtiere die ersten Flugversuche und nach rund sechs bis acht Wochen sind sie voll flugfähig und können ihre Mutter auf den Jagdzügen begleiten. Indem sie ihr in einer Art „Schallschleppe" folgen, lernen sie rasch die Echoortung als Orientierungssystem einzusetzen.

Vollständig auf der Roten Liste

Fledermäuse zählen mit zu den am stärksten bedrohten Tierarten. Die Rückgangs-

Abbildung oben rechts:
Rauhautfledermaus *(Pipistrellus nathusii). Sommerquartiere in Baumhöhlen, Stammrissen, flachen Fledermauskästen, Spaltenverstecken an Jagdkanzeln, seltener in engen Spalten an und in Gebäuden. Winterquartier in Felsspalten, Mauerrissen, auch in Höhlen und Baumhöhlen. Fliegt in früher Dämmerung aus, Flug schnell und geradlinig.*

Abbildung oben links:
Kleine Bartfledermaus *(Myotis mystacinus). Sommerquartiere in spaltenartigen Hohlräumen an und in Gebäuden, auch hinter Fensterläden, in Baumhöhlen und -spalten, seltener in Fledermauskästen. Winterquartiere in Felshöhlen, Stollen, Kellern. Fliegt in früher Dämmerung aus, Flug schnell, wendig und kurvenreich. Jagt im Frühjahr und Herbst mitunter auch am Tage.*

Abbildung unten:
Mopsfledermaus *(Barbastella barbastellus). Sommerquartiere in Spalten an Gebäuden, häufig hinter Fensterläden, Einzeltiere auch in Baumhöhlen und Nistkästen. Winterquartiere in Höhlen, Stollen, Kellern, in Spalten verkrochen oder frei auf Vorsprüngen liegend. Fliegt in früher Dämmerung aus, Flug schnell und gewandt, jagt in Höhe der Baumkronen.*

ursachen sind vielfältig und wohl ausschließlich auf direkte und indirekte Eingriffe des Menschen zurückzuführen:

- Beseitigung von Wochenstuben, Sommerhang- und Schlafplätzen durch Dachreparaturen, Umbauten, Verschließen der Einflugöffnungen, Fällen hohler Bäume.
- Beeinträchtigung und Verlust von Winterquartieren, z. B. durch Zumauern von Höhlen und Stollen, sowie dortige Störungen.
- Verringerung des Nahrungsangebotes durch Vernichtung der Jagdbiotope und Einsatz chemischer Insektenbekämpfungsmittel.

Die wichtigsten Schutzmaßnahmen:

- Erhaltung und Schaffung günstiger Sommerquartiere durch Anbringen von Fledermausbrettern an Südwänden von Gebäuden. Aufhängen spezieller Fledermausnistkästen (s. nächste Seite). Schaffung von Einschlupfmöglichkeiten (z. B. Lüftungsziegel ohne Gitter, unten offene Holzverschalungen).
- Renovierungsarbeiten an Gebäuden nur in der Zeit von September bis März durchführen. Bei Schädlingsbefall im Dachstuhl sollte möglichst das Heißluftverfahren angewendet werden.
- Verschließen unterirdischer Winterquartiere mit einbruchsicheren Gittertoren oder Türen mit 10 x 30 cm großen Einschlupföffnungen. Anbringen von Versteck- und Hangmöglichkeiten (z. B. Hohlblocksteinen).

*Oben: **Großer Abendsegler** (Nyctalus noctula). Sommerquartiere meist in alten Baumhöhlen, auch in Fledermauskästen. Winterquartiere in dickwandigen Baumhöhlen, tiefen Felsspalten, Mauerrissen.*

*Unten: **Kleiner Abendsegler** (Nyctalus leisleri). Sommerquartiere in Baumhöhlen und Fledermauskästen. Winterquartiere in Baumhöhlen, Spalten an Gebäuden.*

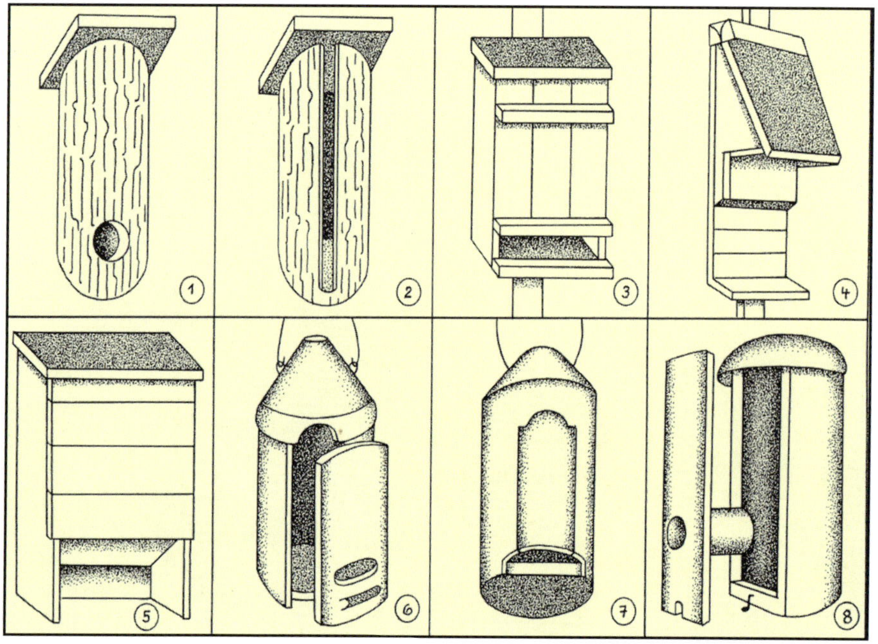

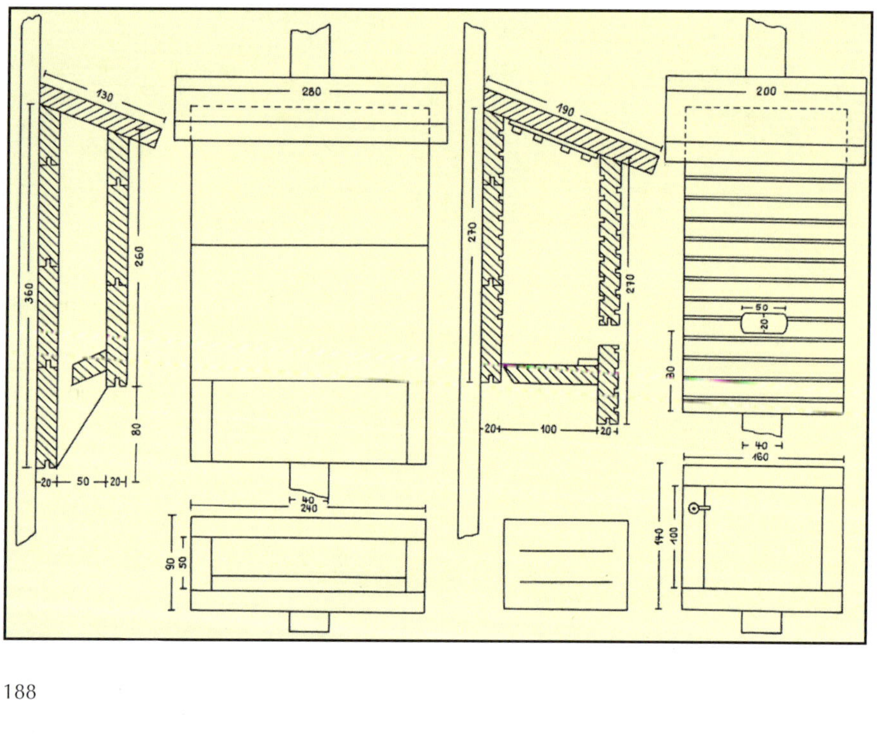

Verschiedene Fledermausarten, darunter Braune Langohren, Rauhaut- und Bechsteinfledermäuse, beziehen Nistkästen regelmäßig als Sommerquartiere. Sie zeigen dabei eine große Anpassungsfähigkeit.

Oben rechts: Die ***Zwergfledermaus*** *(Pipistrellus pipistrellus) nistet auch in schmalen Fledermauskästen. Sie ist die kleinste europäische Fledermaus. Sie fliegt früh aus, z. T. schon vor Sonnenuntergang, im Spätherbst auch am Tage. Ihr Flug ist schnell und wendig.*

Oben links: Für Baumfledermäuse geeignete ***Nistkastentypen*** *(nach W. Schober/E. Grimmberger): 1 ausgehöhlter Baumabschnitt (entspricht dem oberen Teil einer Spechthöhle), 2 ausgehöhlter Baumabschnitt mit spaltförmigem Eingang, 3 Holzkasten (Modell nach Issel), 4 Holzkasten (Niederländisches Modell), 5 Holzbetonkasten (Modell nach Stratmann), 6 und 7 Holzbetonkasten (Modell nach Schwegler), 8 Holzbeton-Röhrenkasten (Modell nach Nagel).*

Unten: ***Planskizzen*** *zum Selbstbau eines Fledermauskastens nach Stratmann (links) oder eines Nistkastens nach Kolb (rechts).*

Maulwurf

Der Name Maulwurf hat nichts mit dem Maul des Tieres zu tun. Er ist vielmehr von dem althochdeutschen Wort „Moltewurf" abgeleitet. Molte bedeutet Erde. Dieser alte Wortstamm steckt übrigens auch in den Wörtern Torfmull und Müll. Die Maulwürfe sind also „Erde- oder Haufenwerfer". Damit verrät uns ja der „Bergmann" unter den Säugetieren seine Anwesenheit: Auf den Wiesen und Feldern entdecken wir im Frühjahr die aufgeschütteten, typischen Maulwurfshügel. Sie sind das Abtransportmaterial seiner unterirdischen Grabarbeit, während man die Tiere selbst nur selten über der Erde zu sehen bekommt.

Einzigartige Ausrüstung

Der Maulwurf (*Talpa europaea*) ist für seine unterirdische Lebensweise ganz vorzüglich ausgerüstet: Sein Pelz ist so dicht, dass weder Wasser noch Erdkrümel eindringen können. Angeblich stehen 200 Haare und mehr auf nur einem Quadratmillimeter. Das Fell gleicht einem feinen Samtstoff und hat keinen Haarstrich, so dass der Maulwurf ungehindert vor- und rückwärts kriechen kann. Bei der Wühlarbeit nur hinderliche Ohrmuscheln fehlen. Die Ohröffnungen lassen sich durch eine Hautfalte fest verschließen. Auch die nur stecknadelkopfgroßen Augen liegen geschützt im Pelz. Die stark vergrößerten und mit langen, scharfen Krallen versehenen Hände sind zu breiten Grabschaufeln umgeformt. Sie sind so gestellt, dass die Handfläche nach hinten und außen gedreht ist. Der ganze Maulwurfskörper ist ein kräftiger walzenförmiger Bohrer mit einer lebenden Spitze: Die verlängerte Rüsselschnauze hat einen knorpeligen Fortsatz, der ihr bei ihrer lockernden Vorarbeit die notwendige Festigkeit verleiht. Zugleich ist sie Sitz eines hochentwickelten Tastsinnes und eines unvergleichlich feinen Geruchssinnes.

Mit ihren mächtigen Grabschaufeln legen Maulwürfe ausgedehnte Gangsysteme an.

Ernährung und Überwinterung

Maulwürfe ernähren sich zur Hauptsache von Regenwürmern, daneben auch von Schnecken, Insekten und deren Larven (z. B. Engerlinge!). Maulwürfe sind außerordentlich rasche Verdauer, deren täglicher Nahrungsbedarf ihrem eigenen Körpergewicht entspricht. Maulwürfe verzehren niemals pflanzliche Stoffe, Fraßschäden an Baumschulen und Kulturpflanzen, für die man sie nicht selten verantwortlich macht, stammen von Mäusen, vor allem von Schermäusen, die Gänge anlegen, die denen junger Maulwürfe ähneln.

Zu Beginn der kühleren Jahreszeit legen sich Maulwürfe ansehnliche Wintervorräte an. Die geringe Bewegungsfähigkeit der in der Kälte erstarrten Insektenlarven und Regenwürmer kommt ihnen dabei sehr zu statten. In einem solchen Speicher hat man einmal 18 Engerlinge und 1280 Regenwürmer entdeckt, wobei die Regenwürmer mit abgebissenen Vorderenden in Haufen von etwa 10 Stück lagen.

Igel

Es gibt wohl kaum ein Säugetier mit größerem Bekanntheitsgrad als den Igel (*Erinaceus europaeus*). Viele Menschen haben das Stacheltier ins Herz geschlossen, sei es als Mecki, stoffliches Kuschel-, Fabel- oder wirkliches Gartentier. Nicht nur für Kinder immer wieder faszinierend: das aus dem Fell hervorgegangene und schätzungsweise von 16 000 Stacheln gebildete Rückenkleid.

Nächtliche Einzelgänger

Der Igel gehört wie Spitzmaus und Maulwurf zur Ordnung der Insektenfresser. Als suchend dahintrippelnde Sammler lesen sich Igel alles zusammen, was vor ihre Nase kommt: Kerbtiere und deren Larven, Schnecken und Regenwürmer. Gelegentlich werden auch junge Mäuse, Vögel, Eidechsen und Frösche erwischt. Igel naschen auch gerne von würzigen Pilzen und süßem, möglichst überreifem Obst.

Im Siedlungs- und Außenbereich

Igel fühlen sich überall zu Hause, wo sie deckungsreiches Gelände vorfinden: Am Waldrand, auf Brachen, in Obstgärten und Parks. Sie nisten in Brombeerhecken und Reisighaufen, unter Holzstapeln, Gartenlauben, Bienenhäusern, Scheunen und Veranden. Als sehr standorttreue Untermieter merken sie bald, wo man ihnen wohlgesinnt ist, lassen sich mit Milch, Semmeln, gekochten Kartoffeln und Gemüse füttern und führen dem vertrauten Menschen sogar ihre Jungen vor.

Mit Stacheln geboren

Igel paaren sich von April bis September. In 1-2 Würfen pro Jahr kommen jeweils 2-10 Junge zur Welt. Sie besitzen bereits Stacheln, doch liegen diese tief eingebettet in der dick aufgeschwollenen Rückenhaut, um die Mutter nicht zu verletzen. Der Nachwuchs wird 6-8 Wochen lang gesäugt und mit etwa 18 Tagen öffnen die Jungen ihre Augen. Bald sind sie schon so selbstständig, dass sie der Mutter auf den abendlichen Pirschgängen folgen können.

Winterliche Tiefschläfer

In besonders großen, meist oberirdisch angelegten Nestern verbringt der Igel den Winter. Bei einer Außentemperatur von weniger als 15 °C werden die Igel schläfrig. Im darauf folgenden Tiefschlaf werden dann alle Lebensvorgänge sehr verlangsamt: Die Herzfrequenz geht von 181 Schlägen pro Minute auf 20 zurück und im gleichen Zeitraum holt der Igel statt 50-mal nur noch einmal Atem. Die Körpertemperatur sinkt von 35 auf 6 °C. Wird es kälter als 6 °C „heizen" Igel durch Veratmung ihrer angefressenen Fettreserven. Sind diese nicht ausreichend vorhanden oder vorzeitig verbraucht, stirbt der Igel an Hunger - etwa die Hälfte aller Igel erwacht nicht mehr aus dem Winterschlaf.

Wodurch Igel wirklich gefährdet sind

Igel haben nur wenige natürliche Feinde (wie etwa den Uhu). Auch Verluste durch Parasitenbefall (Zecken, Flöhe und Würmer) stellen für das uralte Igelgeschlecht, das schon seit 60 Millionen Jahren unsere Erde bevölkert, keinerlei Bestandsbedrohung dar. Der einzig wirklich gefährliche „Feind" der vierbeinigen Stacheltiere ist die menschliche Zivilisation: Mindestens 1,3 Millionen Igel sterben alljährlich den Verkehrstod, weiteren 1,2 Millionen werden amtlich zugelassene Garten- und Agrargifte zum Verhängnis. Unzählige Igel verenden in Erdgruben, Pfahllöchern, offenen Schächten, Kellereingängen, Tiefgaragen und Teichen mit glattrandiger Folie.

Hermelin

Abwechslungsreiche Wiesen-, Busch- und Ackerlandschaften bilden den Lebensraum des Großen Wiesels oder Hermelins *(Mustela erminea)*, das von allen Wieseln die weiteste Verbreitung in Europa besitzt. Auch im Siedlungsbereich ist dieser gewandte, schmucke Jäger vertreten, wenn er dort ausreichend Nahrung und geeignete Schlupfwinkel findet.

Wertvolles Pelzwerk

Bekannt ist das Hermelin vor allem aufgrund seines wertvollen, weißen Winterfelles. Nur die prächtigen Mäntel und Stolen von Königen und Fürsten wurden früher aus Hermelinfellen gefertigt und mit den weißschwarzen Schwänzen besetzt, um die Eintönigkeit der großen weißen Fläche zu mildern und aufzulockern. Das Winterkleid des Hermelins entsteht nicht durch allmähliches Verblassen des Sommerfelles, sondern durch einen vollständigen Haarwechsel. Beim Übergang vom Sommer- zum Winterkleid kann man daher Braunschimmelung aller Grade beobachten.

Hermelin im Sommerkleid: Die Oberseite ist braun, die Unterseite scharf abgesetzt gelblich weiß. Das Winterkleid ist bis auf die schwarze Schwanzspitze völlig weiß.

Ein gefährlicher Räuber

Bevor die Ägypter die Falbkatze für ihre riesigen Getreidespeicher zähmten, waren die Wiesel ihre Verbündeten bei der Bekämpfung von Mäuse- und Rattenplagen.
Auch in unseren Breiten bilden Feld-, Wühl- und Schermäuse sowie Ratten und Hamster die Hauptnahrung des Hermelins. Daneben werden auch Schlangen, Eidechsen, Frösche, Schnecken und Insekten überwältigt. Wenn es an Mäusen mangelt, haben auch bodenbrütende Vögel unter dem umherstreifenden Räuber zu leiden. Da das Große Wiesel gelegentlich einen Junghasen oder junge Fasanen und Rebhühner reißt, sind die Besitzer von Niederwildjagden gar nicht gut auf diesen kleinen Räuber zu sprechen. Doch wird das Hermelin von einer großen Zahl natürlicher Feinde (Eulen, Greifvögel, Fuchs) kurz gehalten.

Relativ hohe Nachkommenschaft

Hermeline haben vermutlich zwei verschiedene Paarungs- und Tragzeiten. Die während des Frühjahrs gedeckten Fähen werfen zwei Monate später. Findet die Paarung im Hochsommer statt, dauert es ungefähr ein Jahr, bis die Jungen geboren werden. Während dieser langen Tragzeit wächst der Embryo im Mutterleib nicht ununterbrochen, sondern legt dazwischen eine Ruhepause, die Keimruhe, ein. 28 Tage nach dieser Pause werden die Jungen dann im kommenden Frühjahr zwischen April und Mai geboren. Die Wurfgröße beträgt zwei bis zehn, im Extremfall sogar bis zu 18 Junge. Nach zehn Wochen sind sie selbstständig und haben noch viel Zeit, bis sie sich in ihrem ersten Winter allein bewähren müssen.

Mauswiesel

Das Mauswiesel *(Mustela nivalis)*, ist unser kleinstes marderartiges Raubtier. Das auch als Zwerg- oder Kleinwiesel, Hermännchen oder Hermchen bekannte Tierchen ist gleichsam eine verkleinerte Ausgabe des bereits vorgestellten Hermelins, doch ist sein Schwanz wesentlich kürzer, hat nicht den langen Endpinsel und keine schwarze Spitze. Während das Große Wiesel immer ein rein weißes Winterkleid trägt, ist dies beim Mauswiesel nur im höheren Norden und im Gebirge der Fall.

In den selben Biotopen

Das sehr anpassungsfähige Mauswiesel bewohnt die selben Lebensräume wie sein größerer Verwandter: Abwechslungsreiche Feld- und Wiesenlandschaften, Wegböschungen, Hecken und Feldraine. Geschlossene Wälder werden gemieden. Nahezu überall findet diese kleine Marderart einen passenden Unterschlupf. So wohnt es bald in Steinhaufen und altem Gemäuer, in Baumhöhlen, unter hohlen Ufern, in Maulwurfsgängen, Hamster- und Rattenlöchern, im Winter kann es in Schuppen und Scheunen, Kellern und Ställen angetroffen werden. Mauswiesel können zu jeder Tages- und Nachtzeit aktiv sein. Größere Ausflüge werden jedoch bevorzugt am Tage unternommen.

Jagd auf Kleinsäuger

Die Nahrung des Mauswiesels besteht in erster Linie aus Kleinsäugern, wobei Feld- und Erdmäuse seine Hauptbeute darstellen. Diese werden von dem schlanken Wiesel in ihren Erdbauten aufgesucht und durch einen Biss in den Hinterkopf getötet. Daneben werden auch Schermäuse, Waldmäuse, Rötelmäuse, Spitzmäuse, junge Kaninchen, Vögel oder Eidechsen verzehrt. In besonders guten Mäusejahren wurden schon Mauswieselmütter mit bis zu neun Jungtieren beobachtet, während die normale Wurfgröße bei vier bis sieben Jungen liegt. In Wühlmausjahren können die Fähen im Juli oder August sogar ein zweites Mal Junge bekommen.

Regelrechte Mäuse-Depots

„Der außerordentliche Nutzen dieses kleinen Raubtiers geht daraus hervor, dass es bei besonders starkem Vorkommen von Mäusen zehn- bis hundertmal so viele Nager vernichtet, als es verzehren kann. Es liegen Untersuchungen vor, nach denen dieser emsige Jäger in einem Jahr 2000 bis 3000 Nagetiere erlegt. Bei reichlichem Nahrungsangebot legen Mauswiesel Speisekammern an, in denen schon bis zu 456 Mäuse gefunden wurden. Im Vergleich zu diesem enormen Nutzen sind die gewiss seltenen Überfalle auf Wildhuhnküken, wie Rebhuhn und Fasan unerheblich. So verdient dieses kleine Raubwild ganzjährigen Schutz" (Sielmann 1981).

Mauswiesel sind auch am Tage unterwegs.

Das Mauswiesel ist mit einer Kopf-Rumpf-Länge von 15bis19 cm kleiner als das Hermelin.

Iltis

Der äußerst anpassungsfähige Iltis *(Mustela putorius)*, eine weitere heimische Marderart, liebt deckungsreiches Gelände in Wäldern, hecken- und buschreichen Wiesenlandschaften, bevorzugt aber die Nähe von Gewässern und menschlichen Siedlungen. Der im Volksmund auch Ilk oder Ratz genannte Iltis markiert sein Revier, vor allem die Umgebung seines Baues, mit einem penetrant riechenden Sekret aus seinen Analdrüsen, was ihm den Namen Stinkmarder oder Stänker eingebracht hat. Auch Angreifer pflegt er damit zu bespritzen. Er ist also ein echter Vetter des amerikanischen Stinktieres.

Der Iltis bevorzugt Feldgehölze, grabenreiche Wiesenlandschaften, Bach- und Flussufer. Mitunter lässt er sich auch in Scheunen und Schuppen blicken.

Nachtaktiver Jäger

Der Iltis ist ein sehr vitaler Beutegreifer, der auch hervorragend schwimmen und tauchen kann. Klettern ist dagegen nicht gerade seine Stärke. Als Erdmarder jagt er vorwiegend auf dem Boden, wo er alles durchstöbert und beschnüffelt, was ihm auf der Suche nach Nahrung begegnet. Seine Hauptbeute bilden kleinere Säugetiere, besonders Mäuse und Ratten. Gelegentlich plündert er die Nester bodenbrütender Vögel, auch Regenwürmer, Spinnen und Insekten bereichern seinen Speisezettel. Frösche werden durch einen Rückenbiss gelähmt und in der Höhle lebend gelagert. Ohne Scheu geht der Iltis auch Schlangen, ja selbst Kreuzottern an, die er tüchtig mit den krallenbewehrten Vorderpfoten betrommelt, ehe er sie totbeißt. Gelangen Iltisse in nicht ausreichend gesicherte Hühnerställe, können sie dort ähnlich große Schäden anrichten wie der Steinmarder.

Paarung im Frühjahr

In der Ranzzeit von März bis Mai sind Iltisse sehr stimmaktiv, sie keckern und schreien laut umher. Nach einer Tragzeit von etwa 7 Wochen werden vier bis acht Junge geboren. Sieben Wochen lang leben sie von der Muttermilch, doch schon in der dritten Woche beginnen sie an der von der Fähe eingetragenen Fleischkost zu fressen. Mit dem Öffnen der Augen in der fünften Woche sind die Iltiskinder schon sehr aktiv und beginnen in der Höhle mit ihren ausgelassenen Spielen und Balgereien um die Beute. Nach knapp drei Monaten sind die jungen Iltisse selbstständig und suchen sich ihre eigenen Reviere.

Frettchen als Jagdgehilfe

Der Iltis ist die Stammform des Frettchens. Es ist eine schon seit fast 3000 Jahren gezüchtete Albinoform, die vor allem bei der Kaninchenjagd eingesetzt wird. Dazu lässt man die Tiere in den Bau einschliefen. Bereits der Mardergeruch alarmiert die grauen Flitzer, die beim Nahen des Todfeindes wie aus der Pistole geschossen aus den Röhren stürzen, sich in den darüber gespannten Netzen verheddern und nun bequem totgeschlagen werden können.

Steinmarder

Der Steinmarder (*Martes foina*) gehört wie seine bereits vorgestellten nächsten Verwandten (Hermelin, Mauswiesel, Iltis) zur Familie der Marder (Mustelidae). In Mitteleuropa ist der Steinmarder die häufigste Art seiner Gattung. Da er sich sehr eng an den Menschen angeschlossen hat, wird er im Volksmund auch Dach- oder Hausmarder genannt. Der Name Weißkehlchen soll ihn vom Baummarder unterscheiden, der einen goldgelben Kehlfleck besitzt.

Seit dem Mittelalter Kulturfolger

Der Steinmarder kann sich in der Wildnis zwar ausgezeichnet behaupten, ist aber letzten Endes doch zum Kulturfolger geworden. Ursprünglich ein Bewohner von zerklüftetem Gestein (Name!), hat sich das kleine Raubtier schon seit dem Mittelalter in den Dörfern und Städten angesiedelt. Heute kann man dem Steinmarder nicht nur in Randgebieten von Städten, sondern genauso in dicht überbauten Wohngegenden, ja selbst in Stadtzentren begegnen. Nach wie vor ist diese überlebenstüchtige Marderart auch in Wäldern, in der Feldmark, in Weinbergen, in Streuobstwiesen und in Steinbrüchen anzutreffen. Marder meiden jedoch freies Gelände. Am liebsten laufen sie an Büschen und Hecken entlang, die ihnen bei Bedarf schnell Deckung bieten.

Nächtliche Jäger

Steinmarder schlafen tagsüber in ausgesuchten Verstecken, die sie innerhalb ihres Lebensraumes abwechselnd benutzen. Dies können Reisighaufen, Holzstöße, Scheunen, Schuppen oder Stallungen sein. Der Steinmarder hat auf dem Boden die Geschicklichkeit und Schnelligkeit entwickelt, welche den Baummarder in den Gehölzen auszeichnet. Mit einbrechender Dunkelheit ist der Marder ständig unterwegs und sucht Mäuse sowie andere Kleinsäuger (Ratten, Kaninchen) in Löchern und Gebäuden. Einmal entdeckt, können sie kaum mehr entkommen. Auf dem Speisezettel stehen ferner Vögel, Eier, Insekten, Reptilien, Frösche, Regenwürmer sowie Küchenabfälle. Gelegentlich dringen die kleinen Räuber auch in Hühnerställe und Taubenschläge ein. Durch das panische Umherflattern der Vögel wird der Tötungsreflex des Jagdinstinktes immer wieder von neuem ausgelöst, so dass sie alle Tiere töten, selbst wenn sie nicht alle fressen können. Im Sommer und Herbst bildet pflanzliche Kost, insbesondere Beeren und Obst (Äpfel, Birnen, Pflaumen, Kirschen) einen wichtigen Teil der Nahrung. Im wurstartigen Kot (Losung genannt) der Steinmarder finden sich auch häufig Kirschkerne.

Steinmarderwelpen sind Nesthocker

Die Paarungszeit reicht von Ende Juni bis Mitte August. Erst im März, seltener im April werden zwei bis vier sehr unterentwickelte Junge geboren. Es sind nackte, blinde Nesthocker, die nach ca. fünf Wochen die Augen öffnen und bis zu acht Wochen gesäugt werden müssen. Nach zwei Monaten sind sie entwöhnt. Bald verlassen sie das Nest, um unter Anleitung der Mutter die Umgebung spielend zu erkunden. Erst im Herbst werden die Jungen selbständig, teilen aber oft noch bis zum folgenden Frühjahr das mütterliche Revier. Dessen Grenzen können mitunter sehr weit gesteckt sein: Um ihre Jungen zu versorgen, legte eine Fähe in Schleswig-Holstein in einer Nacht bis zu 14 km zurück. Im Alter von 15 bis 27 Monaten sind die Nachkommen geschlechtsreif.

Der Steinmarder ist in seiner Nahrungswahl sehr vielseitig und anpassungsfähig. Im Sommer stehen auch Beeren und Obst (Äpfel, Birnen, Pflaumen und Kirschen) auf seinem umfangreichen Speisezettel.

Fuchs

Der zu Hundefamilie (Canidae) zählende Rotfuchs (*Vulpes vulpes*) gilt als das bestbekannte wildlebende Raubtier Mitteleuropas. Wie kaum eine andere Tierart hat sich „Reineke Fuchs" auch einen festen Platz in der Literatur gesichert: in Tiergeschichten, Gedichten, Sagen, Fabeln und Märchen. Selbst in der Bibel wird er an mehreren Stelle erwähnt. Doch nur selten tritt er in gutem Licht auf. Meist muss er als Ausbund von List, Bosheit, Falschheit und Schlauheit herhalten. Immerhin kommt dem Rotfuchs in einigen deutschsprachigen Regionen auch eine positive Rolle zu: Als Osterfuchs übernimmt er im österlichen Brauchtum wie der weit bekanntere Osterhase die Aufgabe des Eierbringens.

Füchse nutzen ein sehr weitgespanntes Nahrungsspektrum und durchstreifen dabei auch Streuobstwiesen.

Lebenstüchtiger Pionier

Der Rotfuchs ist zweifellos ein Pionier in der Nutzung aller nur möglichen Lebensräume. Er bewohnt sämtliche Vegetations- und Klimazonen von den Meeresküsten bis zu Gebirgslagen auf 4000-5000 m. Ausgerüstet mit wachen Sinnen, feiner Nase, hervorragendem Sehvermögen und vielseitigen Ernährungsgewohnheiten kann sich Reineke eigentlich überall ein Zuhause sichern - selbst in den Parkanlagen der Städte, falls ihm der Mensch nicht zu rigoros nachstellt.

Ein Blick in die Kinderstube

Zur Anlage seiner Bauten wählt der Fuchs gerne geschlossene Wälder aus, meidet jedoch keineswegs die Parklandschaft mit ihren Feldgehölzen, Hecken und Gebüschen. Auch an Bahndämmen mit guter Deckung, ja selbst auf größeren, naturnahen Friedhöfen wie in Münster und Dortmund fand man schon Fuchsbauten. Die Paarung (Ranz) findet nur einmal im Jahr, meist von Mitte Januar bis Mitte Februar, statt. Nach etwa sieben Wochen bringt die Füchsin (Fähe) drei bis sechs Kinder zur Welt, die kaum größer als Maulwürfe sind und knapp 100 g wiegen. Mit etwa zwei Wochen öffnen die Welpen ihre zunächst bläulichen Augen. Die reine Säugezeit, in der nur Muttermilch aufgenommen wird, dauert etwa drei Wochen, neben zugebrachtem Futter bis zu acht Wochen. Gewöhnlich beginnen die Jungfüchse mit zwei bis drei Monaten ihre selbständigen Streifzüge. Ende Juli, Anfang August löst sich der Familienzusammenhalt auf und die Jungfüchse suchen sich eigene Territorien.

Breites Nahrungsspektrum

Hungrige Füchse erbeuten alles, was sie überwältigen können. Sie bejagen ihre Beute durch Anschleichen und Anspringen. Das ergriffene Tier wird dann durch Genick- oder Kehlbiss getötet oder nach Hundeart „totgeschüttelt". Die Hauptnahrung (bis zu 90%!) bilden Mäuse, vor allem Wühlmäuse, von denen man einmal 48 Stück in einem Fuchsmagen fand. Auf der Beuteliste stehen weiterhin: Regenwürmer, Schnecken, Käfer, Frösche, Eidechsen, Fische, ferner Rebhühner, Stockenten, Feldhasen (meist sind es geschwächte Tiere), Rehkitze (nicht älter als zwei Monate). Hausgeflügel wird vor allem zur Jungenaufzucht erbeutet (es besteht besonders hoher Nahrungsbedarf: 1 kg Huhn besitzt etwa den gleichen Nährwert wie 50 Feldmäuse). In Städten bilden Komposthaufen sowie nach draußen gestelltes Katzen- und Hundefutter weitere Nahrungsquellen. Auch Aas (z. B. im Straßenverkehr getötete Tiere) wird nicht verschmäht. Gerne angenommen werden Früchte, wie Süßkirschen Zwetschgen, Mirabellen, Brombeeren und Heidelbeeren (wikipedia 2013).

Dachs

Für den ersten Augenblick möchte man es kaum glauben, dass der feiste und behäbige Dachs *(Meles meles)* zur Familie der eleganten und grazilen Marder gehört. Wer den ziemlich plumpen Vollsohlengänger mit der wunderlichen schwarz-weißen Gesichtsmaske dahintappen sieht, wird eher an einen Waschbären erinnert. Doch der Dachs ist nahezu doppelt so schwer, auch besitzt er bärenstarke Branken mit kräftigen Klauen, die sich ausgezeichnet zum Graben eignen.

Weitverzweigt: die Dachsburg

Der Dachs lebt im Wald, dabei werden Waldränder mit umliegenden Feldern und Wiesen bevorzugt. Er legt seinen unterirdischen Burgfried, ein Gangsystem von bis zu 30 m Länge, unter großen Baumwurzeln an. Zweieinhalb Meter unter der Erdoberfläche befindet sich der geräumige, mit trockenem Moos und Laub ausgepolsterte Wohnkessel, der mehrere Ein- und Ausgänge besitzt. Solche Dachsbauten werden über viele Generationen benutzt und ständig erweitert, wobei mehrere Tiere den gleichen Bau bewohnen. Manchmal nistet sich auch der Fuchs als Untermieter ein, doch im Gegensatz zu diesem hält der Dachs seinen Bau sauber: Unweit davon findet man trichterförmige Vertiefungen, den „Dachsabort" wo die Tiere ihren Kot (Losung) absetzen.

Beim Fressen nicht wählerisch

Der Dachs ist ein Gemischtköstler oder Allesfresser. Vom Frühjahr bis zum Herbst frisst er größere Mengen Würmer, Schnecken, kleine Wirbeltiere, Insekten (sogar Hummelnester gräbt er aus), auch die Gelege von Bodenbrütern und das Jungwild sind vor ihm nicht sicher. Allerdings sind Dachse auch auf pflanzliche Kost sehr erpicht: Waldbeeren, Fallobst, Bucheckern, Eicheln, Wurzeln, zarte Pflanzensprosse. Sehr begehrt, ja geradezu eine Lieblingsspeise sind reifende Maiskolben. Die reichliche vegetarische Kost ermöglicht dem Dachs, sich in einer herbstlichen Mast den nötigen Winterspeck anzulegen. Fleischnahrung enthält hierfür zu wenig Fett. Haben sich die im Frühjahr 7 bis13 kg schweren Tiere im Herbst rund 5 kg Fett angefressen, sind sie für die Winterruhe bestens gerüstet. Im Gegensatz zu den Winterschläfern verlässt der Dachs regelmäßig den Bau zur Kot- und Urinabgabe.

Hochzeit im Sommer

Dachse leben mit einem Partner in Dauerehe. Die Hauptpaarungszeit liegt im Juli und August. Heulende Schreie im Wald, die sich wie das Klagen eines Kindes anhören, künden dann vom Liebesleben dieser Marderart. Im Februar oder März kommt der Nachwuchs, zwei bis drei Junge mit dünnem, weißem Fell, zur Welt. Sie öffnen ihre Augen mit ungefähr drei Wochen und werden ca. 13 Wochen gesäugt. Dann verlassen sie zum ersten Mal den Bau. Durch die zahlreichen nächtlichen Streifzüge mit den Eltern lernen die Jungen rasch, sich selbst zu versorgen. Die Jungdachse überwintern mit der ganzen Familie im Mutterbau, erst im darauffolgenden Jahr löst sich der Verband auf.

Einst Wappentier

Die Grafen von Thurn und Taxis führten ihrem Namen (Taxis) entsprechend, einen Dachs im Wappen. Als Symbol wurde bei den Postgespannen eine Dachsschwarte an das Kummet des linksgehenden Vorderpferdes gehängt. Auch noch zu Beginn des 20. Jahrhunderts konnte man Dachsschwarten am Halsgeschirr von Gespannen, vor allem von schweren Schrittfuhren wie Brauer- oder Müllerwagen, sehen.

Auf seinen Streifzügen durchstöbert der Dachs auch waldnahe Streuobstwiesen.

Waschbär

Der Waschbär (*Procyon lotor*) ist ein in Nord- und Mittelamerika heimisches mittelgroßes Säugetier. Sein ursprüngliches Verbreitungsgebiet reicht von Kanada über die USA bis nach Mexiko und Costa Rica. Seit Mitte des 20. Jahrhunderts ist der Waschbär als sogenannter Neozon auch auf dem europäischen Festland vertreten (aus Pelzfarmen entkommen oder ausgesetzt). In Deutschland wurden die ersten Exemplare 1935 im Raum nördlich von Wuppertal gesichtet. Heutiger Verbreitungsschwerpunkt ist das Dreiländereck Hessen, Nordrhein-Westfalen und Niedersachsen. Mittlerweile hat der Waschbär auch Bayern erobert.

Tagesruhe in Verstecken

Waschbären sind nachtaktiv, tagsüber halten sie sich in Höhlungen aller Art verborgen: in hohlen Bäumen, Holzstapeln, Felsspalten, Fuchsbauten, Stollen, Steinbrüchen und Kanalisationsröhren. Einzelne Tiere hat man auch schon in Waldhütten, Hochsitzkabinen und selbst in Bussardhorsten entdeckt. Erst bei einbrechender Dunkelheit begeben sich Waschbären auf Nahrungssuche.

Waschbären sind Allesfresser

Etwa die Hälfte der Nahrung besteht aus Obst, Wildfrüchten, Nüssen, Eicheln, Bucheckern, Mais und Hafer. An Futterstellen für Rotwild verzehren Waschbären auch Pressfutter. Zur tierischen Nahrung zählen: Würmer, Insekten, Schnecken, Muscheln, Fische, Kriechtiere und Amphibien. Waschbären fressen nur vereinzelt Vögel und Kleinsäuger, da sich die meist aufwändige Jagd zur Erbeutung dieser Tiere nicht lohnt. Im Herbst wird kalorienreiche pflanzliche Kost bevorzugt, um sich damit genügend Winterspeck anzufressen.

Waschbären sind Allesfresser. Die Hälfte ihrer Nahrung besteht aus Obst, Beeren, Nüssen und Blättern.

Kleinbär mit „Waschzwang"?

Der für den nächtlichen Nahrungserwerb wichtigste Sinn der Waschbären ist der Tastsinn der „hypersensiblen" Vorderpfoten. Mit diesen tasten die Tiere ihre Nahrung sorgfältig ab, um sich ein Bild davon zu machen oder unerwünschte, nicht fressbare Teile zu entfernen. Während Waschbären in freier Natur an Land gefundenes Futter niemals zu einer Wasserstelle tragen, um es vor dem Verzehr zu „waschen", kann dies bei in Gefangenschaft gehaltenen Tieren besonders häufig beobachtete werden. Es wird weithin angenommen, dass das typische „Waschen" der Nahrung eine Leerlaufhandlung darstellt, mit der die Nahrungssuche am Ufer nach Kleinlebewesen imitiert werden soll. Die Beobachtung, dass aquatische Nahrung häufiger gewaschen wird, scheint diese Theorie zu bestätigen.

Clevere Kulturfolger

Als sehr anpassungsfähiger und intelligenter Generalist hat der Waschbär seit 1950 auch Städte als neuen Lebensraum entdeckt. Hier findet er Nahrung im Überfluss und reichlich Verstecke. Da Waschbären gut klettern und springen können, gelangen sie mühelos über das Fallrohr von Regenrinnen, über rankende Pflanzen oder angrenzende Bäume ins Dachgeschoss von Wohnhäusern und Scheunen. Dort verschlafen die Tiere den ganzen Tag, nachts durchwühlen sie Mülltonnen, Abfall- und Komposthaufen.
In Kassel, der europäischen „Waschbären-Hauptstadt", leben auf 100 Hektar 50 bis 100 Waschbären - das sind zehnmal mehr Tiere als im Wald auf gleicher Fläche. Für die heimische, freilebende Tierwelt stellt der so überlebenstüchtige Waschbär heute eine ernsthafte Bedrohung dar.

Streuobstwiesen im Herbst und Winter

Bereits im Spätherbst und noch mehr im Winter ist von der reichen Artenvielfalt der Streuobstwiesen nicht mehr viel zu spüren - doch der erste, flüchtige Eindruck trügt: Gleich nach der menschlichen Obsternte halten zwei-, vier- und sechsbeinige Gäste „Nachlese" und selbst in dem von uns oft so gering geschätzten Falllaub hält die Natur noch so manchen Leckerbissen für hungrige Besucher bereit. Spuren im Schnee verraten, dass Feldhasen am nicht entfernten Baumschnitt sich mit saftiger Rinde gesättigt haben und auch Fuchs und Dachs auf nächtlicher Pirsch zu Gange waren.
Auch in der winterlichen Streuobstwiese geht das Leben weiter, wenn auch jetzt weitgehend im Verborgenen ober- oder unterhalb der schützenden Schneedecke. Aufmerksame Beobachter können sogar noch einem Schwalbenschwanz begegnen, allerdings wohlverpackt in einer Puppehülle an dürrem Stängel. In Baumhöhlen überwintern Tagpfauenauge und Kleiner Fuchs, während sich der robuste Zitronenfalter oft völlig einschneien lässt.

Fallobst-Gäste

Eine für Insekten, Vögel und Säugetiere gleichermaßen verlockende herbstliche Süßspeise bilden überreife Früchte, selbst wenn diese schon in Gärung und Fäulnis übergehen. Besonders begehrt sind die saft- und zuckerreichen Pflaumen, Zwetschgen und Renekloden. Fallobst findet sich heute jedoch nur noch in Streuobstwiesen, auf Brachland, unter Bäumen an Straßenrändern. In Gärten werden vorzeitig gefallene Früchte meist sogleich entfernt und in Mülltonnen entsorgt, da sie oft Raupen von Schadfaltern enthalten, deren Generationszyklus dadurch unterbrochen wird.

Honigbienen, Wespen, Hornissen

Wenn nach den Herbstastern und der Efeublüte die Nektarquellen endgültig versiegen, werden von Honigbienen auch Obstsäfte nicht verschmäht, wobei süße Weintrauben an erster Stelle stehen. Bei den sich noch im Spätherbst an reifem Obst in Scharen delektierenden Wespen handelt es sich ausschließlich um die Gemeine Wespe und Deutsche Wespe. Diese beiden „Kurzkopfwespen" fliegen in einer längeren Saison als die „Langkopfwespen" (Sächsische Wespe, Mittlere Wespe, Waldwespe), so dass ihr Sozialleben bei günstiger Witterung bis in den November hinein bestehen bleibt. Dies trifft auch für die Hornisse zu, deren Flugzeit sich von Mitte April bis Anfang November erstreckt. Die jahreszeitlich früher fliegenden Langkopfwespen und Feldwespen können auch Blütennektar als „Flugbenzin" nutzen, während die sehr flugaktiven Kurzkopfwespen mit dem Rückgang des Blütenangebotes in erster Linie auf Obstsäfte als hauptsächliche Energiequelle angewiesen sind. Dies erklärt, warum gerade Deutsche und Gemeine Wespe im Spätsommer und Herbst so gierig nach den zuckerhaltigen Nahrungs- und Genussmitteln des Menschen sind.

Schmetterlinge

Ein besonderes Interesse an „mostendem", also bereits faulendem Fallobst (vor allem Birnen, Pflaumen und Zwetschgen) zeigen

Das in manchen Jahren sehr reichlich vorhandenen Fallobst ist zum Entsorgen zu schade. Sogar Honigbienen stärken sich in trachtarmer Zeit gerne mit süßem Apfelsaft.

***Amseln** sind ganzjährig zumindest auf geringe Mengen tierischer Nahrung angewiesen, im Herbst spielen dann Früchte und Beeren eine größere Rolle. Auch **Stare** ernähren sich sehr vielseitig. Neben Fallobst stehen vor allem reife Weintrauben ganz oben auf ihrer Speisekarte; in Weinbergslagen können Stare große Schäden anrichten.*

neben Bohrasseln und Ohrwürmern mehrere Falterarten: Tagpfauenauge, Trauermantel, Großer Fuchs, C-Falter und Admiral. Im Schatten liegende Früchte werden bevorzugt aufgesucht. Mit raschem Aufklappen ihrer Flügel versuchen die Falter lästige „Mitesser" wie Fliegen oder Wespen zu vertreiben. Ab Ende August finden sich an warmen und sonnigen Tagen oft 20-30 Schmetterlinge unter geeigneten Fallobst-Bäumen ein. Da die eingangs genannten Arten (vom Admiral abgesehen) im Falterstadium überwintern, sind sie mehr oder weniger vom Fallobstangebot abhängig: Wer es im Herbst nicht schafft, sich einen Fettkörper, als „Winterspeck" anzufressen, hat keine Überlebenschance. Die in Dachstühlen, Garagen, Schuppen oder Holzstößen überwinternden Tiere sind bei schlechtem Ernährungszustand zum Verhungern verurteilt, noch bevor im Frühjahr neue Nektarquellen fließen. Der zu den Wanderfaltern zählende Admiral benötigt die hochkalorischen Obstsäfte als Kraftstoff für seinen weiten Flug in den Süden: Das Mittelmeer überquerend, stoßen die Tiere in jedem Frühjahr weit nach Norden vor. Ihre hier erzeugten Nachkommen treten im Herbst den Südflug an.

Säugetiere

Auch einige Kleinsäuger, wie Igel oder Siebenschläfer, die den Winter im Tiefschlaf überstehen, benötigen das kohlehydratreiche Fallobst, um sich die nötigen Fettreserven anzufressen. Sind diese nicht ausreichend vorhanden oder vorzeitig verbraucht, sterben die Tiere an Hunger. Etwa die Hälfte aller Igel erwacht nicht mehr aus dem Winterschlaf. Siebenschläfer legen sich für den bevorstehenden langen Winterschlaf (sieben Monate) einen regelrechten Speckmantel zu, wobei sich ihr Gewicht von etwa 100 g mehr als verdoppelt. Der Dachs hält nur eine mehrfach unterbrochene Winterruhe, legt sich aber ebenfalls in einer herbstlichen Mast mit vegetarischer Kost (Fallobst, Beeren, Bucheckern, Eicheln, zarte Pflanzensprosse, Maiskolben) den nötigen Winterspeck an. Fleischnahrung enthält zu wenig Fett. Nach einer Gewichtszunahme von bis zu 5 kg kann die Winterruhe beginnen.

Vögel

Fallobst hilft nicht zuletzt mehreren Vogelarten, vor allem den Weichfressern, bei der Überbrückung des winterlichen Nahrungsengpasses. Amsel, Mistel- und Wacholderdrossel wissen selbst unter der Schneedecke verborgene Äpfel und Birnen mit kräftigen Schnabelhieben freizulegen. Zu den heimischen Drosseln gesellt sich in manchen Jahren die Wein- oder Rotdrossel. Als Charaktervogel der lichten nordischen Birkenwälder kommt sie nur als Durchzügler in unsere Breiten. Auf ihrem Zug in die in West- und Südeuropa sowie in Nordafrika gelegenen Winterquartiere schließen sich Rotdrosseln Ende Oktober zu großen Scharen zusammen. Noch auf den Bäumen verbliebenes Obst wird meist von einem Trupp Seidenschwänze aufgespürt. Ihre Heimat sind die Nadelwälder Finnlands sowie die weiten Einödgebiete Lapplands und Sibiriens. Im Abstand von mehreren Jahren (meist vier bis sieben) sind ihre Züge nach Süden besonders ausgedehnt und führen dann in Länder, die sonst in der Regel kaum erreicht werden.

Falllaub-Gäste

Mit prächtigem Farbenspiel verabschieden sich unsere Laubbäume im Herbst. Die später am Boden liegenden Blätter sind jedoch alles andere als wertlose Abfallprodukte der Gehölze: Der größte Teil des Nährstoffkapitales eines Baumes liegt in seinen Blättern und fällt im Herbst mit diesen zu Boden. Doch der Natur geht nichts verloren, weil Bodenorganismen den Abfall so aufbereiten, dass die Nährstoffe (Kalzium, Kalium, Phosphor, Stickstoff) von den Wurzeln wieder aufgenommen werden können, wenn auch nicht direkt: Die sich zersetzenden Blätter dienen Milliarden von Kleinstlebewesen als Nahrung. Von deren Stoffwechselprodukten wiederum ernähren sich Pilze, die mit den Baumwurzeln eine Ernährungsgemeinschaft (Symbiose) bilden und ihnen Nährstoffe zuführen. Die vom modernden Laub entwickelte Zersetzungswärme ermöglicht auch im Winter aktives Leben humusbildender Bodenorganismen. Deren Zahl ist gewaltig: Auf einem Hektar Boden erzeugen und erhalten durchschnittlich fünf Tonnen Bodenorganismen fruchtbaren, krümeligen Humus. Ohne diese Zersetzer wäre das Leben auf der Erde längst erloschen. Ein perfekter Recyclingsprozess sorgt dafür, dass sich das Leben in einem ständigen Kreislauf immer wieder erneuert.

Falllaub mit seinem reichen Kleintierleben bildet eine wichtige Nahrungsquelle für die Vogelwelt: Amseln, Drosseln, Rotkehlchen, Meisen und Krähen durchstöbern systematisch das alte Laub nach Würmern, Schnecken, Hundert- und Tausendfüßern, Zweiflüglerlarven, Falteraupen, Käfern, Spinnen und anderem Kleingetier. Auch die noch im Winter aktiven Spitzmäuse holen so manchen fleischlichen Leckerbissen aus der Laubstreu. Mit einer dichten, wärmenden Laubschicht bedeckte Reisighaufen bilden frostsichere Winterquartiere für den Igel.

__Igel__ finden im Falllaub neben fleischlicher Kost auch so manche Süßspeise, wie überreife Zwetschgen und Birnen. __Amseln__, Mistel- und Wacholderdrosseln legen mit kräftigen Schnabelhieben unter dem Laub verborgene Schnecken, Regenwürmer, Tausendfüßer, Falterraupen, Fliegenmaden, Spinnen und anderes Kleingetier frei.

Wintergäste

In Hecken und strukturreichen Streuobstwiesen finden nicht wenige Tiere noch bis zum ersten Frost Nahrung und auch geeignete Überwinterungsplätze. Stellen doch in den gemäßigten Zonen der Erde die Wintermonate die freilebende Tierwelt vor gravierende, ja nicht selten lebensbedrohende Nahrungs- und Temperaturprobleme. Die meisten heimischen Säugetiere legen sich im Herbst einen dichteren Winterpelz an. Die längeren und oft stärker gekräuselten Haare schließen eine dickere, gegen Kälte besser isolierende Luftschicht ein als das dünne glatte Sommerfell. Den gleichen Effekt erzielen Vögel durch das Aufplustern ihres nach der Herbstmauser ebenfalls dichteren Gefieders.

Für verschiedene Kleinsäuger ist die kalte Jahreszeit in erster Linie ein Ernährungsproblem. Davon betroffen sind vor allem Insektenfresser wie Igel und Fledermaus, aber auch Gemischtköstler wie die Bilche (Haselmaus, Sieben- und Gartenschläfer). Da sie den winterlichen Verhältnissen nicht -wie die Zugvögel- durch einen großräumigen Ortswechsel entfliehen können, blieb ihnen blieb nicht anderes übrig, als den „Winterschlaf" zu erfinden. Die Schlafbereitschaft wird durch eine von Art zu Art verschiedene kritische Außentemperatur ausgelöst. Vorher haben sich die Tiere jedoch noch die nötigen Energiereserven in Form eines „Fettmantels" zugelegt. Während dieses Tiefschlafs werden Stoffwechsel, Atemfrequenz und Herzschlag gewaltig reduziert. Durch diese starke Drosselung aller Lebensvorgänge auf „Sparflamme" wird eine erhebliche Energieeinsparung erreicht, die ein Durchhalten bis zu den ersten wärmenden Strahlen der Frühlingssonne gewährleistet.

Von Schnee und Frost besonders hart betroffen sind alle wechselwarmen Tiere, wozu nicht nur die Schnecken, Muscheln, Fische,

*Nicht nur im Sommer und Herbst, auch in den Wintermonaten bekommen Streuobstwiesen gerne Vogelbesuch. In manchen Jahren ist auch die **Rotdrossel**, ein Zuzügler aus dem hohen Norden, unter den Wiesengästen.*

*Neben Hecken und Brachen bilden auch einmal im Jahr gemähte Streuobstwiesen einen guten Wintereinstand für **Feldhase** und **Rebhuhn**. Mit seinem weißem Winterfell ist das **Hermelin** gut getarnt in der Schneelandschaft.*

Amphibien und Reptilien zählen, sondern auch die Insekten und Spinnen. Sie verfallen in eine scheintodhafte Kälte- oder Winterstarre. Die völlig nackten Laub-, Gras- und Wasserfrösche überwintern im Schlammgrund von Gewässern, während Kröten und Molche frostsichere Landverstecke aufsuchen. Bei Molchen wird die Salzkonzentration des Blutes durch Wasserverdunstung so sehr erhöht, dass die Körper regelrecht „eingepökelt" werden und erst bei etlichen Graden unter Null erstarren. Bei Eidechsen kommt es zu einer Ansammlung von Glycerol im Blut, das als „Frostschutzmittel" den Gefrierpunkt herabsetzt.

Vor allem Insekten und Spinnen besitzen eine erstaunliche Kälteresistenz: Laufkäfer können Temperaturen von -10°C, Rasen- und Holzameisen von -19°C und Spinnen sogar von bis zu -24°C verkraften. Weitere Hinweise zu den Überlebensstrategien der Wildbienen, Hummeln, Käfer und Spinnen finden sich auf den Seiten 207 bis 209.

*Durch Vögel gelangen die Mistelsamen auch auf Obstbäume. Im Winter werden die Mistelfrüchte gerne von Drosseln (oben links: **Misteldrossel**) und Seidenschwänzen (Seite 205) verzehrt. **Goldammer** (oben rechts), **Stieglitz** (unten links) und **Gimpel** (unten rechts) verzehren gerne Sämereien. Für den Gimpel oder Dompfaff bilden auch Knospen eine begehrte Speise, besonders die vitamin- und eiweißreichen Blütenknospen der Obstbäume, doch erst wenn das Samenangebot der Esche zu Ende geht.*

***Buchfink** (oben links), **Feldsperling** (oben rechts) und **Grünfink** (unten rechts) suchen an schneefreien Stellen nach vorhandenen Sämereien von Kräutern und Gräsern. Der **Bergfink** (unten links) ist in den nordischen Birkenwäldern zu Hause und bei uns nur Wintergast. Er lässt sich auch im Siedlungsbereich und in Streuobstwiesen beobachten, seine Lieblingsnahrung bilden jedoch Bucheckern von Laubwäldern. Bei der Nahrungssuche können sich Bergfinken zu großen Schwärmen zusammenschließen.*

Der ***Gartenbaumläufer*** *(oben links) kommt auch in Laubwäldern und Streuobstwiesen vor. Seine Nahrung bilden kleine Insekten, Spinnen u. a. Kleingetier, im Winter auch kleine Samen. Das* ***Rotkehlchen*** *(rechts) erbeutet ebenfalls kleine Wirbellose und Würmer, als Weichfresser nascht es gerne an Fallobst. Die* ***Blaumeise*** *(unten links) kommt als Gemischtköstler auch mit harten Samen zurecht. Der* ***Seidenschwanz*** *(rechts), ein Zugvogel aus dem hohen Norden, stärkt sich mit Früchten und Beeren aller Art.*

*Der **Kernbeißer** (oben links) lebt im Winter vorwiegend vegetarisch von Samen (auch von Steinobstfrüchten), Wacholderbeeren, Bucheckern, Knospen und Trieben. Der **Sperber** (oben rechts) ist ein sehr wendiger Vogeljäger, im Winter bilden geschwächte Vögel eine sichere Beute. **Eichelhäher** (unten links) und **Saatkrähe** (unten rechts) aus der Familie der Rabenvögel sind anpassungsfähige Allesfresser, die gut über den Winter kommen. Eichelhäher vergraben vorsorglich Wintervorräte (Nüsse, Eicheln).*

*Die in unseren Breiten heimischen **Hummeln** bilden nur einjährige Sommerstaaten. Nur die auf dem Höhepunkt der Nestentwicklung geschlüpften und bereits begatteten Jungköniginnen (oben links: Erdhummelkönigin) überwintern an einem geschützten Ort. Von ihren im Körper gespeicherten Reservestoffen (Fett, tierische Stärke) zehrend, schlafen sie dem kommenden Frühjahr entgegen, um dann ein neues Hummelvolk zu gründen.*

*In Hecken, Brachen und Streuobstwiesen finden sich auch geeignete Überwinterungsmöglichkeiten für **Wildbienen**. Die meisten dieser vorwiegend solitär lebenden Hautflügler überwintern im Zustand der Ruhelarve. Nur wenige bereits früh im Jahr fliegende Arten, z.B. Mauerbienen, wachsen bereits in der kalten Jahreszeit zum fertigen Insekt heran. Bei den meisten Furchenbienen (Halictus, Lasioglossum), Blutbienen (Sphecodes), Keulhornbienen (Ceratina) oder Holzbienen (Xylocopa) schlüpfen die Nachkommen noch im Sommer. Die begatteten Weibchen überwintern, bei den Holzbienen auch die Männchen (oben rechts: Blaue Holzbiene).*

***Käfer** können als Larve, Puppe oder fertiges Insekt überwintern. Im Larvenstadium überwintern u. a. Gebänderter Pinselkäfer (Trichius fasciatus), Maikäfer (Melolontha melolontha), Junikäfer (Amphimallon solstitiale) sowie einige Laufkäferarten. Letztere können auch als fertige Käfer überwintern, wie etwa der Goldlaufkäfer (Carabus auratus). Marienkäfer finden sich an geschützten Stellen zur gemeinschaftlichen Überwinterung zusammen (unten rechts: Siebenpunkt). Vertreter der Weichkäfer (Cantharidae) überwintern unter Laub und Moos, zeigen sich jedoch gelegentlich im Winter auf dem Schnee, wenn sie durch Nässe oder Wind aus dem Unterschlupf getrieben werden.*

*Bei vielen **Spinnen** überwintern die in der warmen Jahreszeit geschlüpften Jungtiere und werden erst im Folgejahr geschlechtsreif. Bei der Wespen- oder Zebraspinne (Argiope bruennichi) bleiben die Jungspinnen noch bis zum nächsten Frühjahr im Eikokon (unten rechts). Auch die Weibchen der Gartenkreuzspinne (Araneus diadematus) fertigen im September/Oktober meist mehrere Eikokons aus gelber Fadenwatte. Die Jungspinnen schlüpfen im folgenden Frühjahr, überwintern halbwüchsig und werden erst im zweiten Jahr erwachsen. Es gibt aber auch winteraktive Spinnen: Einige Baldachinspinnen besitzen eine Art Frostschutzmittel im Körper und können -20° C überstehen.*

Die auch gerne als „Sommervögel" bezeichneten Schmetterlinge überdauern die kalte Jahreszeit je nach Art in allen vier Entwicklungsstufen, wenn auch in unterschiedlicher Häufigkeit. Nur 1% der ***Falter*** *überwintern als fertiges Insekt, 50% als Puppe, 44% als Raupe und 55% im Eistadium. Im Falterstadium überwinternde Schmetterlinge legen sich mit dem kohlehydratreichen Nektar ein kleines Fettdepot an, von dem sie während der Winterstarre zehren. Etwa 50 Falterarten suchen gerne schützende Naturhöhlen oder als deren Ersatz Dachböden, Kellerräume, Gartenhäuser, Holzschuppen und Waldhütten auf. Tagpfauenauge (oben links) und Kleiner Fuchs (unten rechts) bilden die bekanntesten Beispiele. Der C-Falter (S. 209, oben links) zieht sich in Wacholdergebüsche zurück, der Trauermantel (oben rechts) verkriecht sich in dicht liegendes Bruchholz, der Große Fuchs (unten links) in Baumhöhlen. Der Zitronenfalter (S. 209, oben rechts) überwintert völlig ungeschützt, ja selbst eingeschneit im Freien. Das Innenleben der die kalte Jahreszeit überdauernden* ***Puppen*** *ist auf Sparflamme gesetzt. Die Winterkälte, und sei sie noch so streng, kann den Puppen nichts anhaben, ja sie benötigen sogar für ihre Weiterentwicklung eine Art Kälteschock. Bekannte Beispiele sind Großer und Kleiner Kohlweißling, Heckenweißling, Senfweißling, Schwalbenschwanz (S. 209 unten rechts), Segelfalter, Aurorafalter sowie einige Bläulings- und alle heimischen Schwärmerarten.*
Zahlreiche Arten überwintern als ***Raupe****. Aus der Familie der Weißlinge seien Goldene Acht, Postillon und Baumweißling (S. 209 unten mitte) genannt. Auch zählen alle Augenfalter (Beispiele: Schachbrett, Großes Ochsenauge, Brauner Waldvogel, Mauerfuchs, Rostbinde, Kleiner Heufalter, Perlgrasfalter u. a.) zu dieser Überwinterungsform, ferner die Schecken- und Perlmuttfalter aus der Familie der Edelfalter. Weitere Beispiele bilden mehrere Bläulings- und Dickkopffalterarten sowie zahlreiche Spannerarten.*

Nur ein kleiner Teil, aber immerhin noch 70 Arten, verbringen den Winter im Eistadium. Die für jede Art charakteristischen ***Eier*** *sind von einer schützenden, chitinartigen Schale, dem Choridon, umgeben. Bei manchen Arten überwintern die kleinen Räupchen schon fertig ausgebildet innerhalb der Eischale. Im Eistadium überwintern mehrere Bläulingsarten (z. B. Großer Feuerfalter, Nierenfleck, Silbergrüner Bläuling) und einige Dickkopffalterarten (z. B. Kommafalter, Sonnenröschen-Würfel-Dickkopffalter, Steppenheiden-Würfel-Dickkopffalter) sowie Ringelspinner, Queckenspinner, Weißdornspinner, Wolfsmilchspinner (unten links), Kleine Pappelglucke und Heckenwollafter. Spanner überwintern meist als Raupen oder Puppen, einige aber auch im Eistadium: Rosenspanner, Kreuzdornspanner zählen zu dieser Gruppe.*

Streuobstwiesen halten für Falter zahlreiche Nektar- und Raupenfutterpflanzen bereit. Geeignete Überwinterungsorte finden Schmetterlinge nur in möglichst strukturreichem Gelände, das neben Baumhöhlen auch Altgrashorste, Brachen mit dichtem Bodenbewuchs und dürren Pflanzenstängeln, sowie randbegleitende Hecken enthält.

Literatur

Wiese

Auswertungs- und Informationsdienst für Ernährung, Landwirtschaft und Forsten, aid (1996): Streuobstwiesen schützen. Bonn. - ders. (1996): Anlage und Pflege von Obstwiesen. - Bayerische Landesanstalt für Landwirtschaft (2005): Streuobst. Pflegen, Erhalten, Bewirtschaften. - Baumhof-Pregitzer, M. / Langer, S. (1997): Streuobst - Ideen - Aktionen - Konzepte zum Erhalt der Streuobstwiesen in Baden-Württemberg. Hrsg.: Stiftung Naturschutzfonds beim MLR Baden-Württemberg. - Breunig, T. / König, A. / Stähr, E. (1985): Vorschläge zur Erhaltung von Streuobstgebieten. Stiftung Hessischer Naturschutz, Frankfurt. - Bünger, L./Kölbach, D. (1995): Streuobst - Bindeglied zwischen Naturschutz und Landwirtschaft. Dokumentation Natur und Landschaft, Sonderheft 23, Deutscher Gemeindeverlag Köln. - Bayerisches Staatsministerium für Landesentwicklung und Umweltfragen (1988): Lebensraum Streuobstbestand. München. - Blab, J. (1984): Streuobstwiesen. In: Grundlagen des Biotopschutzes für Tiere. Greven. - Deppner, H. (1995): Die Streuobstwiese - Eine Kulturlandschaft - Geschichtliches, Hintergründe und Aussichten. Hrsg: NABU Landesverband Niedersachsen e. V. – Deutscher Bund für Vogelschutz, Landesverband Niedersachsen e. V. (o. J.): Lebensraum Obstwiese. Hannover. - Diehl, O. (1988): Vom Paradiesgärtlein zur Streuobstwiese. In: Nationalpark 59. - Duflos, S. (1977): Die Wiese lebt. Freiburg im Breisgau. - Eberhard, K. (1988): Die Bedeutung des Streuobstbaues aus der Sicht der Landschaftsgestaltung und der Landschaftspflege. Nürtinger Hochschul-Schriften 7. - Geiser, F./Krebs, A. (1992): Die Wiese lebt. Zürich. - Hegemeister, W. (1987): Erhaltet den Lebensraum Obstwiese, Teil 1 u. 2. Schriftenreihe „Wald und Umwelt" der Schutzgemeinschaft Deutscher Wald e. V., Heft 22/23. - Hofbauer, R. (1998): Untersuchungen zur Ökologie von Streuobstwiesen im württembergischen Alpenvorland. Diss. Bot., Berlin, Stuttgart. - Holstein, J. (1995): Die Spinnen- und Käferzönosen zweier Streuobstwiesen in Oberschwaben. Diss. Univ. Ulm. - Hussing, R. (o.J.): Streuobstwiesen in Wiesbaden. Beiträge zu Naturschutz und Landschaftspflege 1. Wiesbaden. - Klauck, E.-J. (1984): Die Bedeutung der Streuobstwiesen im Naturschutz. In: Naturschutz in Rheinland-Pfalz. - Landesanstalt für Ökologie, Landschaftsentwicklung u. Forstplanung Nordrhein-Westfalen (1986): Schützt die Obstwiesen. Recklinghausen. - Leone, V., Hrsg. (1984): Die Wiese. Luzern. - Lucke, R. (1992): Pflegemaßnahmen im Streuobstbau - Hinweise zu Erhaltungsarbeiten im Sinne des Naturschutzes. Natur und Landschaftsplanung 24. - Lucke, R. / Silbereisen, R. / Herzberger, E. (1992): Obstbäume in der Landschaft. Ulm. - Mader, H. J. (1982): Die Tierwelt der Obstwiesen und intensiv bewirtschafteten Obstplantagen im qualitativen Vergleich. In: Natur und Landschaft, Heft 11. - ders.: Keine Zwischenlandung in Plantagen. - Ministerium für Ernährung, Landwirtschaft, Umwelt und Forsten Baden-Württemberg (1986): Untersuchungen über die Möglichkeiten zur Erhaltung des landschaftsprägenden Streuobstbaues in Baden-Württemberg. - ders. (1988): Landschaftsprägender Streuobstbau. Empfehlenswerte Obstgehölze, einschließlich der Wildobstarten. - Müller, Th. (1988): Bedeutung des Streuobstbaues für den Naturschutz. Nürtinger Hochschul-Schriften 7. – Nill, D./Ziegler, B. (1998): Naturerlebnis Streuobstwiese. Mössingen. - Schmidt, H. (1979): Die Wiese als Ökosystem. Köln. - Schulte, G. (1982): Biotophilfsprogramm Obstwiese. Merkblätter zum Biotop- und Artenschutz Nr. 14. Landesanstalt für Ökologie, Landschaftsentwicklung u. Forstplanung NW. Recklinghausen. - Schultheiß, H. (1991): Streuobstwiesen - gefährdete Kostbarkeiten. In: Natur & Umwelt 4. ders. (1985): Verschwinden bald die letzten Streuobstbestände? In: Natur & Umwelt 3. - Schuster, S. / Seitz, E. (1985): Verarmte Vogelbestände in Obstplantagen am Bodensee. In: Die Vogelwarte 33. - Schweizerisches Landeskomitee für Vogelschutz (1983): Obstgärten - vielfältige Lebensräume. Birmensdorf. - Ullrich, B. (1987): Streuobstwiesen. In: Hölzinger, J.: Die Vögel Baden-Württembergs, Gefährdung und Schutz. Teil 1.1. - ders. (1975): Bestandsgefährdung von Vogelarten im Ökosystem „Streuobstwiese" unter besonderer Berücksichtigung von Steinkauz Athene noctua und den heimischen Würgerarten der Gattung Lanius. Beih. Veröffentl. Naturschutz Landschaftspfl. Baden-Württemberg 7. - Weiger, H. / Schultheiß, H. (1982): Obstbäume sind Lebensräume. Natur und Umwelt 2. - Weller, F. / Walz, W. (2002): Streuobstwiesen. Naturschutz im Kleinen, Heft 11. Stiftung Landesbank Baden-Württemberg. Stuttgart. - Weller, F. (1992): Geschichte, Funktionen und künftige Entwicklungsmöglichkeiten des Streuobstbaues in Baden-Württemberg. Beih. Veröffentl. Natursch. Landschaftspfl. Bad.-Württ. Heft 66. - ders. (1996): Streuobstwiesen - Herkunft, heutige Bedeutung und Möglichkeiten der Erhaltung. In: Konold, W. (Hrsg.): Naturlandschaft - Kulturlandschaft. Die Veränderung der Landschaften nach der Nutzbarmachung durch den Menschen.

Tiere

Baehr, B. & M. (2002): Welche Spinne ist das? Stuttgart. - Bastian, O. (1986): Schwebfliegen. Wittenberg-Lutherstadt. - Bellmann, H. (1985): Heuschrecken, beobachten, bestimmen. Melsungen. - ders. (1992): Spinnen beobachten, bestimmen. Augsburg. -

ders. (1995): Bienen, Wespen, Ameisen. Hautflügler Mitteleuropas. Stuttgart. - ders. (2002): Insekten erkennen & bestimmen. München. - Blab, J. (1986): Biologie, Ökologie und Schutz von Amphibien. Bonn-Bad Godesberg. - Blab, J./Vogel, H. (1989): Amphibien und Reptilien. München. - Bezzel, E. (1984, 1989): Vögel, Band 1: Singvögel, Band 2: Spechte, Eulen, Greifvögel, Tauben, Hühner u. a. München. - Boeckh, H. (1968): Die Ringelnatter. Institut für Film und Bild in Wissenschaft und Unterricht. München. - Bogon, K. (1990): Landschnecken, Biologie, Ökologie, Biotopschutz. Augsburg. - Carter, D. J. / Hargreaves, B. (1987): Raupen und Schmetterlinge Europas und ihre Futterpflanzen. Hamburg, Berlin. - Chinery, M. (1984): Insekten Mitteleuropas. Hamburg, Berlin. - ders. (1987): Pareys Buch der Insekten. Hamburg, Berlin. - Dierl, W. (1989): Schmetterlinge. München. - Diesener, G. / Reichholf, J. (1985): Lurche und Kriechtiere. München. - Engel, H. (1957): Mitteleuropäische Insekten. Kronen-Verlag Erich Cramer. Hamburg. - Foelix, R. F. (1992): Biologie der Spinnen. Stuttgart. - Frommhold, E. (1954): Heimische Lurche und Kriechtiere. Wittenberg-Lutherstadt. - Füller, H. u. a. (2000): Urania Tierreich, Wirbellose Tiere 2. Berlin. - Gleim, K. H. (1997): Die Blütentracht. München. - Hagen, E. v. / Aichhorn, A. (2003): Hummeln bestimmen, ansiedeln, vermehren, schützen. Nottuln. - Hansen, E. (1979): Um den Apfelbaum. Würzburg. - Harde, K. W. / Pfletschinger, H. (1978): Bunte Welt der Käfer. Stuttgart. - Havenith, Ch. (2000): Bestäubung durch Wildbienen - Eine Option für den Obstbau. In: Erwerbs-Obstbau, Heft 2. - Heinroth, K. (1952): Mitteleuropäische Vogelwelt. Kronen-Verlag Erich Cramer. Hamburg. - ders. (1962): Mitteleuropäische Vögel. Kronen-Verlag Erich Cramer. Hamburg. - Hintermeier, H. (1996, 2000): Artenschutz in Unterrichtsbeispielen, Teil 1 u. 2. Donauwörth. - Hintermeier, H. & M. (2002/2005): Blütenpflanzen und ihre Gäste, Teil 1 u. 2. München. - ders. (2005): Bienen, Hummeln, Wespen - im Garten und in der Landschaft. München. - ders. (2005): Schmetterlinge im Garten und in der Landschaft. München. - Jansen, W. (o. J.): Ein Baum als Lebensstätte. Beiblatt zum Informationsplakat Sparkassen-Schul-Service. - Klausnitzer, B./Klausnitzer, H. (1986): Marienkäfer. Wittenberg-Lutherstadt. - Koch, M. (1988): Wir bestimmen Schmetterlinge. Melsungen. - Koep, W. (2001): Tier des Jahres 2001: Der Feldhase. Merkblatt des SDWi Nr. 2/2000. Bonn. - Koenen, F. (1956): Der Feldhase. Wittenberg-Lutherstadt. - König, C. (1969): Wildlebende Säugetiere Europas. Stuttgart. - Kormann, K. (1988): Schwebfliegen Mitteleuropas. Landsberg, München. - Kullmann, E./Stern, H. (1981): Leben am seidenen Faden. München. - Leicht, W. (1979): Tiere der offenen Kulturlandschaft. Teil 1: Feldhase und Wildkaninchen. Heidelberg. - Lingen, H. (o. J.): Großes Lexikon der Tierwelt. Köln. - Lohmann, M. (1985): Das farbige BLV Hausbuch der Natur. München. - Matz, G./Weber, D. (1983): Amphibien und Reptilien. München. - Maurizio, A./Schaper, F. (1994): Das Trachtpflanzenbuch. München. - Mebs, Th. (1987): Eulen und Käuze. Stuttgart. - Meibohm, D. (1996): Die Herrin der Netze. Ökowerkmagazin 9. - Mohr, E. (1958): Säugetiere. Kronen-Verlag Erich Cramer. Hamburg. - Müller, A./Krebs, A./Amiet, F. (1997): Bienen. Mitteleuropäische Gattungen, Lebensweise, Beobachtung. Augsburg. - Nill, D./Ziegler, B. (1998): Naturerlebnis Streuobstwiese. Mössingen. - Novak, J./Severa F. (1980): Der Kosmos-Schmetterlingsführer. Stuttgart. - Peters, S. (1976): Vögel in Wald und Garten in Farben. Ravensburg. - Pfleger, V. (1984): Schnecken und Muscheln Europas. Stuttgart. - Richarz, K./Limbrunner, A. (1992): Fledermäuse. Stuttgart. - Sauer, F. (1982): Landvögel. München. - Schaper, F. (1986): Die Bedeutung der Bienenzucht unter besonderer Berücksichtigung der Verhältnisse im Obstbau. Sonderdruck, Imkerfreund 4. - Schenk, C. / Eisfeld, D. (1988): Der Hase in der Feldflur, ein Wirkungsgefüge wird ausgeleuchtet. Die Pirsch 9. - Schober, W. / Grimmberger, E. (1987): Die Fledermäuse Europas. Stuttgart. - Schreiber, R. L. (1983): Rettet die Frösche. Stuttgart. - Schremmer, F. (1962): Wespen und Hornissen. Wittenberg-Lutherstadt. - Sielmann, H. (1981): Das Wild unserer Wälder und Felder. Hamburg, Berlin. - Spürgin, A. (1996): Die Honigbiene. Stuttgart. - Stutz, H.- P. / Haffner, M. (1992,1993): Aktiver Fledermausschutz, Band 1-3. KOF-Koordinationsstelle Ost für Fledermausschutz und SSF-Stiftung zum Schutze unserer Fledermäuse in der Schweiz. Zürich. - Trutnau, L. (1975): Amphibien und Reptilien. Stuttgart. - Wachmann, E. (1989): Wanzen beobachten, kennenlernen. Melsungen. - Wachmann, E. / Platen, R. / Brandt, D. (1995): Laufkäfer. Beobachtung, Lebensweise. Augsburg. - Westrich, P. (1990): Die Wildbienen Baden-Württembergs, Teil 1 und 2. Stuttgart. - Witt, R. (1998): Wespen beobachten, bestimmen. Augsburg. - Witte, G. R. (1997): Der Maulwurf. Magdeburg. - Zahradnik, J. (1985): Bienen, Wespen, Ameisen. Hautflügler Mitteleuropas. Stuttgart. - ders. (1985): Käfer Mittel- und Nordwesteuropas. Hamburg, Berlin. - Zörner, H. (1996): Der Feldhase. Magdeburg.

Bildquellen

Fotos:

O. Abels: 31 l. Algirdas: 208 ul. Aiwock: 15 ol. Aleph: 205 ol. R. Altenkamp: 202 o. H. Bahmer: 40 l, 70 or, 108, 109 ol, or, u, 114 or, u, 115 u, 117 o, 128 u, 130 o, 131 u, 133 ol, 134 ur, 141 u. A. Barabasz: 175 l. H. Bellmann: 140 u. BotBIN: 35. D. Bretz: 77. BS Thurner Hof: 100r. Colourbox: 198 l, 199 ol, 207 ul. R. Crossely: 201 u. Cradley 207 or. G. Dagner: 60 u, 64, 113 l, 176, 177, 179. P. Dalous: 204 ul. H. De Angelis: 175 r. D. Descouens: 129 or. Dieter TD: 174. Ejdzej: 17 ur. Estormiz: 203 ur, 205 ul, 208 or. C. Fischer: 16 ol. V. Fockenberg: 48 l, 66 or. Foaunrw: 208 ur. H. Fotolia: 198 r, 203 ul. H. Gailberger: 209 or. Glacier NPS: 205 ur. E. Gottschalk: 202 ul. Gröschl: 118 ol. R. Günter: 48 or, 49, 51, 52 o, 53, 54. E. v. Hagen: 58 or, 62 o. H.-H. v. Hagen: 72 o. K. Harz: 11 o, 12 r, 13 r, 30 u, 65 o, 66 ol, 67 ul, 71 o, 73 u, 74-76, 79 u, 80-83, 85 l, 86 l, 87 ol, u, 88 u. 89, 90 l, 91 ol, u, 92-95, 96 o, 97 u, 98 ul, 99 u, 100 u, 101 l, 102, 103, 105, 106, 110 ol, om, 111 o, 113 or, 115 o, 116, 117 u, 118 u, 120 r, 121, 122, 123 o, ul, 124, 125 u, 126, 131 ol, 132, 133 or, 134 l, 135 u, 137, 138, 140 o, 141 o, 142, 144 u, 146, 147, 149, 154 l, 155 o, 171, 172, 180-183, 188 or, 190 ul, 209 ul. W. Hartmann: 201 o. H. B. Haynold: 16 um. H. Helgert: 38, 39. J. Hempel: 208 ol, 209 ol. M. Herrmann: 46. H. Hillewaert: 173. H. Hintermeier: 7 u, 8 l, 11 u, 12 l, 13 l, 15 or, 27, 28, 30 ol, om, 33 o, 55 ol, 58 ol, 60 ol, 67 o, 84, 88 o, 90 r, 98 ur, 100 ol, 120 l, 148, 151, 154 r. M. Hintermeier: 9 l, 16 ur, 17 ul, 36, 43 u, 47 o, 50 u, 52 u, 57 , 59 or, 61 r, 62 u, 70 u, 73 o, 85 r, 87 or, 96 u, 98 o, 99 or, 109 om, 110 or, u, 112, 114 ol, 127, 128 ol, 130 u, 131 or, 133 u, 135 o, 136, 145 o, 200 o. A, Jablecki: 206 ol. B. Jacobi: 70 ol. D. Jacobson: 204 ol. J.H. Janßen: 32. F. Julich: 125 o. Karelj: 204 or. A. Karwath: 15 um, 47 u, 99 ol, 101 r, K. Kieß: 43 or, 65 u. E. Knapp: 139. H. Kretschmer: 43 ol, 68 u, 78, 79 o, 97 o, 113 u, 123 ur, 128 r, 129 u. E. Kröcher (Free Documentation License): 29 r. H. Kulike: 56. A. Kunze: 17 o, 18 ol. C. Kutzscher: 111 ul. R. Lippert: 34. M. Mecnarowski 203 or. Mike aus dem Bayerwald: 194. D. Monniaux: 15 ul. W. Mühlen: 58 u, 61 ol, 68 or. G. Müller: 197. M. Nettinger: 41 u. Nottsexminer: 200 u. Obst- u. Gartenbauverlag: 24, 25, 37. B. Olivier: 204 ur. J. Opida: 18 ur. Orchi: 207 ur. F. Pachtner: 6, 7 o, 8 r, 10, 44 u, 68 ol, 71 u, 91 or, 150. Pegasus 2: 206 ul. D. Parsons: 29 l. Pethan: 16 or. P. Pretscher: 42 or, u, 44 ol. H. Reinhard: 155 u, 156, 178, 184 or, 187 o, 189, 190 r, 191-193, 196. F. Rickenbach: 205 or. R. Ripberger: 59 ol, 60 or, 69 o, 86 r, 144 o, 145 u, 209 ur. A. Ronning: 199 or. Rosenzweig: 33 u. L. Sabroe: 129 ol. M. Schmidt-Dünneberger: 50 or. Salix: 18 or. F. Schremmer: 67 ur, 69 u. Siga: 119. G. Slickers: 15 ur. Soebe: 118 r. A. Spürgin: 40 r, 41 o, 59 u. Th. Stahl: 30 or. Steve Ward: 206 or. Strobilomyces: 18 ul. J. Strzelecki: 206 ur. H. Süpfle: 209 um. H.B. Täufer: 111 ur. M. Thyssen: 195. Tolkien: 207 ol. W. Votteler: 9 r, 21. V. Weber: 42 ol, 44 or. J.A.Workman: 31 r. A. Zahn: 184 ol, u, 186, 187 u. H. Zell: 14, 16 om, ul. M. Zimmermann: 50 ol, 66 u.

Bildtafeln

Kronen-Verlag Erich Cramer, Hamburg: Mitteleuropäische Vogelwelt: 157-169, 203, Säugetiere: 170, 202. Sturm, J. (1710): Deutschlands Flora in Abbildungen, www.BioLib.de, 26 .

Zeichnungen: H. Hintermeier

Stichwortverzeichnis

Aus dem Verlagsprogramm

Obst – Lebensraum & Ökologie

Willi Votteler

Altbewährte Apfel- und Birnensorten

Dieses Buch zeigt speziell für den Hausgarten bewährte Apfel- und Birnensorten, die noch in rauen Lagen gedeihen, gut schmecken und nur wenig Pflanzenschutz- und Schnittmaßnahmen benötigen.
33 Apfel-, 15 Birnensorten

21 x 20 cm, broschiert, 56 Seiten, 47 Farbbilder

€ 4,50

Franz Mühl

Alte und neue Birnensorten, Quitten und Nashi

Die Sorten werden übersichtlich nach Frucht, Reife, Baum, Blüte, Ertrag, Widerstandsfähigkeit und Anbaueignung sachlich beurteilt, mit allen Vorteilen und Schwächen.
98 Birnen-, 21 Quitten- und 5 Nashisorten

21 x 20 cm, broschiert, 160 Seiten, 140 Farbbilder,

€ 11,00

Franz Mühl

Alte und neue Apfelsorten

In der aktuellen Neuauflage wurde das komplette Sortiment geprüft und neu bewertet hinsichtlich Anfälligkeiten und Eignung für den Hausgarten bzw. Streuobst. Aktualisiert und erweitert wurden auch die Empfehlungen bei den Säulenbäumen und Unterlagen.

21 x 20 cm, gebunden, 386 Seiten, 341 Fotos, 355 Sorten

€ 19,90

Helmut und Margrit Hintermeier

Bienen, Hummeln, Wespen
im Garten und in der Landschaft

Alles Wissenswerte über die Gäste und Helfer im Garten findet man in dieser Broschüre. Berücksichtigt werden auch die Gegenspieler und die Mimikry. Verstärkt hingewiesen wird auf Schutzmaßnahmen und die Problematik der Insektengiftallergie.

21 x 20 cm, broschiert, 160 Seiten, 38 Zeichnungen, 211 Farbbilder

€ 15,00

Die Garten- und Versandbuchhandlung des Obst- und Gartenbauverlages

- Über 2.000 verschiedene Fachbücher
- Modernes Antiquariat
- Qualitäts-Gartenwerkzeuge, Saatgut
- Fachzeitschrift »Der praktische Gartenratgeber«

Obst- und Gartenbauverlag des Bayerischen Landesverbandes für Gartenbau und Landespflege e. V.
Herzog-Heinrich-Straße 21 · 80336 München
Telefon (0 89) 54 43 05-14/15 · Fax (0 89) 54 43 05 34
E-Mail bestellung@gartenbauvereine.org
Online-Shop www.gartenratgeber.de/shop

U-Bahnstation Goetheplatz, Parkplätze direkt vor dem Haus
Öffnungszeiten: Mo bis Do 8 – 15 Uhr, Fr 8 – 12 Uhr

Der praktische

Garten ratgeber

Die Fachzeitschrift für Gartenfreunde und Verbandsorgan der Gartenbauvereine in Bayern

»Der praktische Gartenratgeber« erscheint monatlich und ist mit über 120.000 Lesern eine der meist gelesenen Fachzeitschriften für den Freizeitgartenbau in Deutschland.
Seit 1893 verbindet **»Der praktische Gartenratgeber«** Kompetenz mit Erfahrung. Seine praxisbezogenen Artikel sind fachlich fundiert, klar gegliedert, übersichtlich gestaltet und verbinden altes Gartenwissen sinnvoll mit neuen Erkenntnissen.

»Der praktische Gartenratgeber« ist unabhängig von wirtschaftlichen Interessen. Er ist nur seinen Lesern und der Natur verpflichtet.

Unsere Themen:

- **Ausführlicher monatlicher Arbeitskalender**
- **Gartengestaltung und Pflanzenverwendung**
- **Biodiversität – Erhaltung der Artenvielfalt**
- **Naturgemäßer Pflanzenschutz**
- **Anbau von Obst und Gemüse**
- **Gesundheit aus dem Garten**
- **Landespflege und Ortsverschönerung**
- **Aktuelles aus Wissenschaft und Forschung für die Praxis**
- **Rezepte – Aus dem Garten in die Küche**
- **Kinder- und Jugendseite**

Auch als Geschenk-Abo!

Einzel-Abo	**Einzel-Abo** für Mitglieder
€ 22,50	**€ 20,00**
inkl. Versand innerhalb D	inkl. Versand innerhalb D

Auslandsabonnement zzgl. Versandgebühren auf Anfrage

Das besondere Angebot: Vereins-Abos
Informationen über attraktive Mitglieder-Abos für Gartenbauvereine finden Sie auf unserer Webseite **www.gartenratgeber.de/abo**

Unsere Abonnement-Verwaltung hilft Ihnen gerne weiter:

Obst- und Gartenbauverlag
Herzog-Heinrich-Straße 21
80336 München
Telefon (0 89) 54 43 05–24
Fax (0 89) 54 43 05 34
E-Mail abo@gartenbauvereine.org

Weitere Infos unter:
www.gartenratgeber.de

Viele Vorteile

für Mitglieder in einem bayerischen Gartenbauverein

BAYERISCHER LANDESVERBAND FÜR GARTENBAU UND LANDESPFLEGE E.V.

VIEL GARTEN FALTS REICH MACHER NATUR

Willkommen in einer großen Gemeinschaft

Der Bayerische Landesverband für Gartenbau und Landespflege e. V. bündelt die Interessen von über 530.000 Mitgliedern in rund 3.200 Gartenbauvereinen.

Als Dachverband versorgen wir die Gartenbauvereine mit aktuellen Informationen, halten sie über neue Entwicklungen und Trends auf dem Laufenden und stehen ihnen mit einem umfangreichen Beratungs- und Seminarangebot bei ihrer praktischen Arbeit zur Seite.

Sie finden uns unter:
www.gartenbauvereine.org | www.vielfaltsmacher.de

Gartenglück braucht Gartenwissen

- Kurse zu Baumschnitt, Veredelung und vielen anderen praktischen Themen
- Vorträge, Seminare
- Möglichkeit zur Gartenpflegerausbildung

Gartenfreude von Anfang an

- Beratung bei Gartenfragen
- Fachinformationen des Landesverbandes
- Garten- und naturpädagogische Angebote in Kinder- und Jugendgruppen

Gartenerfahrung teilen

- Vereinsausflüge und Lehrfahrten
- Erfahrungsaustausch im Verein
- Zusammenarbeit mit der Kreisfachberatung an den Landratsämtern

Gartenbauvereine helfen Mensch und Natur!

Bayerischer Landesverband für Gartenbau und Landespflege e. V.
Herzog-Heinrich-Straße 21 · 80336 München
Tel. (089) 544305-0 · Fax (089) 54 43 05 34
E-Mail info@gartenbauvereine.org